Wilhelm Kobelt

Die Gattungen Pyrula und Fusus

Nebst Ficula, Bulbus, Tudicla, Busycon, Neptunea und Euthria

Wilhelm Kobelt

Die Gattungen Pyrula und Fusus
Nebst Ficula, Bulbus, Tudicla, Busycon, Neptunea und Euthria

ISBN/EAN: 9783744637404

Hergestellt in Europa, USA, Kanada, Australien, Japan

Cover: Foto ©berggeist007 / pixelio.de

Weitere Bücher finden Sie auf **www.hansebooks.com**

Systematisches

Conchylien-Cabinet

von

Martini und Chemnitz.

In Verbindung mit

Dr. Philippi, Dr. Pfeiffer, Dr. Dunker, Dr. Römer, Clessin, Dr. Brot und Dr. v. Martens
neu herausgegeben und vervollständigt

von

Dr. H. C. Küster

nach dessen Tode fortgesetzt von

Dr. W. Kobelt und H. C. Weinkauff.

Dritten Bandes dritte Abtheilung B.

Nürnberg 1881.

Verlag von Bauer & Raspe.

(Emil Küster.)

Die

Gattungen

Pyrula und Fusus

nebst

Ficula, Bulbus, Tudicla, Busycon, Neptunea und Euthria.

Bearbeitet

von

Dr. Wilh. Kobelt

in Schwanheim.

Nürnberg, 1881.

Verlag von Bauer & Raspe.

(Emil Küster.)

MOLLUSCA GASTROPODA.

PURPURACEA, Purpurschnecken.

Dritte Abtheilung.
Zweite Unterabtheilung.

Pyrula Lam. und Fusus Lam.

Vorwort.

Das dritte Heft des dritten Bandes der neuen Auflage des Conchyliencabinets sollte nach dem ursprünglichen Plane die geschwänzten unbewehrten Purpurschnecken oder die Lamarck'schen Gattungen Turbinella, Fasciolaria, Pyrula, Fusus und Pleurotoma umfassen. Die vor vierzehn Jahren zu diesem Heft ausgegebenen Tafeln umfassen demgemäss auch Angehörige aller dieser Gattungen. Trotzdem ist es bei dem jetzigen Stand der Systematik nicht mehr möglich, dieselben zusammen abzuhandeln. Die Gattung Pleurotoma namentlich hat mit den anderen nur die ungefähre äussere Gestalt gemein, der Zungenbewaffnung nach gehört sie zu den Toxoglossen, also in die nächste Nähe von Conus und wird im vierten Bande ihre Stelle finden.

Die übrigen Gattungen sind trotz mancher Unterschiede im Bau des Thieres und im Gebiss verwandt genug, um zusammen abgehandelt zu werden, aber das Material ist in der Neuzeit so gewaltig gewachsen, dass es unbedingt nöthig erschien, die Abtheilung in zwei Unterabtheilungen zu scheiden. Die schon ausgegebenen Tafeln machten es leider unmöglich, bei dieser Scheidung die neuen anatomischen Untersuchungen voll zu berücksichtigen. Die erste Unterabtheilung enthält Turbinella und Fasciolaria, die hier folgende zweite Pyrula und Fusus, die Gattungen sämmtlich im alten Lamarck'schen Sinne genommen.

Einige fremdartige Beimengungen sind leider auf den schon publicirten Tafeln enthalten und nicht mehr zu entfernen. So eine Anzahl Arten von Trophon und Rapana, die am Schlusse kurz erörtert werden sollen. Dann die Gattung Ficula Swains., welche freilich den Typus der Gattung Pyrula Lamarck umfasst, aber dem Thiere nach zu den Taenioglossen in die Nähe von Dolium oder Harpa gehört; da aber die wenigen dazu gehörigen Arten zum grösseren Theile hier abgebildet sind, habe ich es vorgezogen, die ganze Gattung am Eingange dieser Abtheilung abzuhandeln· Dasselbe gilt von Bulbus Humphr., welche ausser der Pyrula rapa L. (papyracea Lam.) nur noch eine von Dunker neuerdings aufgestellte Art (B. incurvus) umfasst, sowie von Tudicla Bolt., wo auch zu dem altbekannten Murex spirillus L. in neuerer Zeit noch sechs Arten hinzugekommen sind.

Leider war es unmöglich, die Reihenfolge der Tafeln noch zu ändern, und der verehrte Leser muss sich bequemen, mitunter nah verwandte Arten auf ganz verschiedenen Tafeln zu suchen.

Nach Ausscheidung der ganz fremden Bestandtheile bleibt uns dann immer noch eine ganz respectable Anzahl von Gattungen übrig, in welche die neuere Wissenschaft die Gattungen Pyrula und Fusus Lam. zerfällt hat. Von Pyrula zweigen sich zunächst noch die grossen Arten von der nordamerikanischen Ostküste ab (canaliculata, spirata, carica, perversa), welche dem Thiere nach nicht mehr bei der alten Gattung bleiben können und näher zu Neptunea gehören; sie bilden die Gattung Busycon Bolten. Was sonst noch übrig ist, lässt sich, verstärkt durch die Fusus aus der Verwandtschaft von F. colosseus, als Gattung halten, obschon die Form des Gebisses einige Abänderungen zeigt und vielleicht die von den Adams sowie von Troschel angenommenen fünf Gattungen Cassidulus, Hemifusus, Pugilina, Volema und Myristica haltbar sind. Ich ziehe vor, sie als Untergattungen zu betrachten und ihnen den Lamarck'schen Gattungsnamen zu conserviren, obschon er den strengen Regeln nach eigentlich den Ficula zukäme.

Von Fusus Lam. müssen zunächst die grossen, glatten oder wenig sculptirten nordischen Arten mit ungekerbtem Mundrand ausgeschieden werden, welche in die nächste Verwandtschaft von Buccinum undatum gehören und nicht leicht davon generisch zu trennen sind. Von den dafür vorgeschlagenen Gattungsnamen ist Neptunea Bolten am gebräuchlichsten und ich gebe ihm daher den Vorzug, obschon Tritonium Müller älter ist. Als Untergattungen gehören dazu noch Sipho und Siphonalia. Dann gehören aber dem Gebiss nach noch in dieselbe Familie: Busycon, Pisania, Metula, Pollia (Cantharus), Clavella und Euthria. Die meisten Arten dieser Gattungen sind bereits von Küster unter Buccinum abgehandelt worden, es bleiben uns darum nur noch Busycon, Neptunea und Euthria übrig.

Ueber die dann noch übrigbleibenden ächten Fusus, ausgezeichnet durch die mehr oder minder schlanke Gestalt und reiche Sculptur, fehlen noch genügende anatomische Untersuchungen. Troschel hat für Fusus syracusanus nachgewiesen, dass der Zahnbau dem von Fasciolaria entspreche, und darum auf ihn die Gattung Aptyxis gegründet. Schacko hat aber nun neuerdings für Fusus inconstans Lischke denselben Zahnbau nachgewiesen und somit wahrscheinlich gemacht, dass noch viele andere, wenn nicht alle Arten dieses Gebiss haben, somit nicht zu den Fusidae, sondern zu den Fasciolariidae gehören. Bis eine grössere Anzahl von Arten untersucht ist, mag die Gattung Fusus (Lam.) bestehen bleiben.

Wir haben somit für vorliegendes Heft noch folgende Gattungen zu behandeln:

1. Ficula Swainson
2. Bulbus Humphreys
3. Tudicla Bolten
4. Pyrula (Lamarck)
5. Busycon Bolten
6. Neptunea Bolten
7. Euthria Gray
8. Fusus (Lamarck).

Schwanheim am Main, Mai 1874.

Dr. W. Kobelt.

I. Gattung.

Ficula Swainson.

Testa pyriformis, tenuis, ventricosa, basi late canaliculata, spira brevissima; apertura ampla, longitudinem testae fere aequans; operculum nullum.

Gehäuse birnförmig, dünnschalig, bauchig, mit breitem ziemlich langem Stiel; Gewinde sehr kurz, die Mündung weit und wenig kürzer als das Gehäuse. Weder Knoten noch Zacken. Kein Deckel.

Die eigenthümliche Form der wenigen sehr nahe miteinander verwandten Arten dieser Gattung veranlasste schon früh ihre Vereinigung als „leichte Birnschnecken oder Feigen" im Gegensatz zu den schweren, der jetzigen Gattung Busycon. Lamarck stellte sie mit diesen zusammen in seine Gattung Pyrula und machte sogar F. ficus L. zum Typus derselben.

Eine eigene Gattung gründete auf sie Swainson 1835. Die Untersuchungen des Thieres sowohl durch Rousseau als durch A. Adams haben nicht nur die Berechtigung dieser Gattung erwiesen, sondern sie entfernen sie auch vollständig von dem Rest der Gattung, da dem Thiere vor Allem der Deckel fehlt und seine Zungenbewaffnung ganz abweichend ist.

Das Thier von F. reticulata hat nach A. Adams einen sehr ausdehnbaren Fuss, breit und gerundet nach vorne, spitz nach hinten; der Mantel ist dünn und hat zwei Fortsätze, welche einen grossen Theil der Schale verdecken. Der lange Rüssel wird von dem Thier nur selten ausgestülpt, während es in Bewegung ist, während die langen Fühler meist vollkommen ausgestreckt sind. Die Augen sind gross und schwarz. Die Zungenbewaffnung stimmt mit der von Dolium und Tritonium überein, die Gattung gehört also nicht zu den Rhachiglossen, sondern zu den Taenioglossen. Eigenthümlich sind die quer viereckigen Mittelplatten, die in ganzer Ausdehnung die

Plattenbasis bilden, von der sich die Schneide so erhebt, dass vor ihr noch der Vorderrand der Plattenbasis sichtbar bleibt (Troschel). Nach A. Adams ist das Thier sehr munter und beweglich. Er fischte die lebenden Exemplare in 35 Faden Tiefe.

Von den sechs bekannten Arten leben drei im indischen Oceen, die vierte an der Westküste von Mittelamerika, die fünfte im Antillenmeer, der Fundort der sechsten ist unsicher.

Von neueren Autoren ist für diese Gattung der Name Sycotypus Browne angenommen worden, der nach Gronovius in der 1756 erschienenen Civil and natural history of Jamaica vorgeschlagen ist. Im American Journal of Conchology vol. III p. 148 ist die betreffende Stellen reproducirt und es kann keine Rede davon sein, diese Beschreibung auf eine Ficula zu beziehen; vielmehr bin ich mit den amerikanischen Conchologen der Ansicht, dass eine Art der Gattung Busycon gemeint sei, vermuthlich ein junges Exemplar von B. canaliculatum, und wenn man diese Gattung spalten will, kann man den Namen Sycotypus für die eine Gruppe annehmen.

1. Ficula reticulata Lamarck.

Taf. 1. Fig. 4. 5.

Testa ficoidea vel ampullacea, tenuis sed solida, cancellata, albida, spira brevissima, retusa, centro mucronata; striis transversis subaequalibus, spiralibus alternantibus eleganter cancellata, apertura permagna, candida, lamella columellaris nulla.

Long. 100, lat. 50 Mm.

Bulla ficus Linné ex parte.

Pyrula reticulata Lamarck Anim. s. vert. ed. II. p. 510 Nr. 9.

— — Kiener Coq. viv. Pyrula Nr. 19 p. 28. pl. XII Fig. 1.

Varietas: spira plano-retusa, testa variegata vel fasciata, apertura albo-coerulescente. (Taf. 19 Fig. 5. 6).

Pyrula ficoides Lamarck Anim. s. vert. ed. II p. 511. Nr. 11.

— — Kiener l. c. Nr. 20 pl. XIII. Fig. 2.

— — Schub. et Wagner Forts. Conch. Cab. p. 95. pl. 226. f. 4014. 4015.

Ficula reticulata Reeve Conch. Icon. Ficula Nr. 1.

Gehäuse feigen- oder birnförmig, fest, aber nicht dickschalig, aus sechs bis sieben Umgängen bestehend, von denen der letzte fast allein das ganze Gehäuse ausmacht, während die anderen ein kleines, nur wenig convexes Gewinde mit schar-

8

fer Spitze bilden. Der letzte Umgang zeigt eine sehr schöne netzförmige Sculptur; die in der Richtung der Anwachsstreifen laufenden Rippen sind gleichmässig stark, aber nicht immer gleichweit entfernt, die Spiralrippen stehen regelmässiger und wechseln an Stärke ab; an dem Stiel drängen sie sich dichter zusammen. Die Mündung ist weit, innen glatt, weiss oder schwach violett, die Spindel nur wenig gebogen, eine Columellarplatte fehlt oder ist so dünn, dass sie kaum merkbar ist; der Mundrand ist einfach und kaum verdickt. Die Färbung ist bei der Stammform einfarbig weiss oder schwach gelblich.

Die Varietät, Pyrula ficoides Lam., ist in der Sculptur wenig verschieden, das Netz ist oft etwas feiner, doch nicht immer. Charakteristisch sind für sie das ganz eingesenkte, von hinten kaum sichtbare Gewinde und die reichere Färbung. Sie ist gewöhnlich gelblich mit fünf weissen Bändern, und mit braunen Flecken, welche in kurzen Querreihen und undeutlichen Spiralbändern stehen. Auch die Spiralrippen sind mehr oder weniger braun gegliedert und die Mündung etwas lebhafter violett gefärbt.

Unter einer grossen Reihe von Exemplaren aus der Loebbecke'schen Sammlung finden sich viele, welche die Färbung der Stammform mit dem eingesenkten Gewinde der Varietät vereinigen und eine Trennung in zwei Arten unmöglich machen.

Aufenthalt: im indischen Ocean. — Fossil in vielen Tertiärschichten Europa's (Subappenin, Touraine, England).

Anmerkung. Diese characteristische und durchaus nicht seltene Art fehlt in der ersten Ausgabe; Fig. 733, von Lamarck und auch von Schubert und Wagner bei P. ficoides hierherbezogen ist, F. ventricosa Wood. Linné rechnete sie noch zu seiner Bulla ficus, welche vielleicht die ganze Gattung umfasste. Die Trennung von reticulata und ficoides lässt sich unmöglich aufrecht erhalten; dagegen ist F. ficus durch ihre ganz andere Sculptur und die bauchigere Form sicher verschieden.

2. Ficula ficus Linné.

Taf. 1. Fig. 2. 3. Taf. 24. Fig. 6. 7.

Testa abbreviato-ficoidea, ventricosa, liris spiralibus depresso-planatis alternantibus undique creberrime cingulata, interstitiis tenuissime decussatis; spira brevis, convexa, centro mucronata; columella fortiter arcuata. Coerulescente-grisea, interdum obsolete albo-fasciata, maculis punctisque violaceis, rufis et albis aspersa; apertura intus vivide violacea.

Long. usque ad 120 Mm.

9

Martini, Conch. Cat. III. tab. 66 fig. 734. 735.
Bulla Ficus Linné Syst. nat. ed. XII p. 1184.
Pyrula Ficus Lamarck Anim. s. vert. ed. II p. 510 Nr. 10.
  —   —   Kiener Coq. viv. Pyrul. Nr. 21 p. XIII. Fig. 1.
Ficula laevigata Reeve Conch. icon. Ficul. Nr. 4.
Varietas: columella minus arcuata, maculis seriatim ordinatis, apertura rosea.
Ficus pellucidus Deshayes Journ. Conch. 1856 p. 184 pl. 6 Fig. 1. 2.

Gehäuse kürzer und aufgeblasener, als bei reticulata, mit kurzem, verhältnissmässig engem Canal. Die fünf bis sechs ersten Umgänge bilden ein kleines convexes Gewinde mit scharfer Spitze; der letzte bildet fast allein das ganze Gehäuse. Die flachen Spiralrippen stehen sehr dicht und wechseln in der Stärke ab; nur die Zwischenräume sind netzförmig gegittert, die Streifen meist glatt, an sehr gut erhaltenen Exemplaren erscheinen sie aber mitunter von kleinen, flachen, quadratischen Schüppchen gebildet, gewissermassen facettirt. Die Schale erscheint im Verhältniss zu den andern Arten glatt, doch kommen auch solche vor, bei denen die Spiralsculptur stärker entwickelt ist. Auf der Rückseite des letzten Umganges ist sie fast immer durch ein paar stärkere Anwachsstreifen unterbrochen. Die Spindel ist stärker gebogen, als bei den anderen Arten, ohne Spindelplatte oder nur mit einem ganz dünnen Beleg.

Die Färbung ist sehr wechselnd, meistens ein unbestimmtes bläuliches Weiss oder Grau, in der mannigfachsten Weise braun und weiss gezeichnet, die Rippen oft unbestimmt gegliedert; ausserdem laufen braune Zickzackstriemen den Anwachsstreifen entlang und finden sich grössere braune Flecken, die entweder unregelmässig zerstreut oder in Binden angeordnet stehen. In letzterem Falle findet man gewöhnlich mehr oder weniger deutliche helle weissliche Binden, auf denen die Flecken stehen. — Mündung meist lebhaft violett, oft auch blass lila. —

Ficus pellucidus Deshayes kann ich nur für eine unbedeutende Abänderung unserer Art halten; Taf. 24 Fig. 6 entspricht ihr bis auf die Grundfarbe fast ganz und aus Löbbecke's Sammlung liegen mir Exemplare vor, die bei normaler Färbung ganz die Gestalt der Deshayes'schen Figur haben.

Aufenthalt: im indischen Ocean weit verbreitet.

Anmerkung. Die Art wird bedeutend grösser, als das abgebildete Exemplar, bis 120 Mm. lang. — Reeve hat es des Gattungsnamens wegen für nöthig gehalten, den Artnamen zu wechseln, was mir vollkommen unnöthig erscheint.

III. 3. b.   2

3. Ficula decussata Wood.

Taf. 24. Fig. 3.

Testa ventricoso-pyriformis, ampullacea, tenuis, apice obtuso, anfractus ultimus costis sub-convexis, distantibus regulariter cinctus, lira minore intercedente, interstitiis striis spiralibus et transversis nitide cancellatis; apertura ovata, columella arcuata. Alba-spadicea, costis fusco-vel rufo-subarticulatis, fauce violacea.

Long. 100, latit. max. 70 Mm.

Martini Conch. Cab. III. tab. 66 Fig. 733.
Bulla decussata Wood Ind. test. suppl. pl. 3 Fig. 3.
Pyrula ventricosa Kiener Coq. viv. Pyrula Nr. 18. pl. 12 Fig. 2.
— — Deshayes Anim. s. vert. p. 521 Nr. 29.
Ficula decussata Reeve Conch. icon. Ficula Nr. 3.

Gehäuse dünnschalig, aber fest, sehr aufgeblasen. Fünf Umgänge bilden das kleine nur wenig vorspringende Gewinde, der letzte bildet fast allein das ganze Gehäuse; er ist von 14—18 starken, entfernt stehenden, flachconvexen Spiralrippen umgeben, zwischen welche sich in der Mitte meistens, aber nicht immer, eine schwächere Rippe einschiebt. Die Zwischenräume sind sehr fein und regelmässig gegittert, die Gitterlinien eigenthümlich glänzend, aus 2—5 Spirallinien und zahl-reichen Querlinien bestehend, welche die Rippen nicht überschreiten. — Die Spin-del ist stärker gebogen als bei reticulata und Dussumieri, doch weniger als bei Ficus. Die Färbung ist fahlgelblich oder weisslich, die Rippen und Zwischenrippen unregelmässig braun oder roth gegliedert, die Flecken greifen mitunter auch auf die Zwischenräume über, Mündung von hell lila bis tief violett.

Aufenthalt an der Westküste von Mittelamerika bei San Blas (Kiener), Taboja, Mazatlan (Menke, Reigen), im Golf von Californien (Carpenter), Panama (Coll. Lischke).

Anmerkung. Lamarck hat die Fig. 733 der ersten Ausgabe, welche auf tab. 24 copirt ist, zu Pyrula reticulata citirt, obwohl über die Verschiedenheit beider kein Zweifel sein kann.

4. Ficula Dussumieri Valenciennes.

Taf. 1. Fig. 1.

Testa elongato-pyriformis, gracilis, spira subexserta, acuta, liris spiralibus plano-depressis undique cingulata, lirarum interstitiis striis transversis cancellatis; pallide spadicea, strigis rufo-fuscescentibus undulatis transversim picta; aperturae fauce spadiceo-fuscescente.

Long. usque ad 180 Mm., specim depicti 135, lat. 60 Mm.

Pyrula Dussumieri Valenc. Mss.

—   —   Kiener Coq. viv. Pyrula Nr. 17 pl. XI.

—   —   Deshayes Anim. s. vert. p. 521. Nr. 30.

? — elongata Gray (nec Lam.) Zool. Beech. voy. p. 115.

Die schlankste unter den Ficulaarten, im Bau der reticulata am ähnlichsten, aber in der Sculptur und Zeichnung ganz verschieden. Das Gewinde ist relativ hoch; die Sculptur besteht aus flachen, aber scharfkantigen, ziemlich dichtstehenden Spiralrippen, zwischen welche sich häufig noch eine kleinere Rippe einschiebt; die Rippen sind glatt, aber die Zwischenräume sehr fein und deutlich quergestreift. Die Mündung gleicht in der Form ziemlich der von reticulata, ist aber im Schlunde lebhaft braun gefärbt. Die Färbung der Schnecke ist ein blasses Gelb oder Roth mit eigenthümlichen braunen Zickzackstriemen in der Richtung der Anwachsstreifen.

Diese Art erreicht von allen Ficula-Arten der grössten Dimensionen; die Lübbecke'sche Sammlung enthält einen Riesen von 180 Mm. Länge. Das abgebildete Exemplar gehört der von Maltzan'schen Sammlung.

Aufenthalt: China, entdeckt von Dussumier; nach Reeve wurde sie auch von Rousseau „during a voyage to Madagascar and the Seychelles" mit F. reticulata zusammen gedrakt, müsste demnach auch weiter westlich im indischen Ocean vorkommen.

Anmerkung. Gray hat in der Zoology of Capt. Beechey's Voyage eine Ficula elongata beschrieben, die ich nirgends weiter erwähnt finde, auch nicht bei Reeve, obschon dessen Monographie acht Jahre jünger ist. Die Diagnose lautet:

P. testa elongata-ficiformi, tenui, regulariter cancellata, pallide fusca, irregulariter transversim striata; spira convexa, conica, obtusa; anfr. ultimus permagnus, elongatus, attenuatus, striis tenuibus incrementi et liris spiralibus regularibus, aequalibus ornatus. Long. 4''. — Hab. China.

Eine Abbildung ist nicht gegeben und die Beschreibung, die gerade nicht sehr klar ist, könnte zur Noth auf unsere Art passen, deshalb habe ich sie mit Zweifel hierherbezogen. Doch ware es immerhin auch möglich, dass es sich um ein auffallend dunkel gefärbtes Exemplar von F. reticulata gehandelt habe, wie sie mir auch vorliegen. Ansprüche auf Anerkennung als Art hat P. elongata Gray jedenfalls nicht.

5. Ficula gracilis Philippi.

Taf. 2. Fig. 1. 2.

F. testa elongato-pyriformi, pallide fulva, rufo-fusco irregulariter maculata, liris longitudinalibus transversisque cancellata, liris transversis majoribus, subaequalibus; spira retusa; apertura fulva." Phil.

Long. 78, diam. 32 Mm.

Ficula gracilis Philippi Zeitschr. f. Malocozool. V. 1848. p. 97.

Von dieser, meines Wissens noch nicht abgebildeten und anscheinend in den Sammlungen noch seltenen Art liegt mir durch Dunker's Güte ein Originalexemplar vor. Es steht im ganzen Aussehen der Ficula reticulata so nahe, dass man versucht sein könnte, es als Varietät dazuzuziehen, wenn nicht das Vaterland dem entgegenstände. Die Gestalt ist etwas schlanker, fast wie Dussumieri, das Gehäuse dünner, durchscheinend, die Spira eingesenkt, convex, aber der Apex stumpf und bedeutend grösser, als bei den anderen Arten. Die Sculptur besteht aus feinen dichtstehenden Querstreifen und ziemlich regelmässigen, fast gleichstarken Spiralrippen, zwischen denen in jedem Zwischenraum mehrere schwächere laufen, von denen nur selten die mittelste stärker hervortritt. Im Gaumen erscheinen die Rippen als Furchen. Die Färbung ist blassgelb mit Andeutung einer braunrothen unregelmässigen Gliederung auf den Rippen, Mündung im Gaumen und im Canal blass gelbbraun, nach innen an Intensität der Färbung zunehmend.

Aufenthalt: im mexicanischen Meerbusen, Florida, Campeche (Philippi).

Anmerkung. Nachträglich finde ich noch bei Petit im Journal de Conchyliologie 1852 p. 149 die Angabe, dass Sowerby im Anhang zum Tankerville Catalogue diese Art unter demselben Namen und fast mit denselben Ausdrücken wie Philippi beschrieben habe. Ich bin nicht in der Lage, selbst nachsehen zu können.

6. Ficula tessellata m.

Taf. 2. Fig. 3.

Testa pyriformis, spira vix elevata, subimmersa, costis transversis et spiralibus subaequalibus regulariter et elegantissime cancellata; aperturae labro intus leviter labiato. Lutescentealbida, fasciis duabus leviter fuscescentibus cincta, maculis quadratis fuscis seriatim ordinatis; apertura fauce fuscescente, maculis quadratis externis conspicuis.

Long. 38, lat. max. 21 Mm.

Ich glaubte, diese schöne kleine Art, von der mir nur ein Exemplar aus Paetels Sammlung vorliegt, anfänglich unter Ficula gracilis als Varietät unterordnen zu können, bei genauerer Vergleichung ergab sich jedoch eine solche Verschiedenheit in der Sculptur, dass ich eine eigene Art darauf gründen musste.

Das mir vorliegende Exemplar ist bedeutend kleiner als die andern Arten, vielleicht da es nur fünf Umgänge zählt, trotz der Lippe am Mundsaum noch nicht ausgewachsen, es ist nicht ganz so schlank, wie F. gracilis, doch schlanker als reticulata, die Spira erhebt sich kaum über den letzten Umgang, die Naht ist nur wenig callös, das Gehäuse ist fest, aber durchscheinend. Die Sculptur weicht von allen anderen Arten der Gattung wesentlich ab; die Spiralstreifen sind gleich, ihre Zwischenräume frei, nur an wenigen Stellen schiebt sich noch eine feine Rippe dazwischen, die Quer- (Längs)streifen sind fast ebensostark, wie die Spiralrippen, und stehen nur wenig dichter, so dass ein äusserst regelmässiges, elegantes Gitterwerk entsteht, viel regelmässiger als selbst bei reticulata. Die Mündung ist innen glatt, am Rand mit einer deutlichen, weissen Lippe belegt. Die Grundfärbung ist weissgelb mit zwei verloschenen dunkleren Binden; ausserdem ist der letzte Umgang noch mit einer grösseren Anzahl — neun — Spiralreihen regelmässig geordneter quadratischer brauner Flecken geziert, die man auch im Innern der Mündung deutlich erkennt. Die Mündung ist gegen den Rand hin bläulichweiss, im Gaumen braunröthlich, wie P. Dussumieri.

Aufenthalt: angeblich Australien. — (Aus der Paetel'schen Sammlung).

II. Gattung.

Bulbus Humphreys.

Testa pyriformis, ventricosa, papyracea; operculum nullum?

Nach dem Vorschlage Dunker's (Nov. Conch. II p. 17) nehme ich für Bulla rapa und die von Dunker l. c. beschriebene neue Art den von Humphreys im Museum Calonnianum 1797 aufgestellten Gattungsnamen an. Ich kann zwar nirgends eine Angabe über das Thier finden, aber bei Pyrula kann die Art nach Abtrennung von Ficula nicht mehr bleiben und mit dieser Gattung stimmt sie auch nicht soviel, dass man sie dazuschlagen könnte.

1. Bulbus rapa Linné sp.

Taf. 24. Fig. 4. 5.

Testa pyriformis, ventricosissima, tenuis, subpellucida, spira retusissima, mucronata; anfractus rotundati spiraliter tenuissime striati vel lirati, liris interdum obsolete squamatis, canali plus minusve elongato. Luteo-albida vel pallide rufo.

Long. usque ad 80, lat. 60 Mm.

> Martini Conch. Cab. III. tab. 68 Fig. 747—749. X. Fig. 1364—66.
> Bulla rapa Linné Syst. nat. ed. XII. p. 1148.
> Pyrula papyracea Lamarck-Deshayes p. 516 Nr. 18.
> — — Kiener Coq. viv. Pyrula Nr. 22 pl. XIV Fig. 1—3.
> — rapa Reeve Conch. icon. Pyrula Nr. 21.

Gehäuse aufgeblasen birnförmig, dünnschalig, halbdurchsichtig, mit winzigem, eingesenktem, doch spitzem Gewinde, aus sechs oder sieben Umgängen mit deutlicher Naht bestehend. Der letzte Umgang bildet fast allein das Gehäuse; er ist sehr aufgetrieben und geht nach unten ziemlich plötzlich in einen mehr oder minder langen Canal über. Die Sculptur ist nicht immer gleich; manche Exemplare haben auf der ganzen Oberfläche gleichmässige, undeutlich schuppige Spiralrippen, andere sind auf der oberen Hälfte nur ganz fein gestreift oder fast glatt. Der Rand der weiten Mündung ist leicht gezahnt, das Spindelblatt lässt einen Nabelritz frei. — Die Färbung schwankt zwischen blassgelb und röthlich.

Aufenthalt: an den Philippinen auf Sandboden (Cuming).

2. Bulbus incurvus Dunker.

Taf. 2. Fig. 5. 6.

„Testa inflata, oblique ovata, subpyriformis, tenuis, albida vel pallide citrina, costis et striis tenerrimis spiralibus lineolisque incrementi undulatis sculpta; anfractus seni vel septem rotundati, ultimus basin versus valde attenuatus, $4/5$ longitudinis totius testae adaequans, spira mucronata, canaliculata, exserta, haud depressa; apertura oblique ovata, canali brevi curvato, labro dextro acuto, intus laevi, labro columellari laevigato latissime effuso." (Dunker).

Long. 40, latit. 30 Mm.

Bulbus incurvus Dunker in Zeitschr. f. Malacoz. 1852 pag. 126.

— — Novitates Conch. p. 17. Tab. V Fig. 3. 4.

„Gehäuse aufgeblasen, schief-eiförmig, fast birnförmig, dünn, weisslich oder blassgelb, zum Theil röthlich, mit ungemein feinen Querreifchen und wellenförmigen Wachsthumsansätzen. Die 6—7 Windungen sind gerundet, die letzte nach der Nase zu sehr verschmälert, etwa $4|5$ der Länge des ganzen Gehäuses ausmachend. Die Spira tritt ziemlich scharf hervor und endet in eine Spitze. Mündung schief eiförmig; Canal kurz rückwärts gebogen; der rechte Mundsaum scharf, innen glatt; die Columellarplatte ebenfalls glatt und über die Nabelritze weit vorgezogen." (Dunker).

Aufenthalt: China?

Anmerkung. Diese interessante Art hat zwar einige Aehnlichkeit mit Cassidaria tyrrhena, steht aber durch die Structur der Bulla rapa am nächsten, während sie durch ihr grösseres Gewinde und die breitere Spindelplatte sicher verschieden ist. Figur und Beschreibung sind aus den Novitates l. c. copirt.

III. Gattung.

Tudicla Bolten.

Testa pyriformis apice papillari, basi in canalem gracilem, plus minusve recurvum elongata, columella ad insertionem canalis plica unica transversa, elevata munita.

Gehäuse birnförmig, mit zitzenförmigem Apex, unterwärts in einen langen, mehr oder weniger rückwärts gekrümmten Stiel fortgesetzt; auf der Spindelplatte steht am Eingang des Canals eine erhabene Querrippe. Thier noch nicht bekannt.

Diese Gattung ist ursprünglich für Murex spirillus L. gegründet. Lamarck rechnet diese Art zu Pyrula, aber da kann sie des langen Canals wegen nicht stehen bleiben und von Murex trennt sie der zitzenförmige Apex. Allerdings hat sie eine ziemliche habituelle Aehnlichkeit mit manchen Murex (Haustellum, brandaris) und Schuhmacher stellt sie mit diesen zusammen in eine Gattung Haustellum. Seitdem man aber noch mehr Arten kennen gelernt hat, welche sich ebenfalls durch den zitzenförmigen Apex und die Querrippe am unteren Ende der Spindelplatte auszeichnen, erscheint es mir unumgänglich nöthig, die Gattung anzunehmen. Ihr gehört auch ein guter Theil der fossilen Pyrula an.

Ausser Murex spirillus gehört hierher auch Fasciolaria phorphyrostoma Ad. et Reeve, die davon fast nur durch die Farbe verschiedene, vielleicht damit zusammenfallende Tudicla recurva A. Adams Proc. zool. Soc. 1854 und die ebenda beschriebene, aber nicht abgebildete T. fusoides A. Adams.

Ferner hat A. Adams 1855 und 1863 noch zwei weitere eigenthümliche Arten dieser Gattung beschrieben; eine siebente Art bildet Fusus Couderti Petit Journ. Conch. 1853, falls derselbe nicht mit einer der Adams'schen Arten zusammenfällt. Alle mit Ausnahme der T. spirillus gehören gegenwärtig noch zu den seltensten Arten.

Die Gattung Pyrella Swainson fällt mit Tudicla zusammen, der Name ist aber weit jünger und der Bolten'sche, wenn auch nicht regelrecht mit einer Diagnose publicirt, schon von den Gebrüdern Adams und anderen angenommenen und darum vorzuziehen.

1. Tudicla spirillus Linné.

Taf. 24. Fig. 1. 2.

Testa pyriformis, superne ventricosa, spira plano-depressa, apice papillari, erecto, basi in canalem gracilem elongata; anfractus 6, transversim exiliter sulcati, superne planulati; ultimus acute angulatus, ad angulum carinatus et compresso-tuberculatus, nodis solitariis inferne uniseriatim armatus; apertura mediocris, intus sulcata, labrum columellare late expansum, plica unica ad insertionem canalis munitum. Alba vel albido-fulva, punctis et maculis rufo-fuscis hic illic aspersa.

Long. 70, lat. 40 Mln.
  Martini Conch. Cab. III. t. 115 fig. 1069.
  Murex spirillus Linné Syst. nat. ed. XII p. 1221.
  Pyrula spirillus Lamarck Anim. s. vert. ed. II p. 513 Nr. 13.
  —   —   Kiener Coq. viv. Pyr. Nr. 6 pl. 15 fig. 2.
  —   —   Reeve Conch. icon. Pyrula Nr. 29.
  Turbinellus spirillus Swainson Zool. ill. t. 3 fol. 177.
  Haustellum carinatum Schumacher Nouv. syst. p. 213.

Gehäuse birnförmig mit langem, dünnem Stiel, oben flach mit zitzenförmiger, vorspringender Spitze. Sechs Umgänge, die Naht mitunter bei stark entwickeltem Kiel durch einen Eindruck des Umgangs bezeichnet. Der letzte Umgang bildet fast allein das Gehäuse, er ist oben abgeplattet, scharf gekielt, der Kiel durch eine Reihe zusammengedrückter scharfer Knoten bezeichnet, die mitunter verschmelzen und dann eine scharfe Leiste bilden. Eine Reihe einzeln stehender Knoten bezeichnet den Beginn der plötzlichen Verschmälerung. Der Stiel ist dünn, cylindrisch, leicht gedreht. Die Sculptur besteht in schwachen, ziemlich regelmässigen Furchen. Die Mündung ist mittelgross, oval, in einen langen, engen, halbbedeckten Canal endigend, der Mundrand einfach, scharf, wenig verdickt, innen gefurcht, die Spindelplatte stark, weit ausgebreitet und losgelöst, an dem Uebergang in den Canal trägt sie eine starke, quere Leiste. Färbung weisslich-gelb, hier und da, namentlich oben, mit röthlichen Flecken.

Aufenthalt: im indischen Ocean.

2. Tudicla porphyrostoma Ad. & Reeve.
Taf. 2. Fig. 7. 8.

Testa pyriformis, basi attenuato-canaliculata et recurva, spira mamillata; anfractus 8 superne concavo-depressi, angulati, ad angulum crebrinodati; ultimus testae longe majorem partem occupans, spiraliter obsolete liratus, liris basin versus distinctioribus. Apertura ovata, in canalem longiorem, angustum, recurvum producta, labro externo simplici, incrassato, fauce lirato, columella arcuata, callosa, superne lira parva, callosa, inferne laminis duabus obliquis munita. Albida, epidermide lutescente induta, lineis spiralibus fuscis obsolete cingulata; apertura alba (sec. Reeve vivide purpurea).

Long. 38, lat. max. 19, long. apert. canali excl. 14, canalis 16 Mm.
  Fasciolaria porphyrostoma Adams et Reeve Voy. Samarang.
  —   —   Reeve Conch. icon. Fasc. sp. 11.

III. 3. b.   3

Gehäuse birn-spindelförmig mit langem, schmalem, rückwärtsgekrümmtem Stiel und kurzem, kegelförmigem Gewinde mit zitzenförmigem Apex. Acht Windungen, undeutlich spiralgestreift, oben eingedrückt und am Winkel mit einer Reihe dicht-stehender kleiner Knoten; die deutliche Naht verläuft etwas tiefer, als der Winkel; nach dem Stiele hin werden die Spiralstreifen deutlicher. Die Mündung ist oval, in einen langen, engen, rückwärtsgebogenen Canal fortgesetzt, der Aussenrand scharf, aber rasch verdickt, der Gaumen stark gefurcht, die Spindel gebogen, mit einer dicken Spindelplatte belegt, oben mit einer callösen Leiste, unten am Eingang des Canals mit zwei schrägen Leisten, nicht mit Falten, wie die Lathyrus-Arten.

Soweit stimmen die beiden mir vorliegenden, ganz gleichen Exemplare — eins aus Gruners, das andere aus Lischke's Sammlung — vollkommen mit Reeve, aber die Mündung ist bei dem einen rein weiss, bei dem anderen nur ganz wenig roth, während Reeve Spindel und Gaumen purpurfarben nennt und den Namen für die Schnecke davon entnimmt. Doch kann an der Identität kein Zweifel sein. Reeve erwähnt auch nichts von den braunen Spirallinien, welche meine beiden Exemplare zeigen, doch sind sie auf der Abbildung sichtbar.

Beide Exemplare zeigen auch vor der Mündung ein plötzliches Ansteigen der Naht und Verschwinden des concaven Eindrucks und der Knoten; Reeve sagt nichts darüber, doch glaube ich an seiner Fig. 11 b dieselbe Eigenthümlichkeit zu erken-nen und es ist somit wahrscheinlich, dass sie für die Art charakteristisch ist. Deckel mit endständigem Nucleus.

Aufenthalt: in den Gewässern Ost-Asiens.

3. Tudicla recurva A. Adams.

„T. testa fusiformi, fulvicante, lineis transversis, rufescentibus ornata; spira acuminata, apice mamillato, anfractibus transversim (i. e. spraliter) striatis, superne excavatis, in medio serie unica nodulorum instructis; apertura ovali, intus violascente, columella callosa, plica an-tica obliqua instructa, canali obliquo, valde recurvo, labro acuto, margine sinuoso, intus lirato." (A. Ad.)

Long. 39, lat. 20, long. aperturae canali excluso 18, canalis 10 Mm. (ex icone).

Tudicla recurva A. Adams Proc. Zool. soc. 1854. p. 135. pl. 28 fig. 4.

Ich kenne diese Art nur aus der Beschreibung und Abbildung an der ange-zogenen Stelle. Der Autor erwähnt daselbst die vorige Art mit keiner Silbe, obschon die Abbildung ihr sehr bedenklich ähnlich ist und ich mich gar nicht bedenken würde, sie dazu zu verweisen, wenn nicht Adams ganz bestimmt den Senegal als Fundort angäbe und nicht er auch Mitautor der vorigen Art wäre. Der einzige Unterschied liegt in der Färbung der Mündung, und wir haben oben gesehen, wie unzuverlässig dieser Charakter ist. Eine Copie der Abbildung zu geben halte ich für unnöthig.

4. Tudicla Couderti Petit.

Taf. 2. Fig. 4.

„Testa ventricosa, longe caudata, albicans, ferrugineo nebuluse maculata; spira acuminata; anfractibus octonis spiraliter gracile sulcatis, carinato-tuberculatis; apertura ovato-rotundata, intus sulcata; columella callosa ad basim valde plicato-dentata; canali elongato, inferne subrecurvo.“ (Petit.)

Long. 65 Mm., lat. 30 Mm.

Fusus Couderti Petit Journ. Conch. 1853 p. 76 pl. II fig. 8. —

„Gehäuse bauchig, weisslich mit unregelmässigen rostbraunen Flecken; Gewinde erhaben und ziemlich scharf, aus acht zierlich gefurchten Umgängen bestehend. Jeder Umgang zeigt eine Reihe niedergedrückter Knoten, die eine Art Kiel bilden. Die Mündung ist gerundet eiförmig und zeigt auf der rechten Seite Zähnchen, die ziemlich tief ins Innere reichen; die Spindel ist schwielig und trägt unten eine starke zahnförmige Falte. Die Schale verlängert sich nach unten in einen ziemlich langen Stiel, der sich nach dem Ende hin verschmälert und etwas rückwärts biegt.“

Aufenthalt wahrscheinlich China. Es ist mir kein Exemplar zugänglich geworden und habe ich desshalb Figur und Beschreibung nach Petit copirt.

5. Tudicla fusoides A. Adams.

„T. testa fusiformi, fulvesvente, rufo-fusco variegata ac lentiginosa, spira acuminata, apice mamillato; transversim (i. e. spiraliter) lirata, liris majoribus cum minoribus alternantibus, fusco articulatis, anfractibus in medio angulatis, serie unica tuberculorum acutorum ornatis; apertura ovali, intus alba, columella plica valida antice instructa, canali producto recto, antice subrecurvo, labro intus valde lirato.“ (A. Adams.)

Hab. China. Mus. Cuming.

Tudicla fusoides A. Ad. Proc. Zool. Soc. 1854 p. 135.

3 *

„Spindelförmig mit langem Gewinde, aber zitzenförmigem Apex und allen Charakteren der Gattung." —

Nirgends abgebildet und mir nicht zugänglich geworden; ob mit der vorigen identisch?

6. Tudicla armigera A. Ad.

„T. testa turbinato-fusiformi epidermide fulvicante induta, spira obtusiuscula, apice mamillato; anfractibus planis, in medio serie spinarum ornatis, spinis tubulosis, regularibus, subrecurvatis, liris transversis, elevatis, squamulis aculeatis instructis, et interstitiis lineis elevatis simplicibus; anfractu ultimo serie secunda spinarum ad partem anticam ornato; apertura ovali, intus alba, columella triplicata, canali recto, producto; labro intus lirato."

Hab. Moreton Bay (M. Strange, Mus. Cuming.)

Tudicla armigera A. Adams in Proc. Zool. Soc. 1855 p. 221.

Nirgends abgebildet und mir nicht zugänglich geworden; die starkentwickelte Sculptur unterscheidet sie von den vorhergehenden Arten der Gattung.

7. Tudicla spinosa H. & A. Adams.

„T. testa turbinata, alba, solida; spira brevi, depresso-conica, apice papilloso; anfractibus 5 planis, transversim liratis, liris nonnullis validioribus longitudinaliter oblique striatis, ad suturas undulatis et spinulosis; anfr. ultimo plicis longitudinalibus et ad peripheriam squamulis spiniformibus instructo, transversim valde lirato, lirulis intermediis ornato; apertura ovata, labio antice plicis tribus validis instructo; canali recto valde producto, labro intus valde sulcato."

Hab. Port Curtis (Coll. Cuming.)

Tudicla (Tudicula) spinosa H. et A. Adams in Proc. Zool. Soc. 1863 p. 429.

Auch diese Art ist meines Wissens nirgends abgebildet und muss ich mich einstweilen auf Copirung der Originaldiagnose beschränken. Die Autoren schlagen für diese Art und T. armigera A. Ad., welche sich ebenfalls durch dornige Varices und drei Querfalten auf der Spindel auszeichnet, eine eigene Untergruppe Tudicula vor; der Name wäre jedenfalls, als dem Gattungsnamen zu ähnlich, zu verwerfen.

IV. Gattung.

Pyrula Lamarck.

Testa subpyriformis, basi canaliculata, tuberculis vel nodulis munita, varicibus nullis. Columella laevis, labrum non fissum.

Gehäuse birnartig, oben breit mit relativ kurzem Gewinde, mit Knoten oder Stacheln versehen, aber ohne Varices. Spindel einfach, Mundrand ganz.

Thier mit einer schnauzenförmigen Verlängerung des Kopfes, an deren Ende der einstülpbare Rüssel und die Tentakeln sitzen.

Lamarcks Gattung Pyrula umfasste, wie schon in der Einleitung bemerkt, sehr Verschiedenartiges und gerade der Typus derselben, Bulla ficus L., gehört nicht nur in eine andere Gattung, sondern sogar in eine ganz andere Abtheilung. Scheidet man Ficula, Bulbus und Busycon, sowie die zu den Purpuraceen gehörigen Rapana aus, so bleiben von der alten Gattung kaum noch ein Dutzend Arten und man hat daher vorgeschlagen, die Gattung ganz zu cassiren und bei Fusus unterzustecken. Gray wies zuerst aus dem Bau des Thieres nach, dass dies nicht angeht, da das Thier einen ganz eigenthümlich schnauzenförmig verlängerten Kopf hat, an dessen Ende die Tentakeln sitzen und der Rüssel ausgestülpt wird. Denselben Bau des Thieres finden wir aber auch bei Hemifusus Swainson, der Gruppe von Fusus colosseus und Pyrula tuba, die man bald zu Pyrula, bald zu Fusus gestellt hat; sie müssen also sämmtlich hierhergezogen werden.

Troschel hat aus dem Gebiss nachgewiesen, dass diese Arten eine eigene Gruppe für sich bilden, welche er als Cassidulina bezeichnet; er nimmt innerhalb derselben fünf Gattungen an: Cassidulus, Hemifusus, Pugilina, Volema und Myristica. Mir erscheinen weder die conchologischen noch die anatomischen Unterschiede zwingend genug, um in denselben mehr als Untergattungen zu sehen, und ich glaube, die ja allgemein angenommene Gattung Pyrula beibehalten zu sollen.

Nach den strengen Regeln besteht dieser Name freilich nicht zu Recht, denn Lamarck gibt als Typus die Pyrula ficus, während er in den Animaux sans vertèbres die Busyconarten voranstellt; da aber beide Gruppen schon andere, allgemein angenommene Namen haben, kann man es ohne Schaden dabei belassen. Petit im Journal de Conchyliologie III. 1852 adoptirt den Namen Melongena Schum. für die ganze Gruppe; die Gattung ist auf Murex melongena L. begründet und kann nur auf die nächsten Verwandten desselben bezogen werden, auf die dieser Name passt; für diese ist aber durch die Adams schon der ältere Name Cassidulus eingeführt, für die anderen Untergattungen, die sämmtlich heller gefärbt, selbst weiss sind, wäre der Name, auch wenn ihm die Priorität zur Seite stände, zu widersinnig, um angenommen zu werden. Die Zahl der Arten ist trotz der Verstärkung durch einige Fusus nicht gross und da die Arten meistens gross sind und am Strand oder in geringer Tiefe leben, ist eine grosse Vermehrung derselben kaum mehr zu erwarten. Die ächten Pyrula gehören ohne Ausnahme der wärmeren Zone an, und zwar vorwiegend der Indo-pacifischen Provinz; aus dem atlantischen Ocean sind mir nur 3, höchstens 4 Arten bekannt, von denen eine (Pyrula morio) sicher sowohl auf der afrikanischen wie auf der amerikanischen Seite vorkommt. Viele erreichen eine sehr bedeutende Grösse, und Pyrula colossea ist neben Fusus proboscidiferus und einigen Tritonien eine der grössten lebenden Schnecken.

Von den bei Reeve aufgeführten 29 Arten gehören 4 zu Busycon, 4 zu den Rapanaceen, je eine zu Tudicla und Bulbus; ausserdem scheint mir noch P. subrostrata trotz der glatten Spindel besser bei Turbinella untergebracht, wo sie in T. agrestis Anton und smaragdulus L. ihre nächsten Verwandten findet. Auch Pyrula clavella Reeve sp. 10 lässt sich unter keine Untergruppe von Pyrula unterbringen und dürfte vorläufig besser bei Fusus stehen. Es bleiben somit noch 17 Arten, zu denen als achtzehnte noch P. colossea kommt, die Reeve seltsamer Weise bei Fusus gelassen hat, obschon sie, wie er selbst betont, kaum von P. tuba zu unterscheiden ist. Die von Philippi in seinen Abbildungen beschriebene P. ochroleuca Menke ist identisch mit Purpura xanthostoma Brod. und gehört zu der Gattung Chorus.

Die Arten dürften in folgender Weise in die Untergattungen zu vertheilen sein:
1. Cassidulus Humphr. (Melongena Schum.).
   P. melongena, patula, corona, ? Belcheri.
2. Myristica Swains.
   P. galeodes, bispinosa, anomala, pallida.
3. Pugilina Bolten.

P. pugilina, bucephala, morio, cochlidium.

4. Volema Bolten.

P. paradisiaca.

5. Hemifusus Swains.

P. colossea, tuba, ternatana, elongata, lactea.

1. Pyrula melongena Linné sp.

Taf. 20. Fig. 3. — Taf. 21. Fig. 6—9. — Taf. 22. Fig. 1—5.

Testa ovata, ventricosa, superne tumida, crassa, ponderosa, spira parva, peculiariter demersa, basi emarginata et recurva. Anfractus septem, sutura canaliculata, superiores spiram parvam formantes, transversim plicati, spiraliter lirati, ultimus permagnus, superne laevigatus, inferne liris depressis spiralibus ornatus, superne ascendens, spirae partem tegens, interdum muticus, saepius tuberculis acutis bi-vel triseriatim munitus. Apertura perampla, superne canaliculata, intus laevigata, columella subrecta, inferne planata vel excavata. Rubido-fusca vel coerulescens, fasciis albis vel luteis cincta, intus albida.

Long. usque ad 120 vel 130 Mm., latit. 2/3 longitudinis aequans vel superans.

Murex melongena Linné Syst. nat. ed. 12 p. 1220.

Martini Conch. Cab. t. 39 fig. 389—393 t. 40 fig. 394, 397.

Murex melongena Chemnitz X p. 271 t. 164 fig. 1568.

Pyrula melongena Lamarck ed. II. p. 509 Nr. 8.

— — Kiener Coq. viv. Pyr. pl. I. pl. II f. 3.

— — Reeve Conch. icon. Pyrula Nr. 18.

Eine in der Gestalt sehr constante, in der Ornamentik äusserst wechselnde Art. Sie ist eiförmig, oben sehr breit und bauchig, schwer und solide. Die sieben Umgänge sind durch eine rinnenförmige Naht getrennt. Die sechs ersten bilden ein kleines spitzes Gewinde, sind spiralgerippt und quergefaltet, der letzte macht allein fast das ganze Gehäuse aus und verdeckt sogar noch einen Theil des Gewindes, indem er die regelmässige Windungsrichtung verlässt und emporsteigt; es ist daher von vornen der sechste Umgang gewöhnlich gar nicht sichtbar und auch ein Theil des fünften verdeckt. Der letzte Umgang ist obenher gewöhnlich vollkommen glatt, erst unter der Windung beginnen flache, unregelmässige Spiralrippen und wird auch die feine Querstreifung deutlicher. Nur selten ist die Wölbung vollständig kahl oder nur mit einer Reihe einzeln stehender schuppiger Höcker geschmückt; meistens finden sich zwei, selbst drei Reihen dicht stehender Stacheln auf der Wölbung und oft noch eine vierte an der Basis. Die Mündung ist sehr gross, innen glatt, oben in einen gekrümmten Canal auslaufend, Spindel fast gerade, ihr Umschlag sehr stark, weit übergelegt, unterhalb des Nabelwulstes flach gedrückt und ausgehöhlt.

Farbe rothbraun oder bläulich mit sehr verschieden angeordneten weissen oder gelben, meist ziemlich schmalen Binden. Mündung und Spindelumschlag weiss.

Aufenthalt: Westindien, Curacao (Chemnitz, in neuerer Zeit vielfach bestätigt), wie es scheint durch das Antillenmeer verbreitet und nicht selten. Reeve nennt als Vaterland die östlichen Meere! Allerdings ist sie bei Rumphius tab. XXIV. fig. 2—4 abgebildet, aber die Figuren sind, wie alle mit Ziffern, nicht mit Buchstaben bezeichneten, Zusätze des Herausgebers, und schon Valentyn bestreitet entschieden ihr Vorkommen in Ostindien.

2. Pyrula patula Brod. & Sow.

Taf. 3. Fig. 1.

Testa ovata, ventricosa, superne tumida, crassa, ponderosa; spira parva, peculiariter demersa, basi emarginata et recurva. Anfractus septem, sutura canaliculata, superiores spiram parvam formantes transverse subplicati, plicis tuberculatis; ultimus permagnus, superne concavodepressus, laevigatus, inferne spiraliter sulcatus, margine superiore ascendente, spirae partem tegente, interdum crenulato; plerumque muticus, interdum serie unica tuberculorum munitus, tuberculis squamatis, distantibus. Apertura perampla, superne canaliculata, lamella columellari superne tenui, angusta. Castaneo-fusca vel coerulea, fasciis luteis cingulata, epidermide crassa, fibrosa induta; apertura pallide aurantia.

Long. usque ad 210 Mm., latit. $^2/_3$ longitudinis aequans vel superans.

Pyrula patula Broderip et Sowerby Zool. Journ. vol. IV. p. 377.
— — Deshayes Anim. s. vert. p. 522 Nr. 31.
— — Kiener Coq. viv. Pyrul. pl. 2 fig. 1. 2.
— — Reeve Conch. icon. Pyrul. Nr. 20.
— — Gray Zool. Beechey pl. 34. f. 10. pl. 35 f. 1. 3.

Diese Art ist mit der vorhergehenden so nahe verwandt, dass man sie ohne Zwang zu ihr ziehen könnte, wenn nicht der Fundort auch auf unbedeutendere Unterschiede Gewicht legen hiesse. Es lassen sich in der That Unterschiede auffinden, welche die Möglichkeit gewähren, auch ohne Fundortsangabe ein Exemplar mit hoher Wahrscheinlichkeit zu dieser oder jener Art zu verweisen. Bei melongena sind die Umgänge des Gewindes von starken Spiralrippen umzogen, aber nur undeutlich kantig und nicht knotig, bei patula deutlich kantig und mit Knoten besetzt, aber ohne Spiralrippen. Der letzte Umgang deckt bei patula gewöhnlich den fünften Umgang auch noch ganz, er ist oben concav eingebogen, was er bei melongena nicht ist. Exemplare ohne Knoten oder nur mit einer Reihe derselben sind bei melongena Ausnahmen, bei patula die Regel. Endlich ist der Spindelumschlag bei ausgewachsenen Exemplaren von melongena sehr breit und dick, bei patula oben auch bei ganz alten Exemplaren, bei denen er stärker als gewöhnlich ist, dünn und letztere Art hat eine dicke, faserige Epidermis, welche der melongena fehlt. Ganz alte Exemplare, wie sie Gray Zool. Beechey abbildet und wie mir auch eins aus Löbbecke's Sammlung vorliegt, haben einen kaum gebogenen Aussenrand und dadurch fast die Form eines verkehrten abgestutzten Kegels; die Spindel ist dann stärker gebogen und der Spindelumschlag deutlicher. Die beiden Arten bilden eine Parallele zu Turbinella polygona und candelabrum, muricata und caestus.

Aufenthalt: an der Westküste von Mexico. Golf von Californien, geht südlich bis Panama (C. B. Adams). Caraccas in West-Columbia (Reeve).

3. Pyrula corona Gmelin sp.

Taf. 4. Fig. 3. 4.

Testa ovato-pyriformis, inferne parum attenuata; anfractus 8, superne concave tabulati, squamis fornicatis erectis tenuibus creberrime et irregulariter ornati, ad angulum squamis magnis, curvatis conspicue coronati, interdum serie unica squamarum ad basin. Columella subrecta, ad caudam excavata. Coerulea, fasciis albis angustis. corona alba, vel albida, fasciis coeruleis et rufo-fuscis; apertura intus vivide violacea, columella alba.

Long. 75, lat. 42, long. aperi. 65 Mm.

Corona mexicana Chemnitz Conch. Cab. X. p. 248. pl. 161. fig. 1526. 1527.

Murex corona Gmelin p. 3552 Nr. 161.

Fusus corona Lamarck ed. II. p. 453.

— — Kiener Coq. viv. Fusus pl. 24. fig. 1.

Pyrula corona Reeve Conch. icon. Pyrul. Nr. 7.

Varietas:

Melongena Belknapi Petit Journ. Conch. 1852 pl. 2 f. 5.

Gehäuse birnförmig mit breitem Stiel, nicht besonders dickschalig; die acht Umgänge sind im rechten Winkel gebogen und treppenförmig abgesetzt, meistens oberhalb der Kante concav eingedrückt und hier mit schuppenartiger, schrägen Lamellen,

III. 3. b.   4

zwischen denen tiefe Nischen bleiben, dicht und unregelmässig besetzt. Der Winkel selbst ist mit einer Reihe senkrecht emporragender, dornförmiger, meist nach hinten und innen gekrümmter Schuppen besetzt, welche sich aber nicht nach unten verlängern; nur ein stärkerer Anwachsstreifen geht von dem vorderen Rande einer jeden aus. Der Körper der letzten Windung trägt unregelmässige Spiralfurchen, welche nach dem Stiele hin deutlicher werden, und auf dem Stiele selbst häufig eine Reihe von Schuppenstacheln. — Mündung lang birnförmig, oben flach abgeschnitten, innen glatt, mit schneidendem Mundrand, der Beleg der fast geradlinigen Spindel nimmt nach unten an Stärke zu und ist unterhalb des Wulstes, welcher die Gegend des ganz geschlossenen Nabels umgiebt, ausgebreitet und rinnenförmig ausgehöhlt. Färbung an dem mir vorliegenden Exemplar wie an dem Kiener'schen schwarzblau mit schmalen weissen Binden und weisser Zackenkrone, die Mündung innen lebhaft violett mit zwei weissen Bändern, die Spindel weiss. — Bei dem Reeve'schen Exemplar herrscht die weisse Färbung vor und die schwarzblaue bildet Bänder.

Petit de la Saussaye hat im Journal de Conchyliologie 1852 p. 65 unter dem Namen Melongena Belknapi eine Schnecke beschrieben, in der ich nichts sehen kann, als ein ziemlich junges Exemplar von corona mit etwas schwach entwickelten, mehr stachelförmigen Schuppen. Angesichts der Variabilität der Sculptur bei P. melongena und patula halte ich es für durchaus ungerechtfertigt, auf solche geringe Unterschiede eine Art zu gründen.

Aufenthalt: im mexicanischen Meerbusen, dem Anschein nach vorwiegend an der Küste des Festlandes; Neu-Orleans, Florida. Das abgebildete Exemplar befindet sich in der Gruner'schen Sammlung, nun im von Maltzan'schen Museum. Die Art wird übrigens bedeutend grösser; in der Loebbecke'schen Sammlung befindet sich ein Exemplar von 120 Mm. Länge.

4. Pyrula Belcheri Hinds sp.

Taf. 4. Fig. 1. 2.

Testa subpyriformis, basin versus contracta, anfractus angulati, ad angulum squamis grandibus elongatis, erectis, basin versus ad modum varicium descendentibus, coronati, ad initium caudae leviter strangulata; cauda umbilicata margine sinistro squamoso. Apertura magna, incanalem recurvum semitectum terminata, labro simplici, lamina columellari tenui. Albida, carneofuscescente tincta.

Long. 80, lat. max. 50, long. apert. cum canali 60 Mm.
  Murex Belcheri Hinds Voy. Sulph. p. 8 pl. 2 fig. 1—3.
  Pyrula Belcheri Reeve Conch. icon. Pyrula Nr. 4.
  Murex Belcheri Dunker Novit. Conch. tab. X fig. 6. 7.

Gehäuse birnförmig, unten stark verschmälert und am Beginn der Verschmälerung mit einer rinnenförmigen Einschnürung, genabelt, der Nabel von einer schuppigen Wulst umgeben. Die 7—8 Umgänge sind oben winklig gebogen und der
Winkel ist, wie bei der vorigen Art, mit einer Reihe senkrecht emporstehender,
langer, starker Schuppen geziert, welche nach unten bis zu der oben erwähnten
Einschnürung hinabreichen, ja mitunter durch diese hindurch bis zum Stiel laufen;
sie sehen dadurch wie Varices aus und Hinds stellte die Schnecke deshalb zu
Murex. Mein Exemplar zeigt, wie das von Dunker l. c. abgebildete, nur sechs
Schuppen auf einmal, bei dem Reeve'schen stehen sie dichter. Die Mündung ist
weit unten in einen von der weit, übergebogenen Spindel zum Theil bedeckten
weiten Canal fortgesetzt, innen glatt, nur mit seichten, den Schuppen entsprechenden Querfurchen; Mundrand einfach, scharf an der Stelle der Einschnürung eingebogen (hierauf bezieht sich jedenfalls Reeve's wenig bezeichnender Ausdruck; inferne unidentata), Spindelplatte schwach entwickelt. — Färbung weisslich mit undeutlichen fleischrothen Bändern und Streifen.

Aufenthalt: auf einer Schlammbank im Hafen von San Diego in Californien
entdeckt von Capt. Belcher. (Aus der Gruner'schen Sammlung im von Maltzan'-
schen Museum). — Nach Carpenter auch an den Cerros-Inseln in Nieder-Californien.

5. Pyrula galeodes Lamarck.
Taf. 6. Fig. 2. 3. Taf. 21. Fig. 1—5.

Testa ovato-pyriformis, subventricosa, solida, basin versus contracta, spira acuta, com-
presso-tuberculata, sutura profunda; anfractus septem celeriter accrescentes, ultimus $^2/_3$ testae
superans, undique spiraliter lirati, penultimus et ultimus ad suturas erecto-squamati, ultimus vel
rotundato-subangulatus, muticus, vel serie duplici vel triplici squamarum armatus; lamella columellaris adnata, umbilicum angustum subtegens; apertura intus lirata. Fusca, fasciis saturatioribus, apertura lutescente.
  Long. circa 60. lat. max. 40 Mm.
  Var. a (vide fig. 3).
  Anfractus ultimus subangulatus, inermis, ad suturam erecto-squamatus.

4 *

Martini Conch. Cab. II. t. 40 f. 402.

Pyrula myristica Encyci. pl. 432 f. 3 a. b.

— squamosa Lamarck Anim. s. vert. IX. p. 518 Nr. 21.

— — Kiener Coq. viv. pl. 4. f. 2.

— galeodes Reeve Conch. icon. Pyrul. fig. 23.

Var. b (vide fig. 1. 2).

Anfractus ultimus angulatus, serie triplici squamarum armatus, squamis longis, recurvis. Martini Conch. Cab. II t. 40 fig. 398, 399.

Pyrula hippocostanum Enc. pl. 432 fig. 4.

— galeodes Lamarck Anim. s. vert. IX. p. 517 Nr. 19.

— — Kiener Coq. viv. pl. V fig. 2.

Var. c. (vid. fig. 4. 5. t. 6. f. 2. 3).

Anfractus ultimus angulatus, serie tuberculorum ad angulum, altera versus basin armatus. Martini Conch. Cab. II. t. 40 fig. 400. 401.

Pyrula lineata Enc. pl. 432 fig. 5.

— angulata Lamarck Anim. s. vert. IX. p. 517 Nr. 20.

— — Kiener Coq. viv. pl. 7 fig. 2.

— galeodes Reeve Conch. icon. Pyrula sp. 22.

Es kann keinem Zweifel unterliegen, dass die vorstehenden, von Lamarck als verschiedene Arten aufgefassten Formen nur eine Art bilden, wie sie schon Dillwyn unter dem freilich auf gute Exemplare wenig passenden Namen Murex calcaratus zusammenfasste. Der einzige Unterschied besteht in der Bewaffnung, die aber gerade bei Pyrula äusserst veränderlich ist. Die Gestalt variirt nur sehr wenig; sie ist immer eigenthümlich gedrungen, das Gewinde nicht halb so hoch, als der letzte Umgang, und mit zusammengedrückten Höckern versehen, welche sich nur wenig über die tiefe, wellenförmige Naht erheben. Auch die Spiralsculptur ist ziemlich constant; sie besteht in ziemlich groben, wenig erhabenen Rippen, meis[t] in der Stärke alternirend, und bei allen drei Varietäten bald stärker, bald schwächer. Erst in der Bewaffnung des letzten Umganges zeigt sich der Unterschied. Bei P. squamosa ist die Kante abgerundet und entweder ganz glatt oder doch nicht mit Stacheln bewaffnet; nur der Naht entlang läuft die Reihe aufgerichteter Schuppen, von der die Art den Namen trägt. Bei der P. galeodes ist die Kante schärfer, mit einer Reihe starker Schuppen oder auch solider rückwärts gekrümmter Stacheln besetzt, eine andere Reihe läuft über den Stiel und eine dritte etwa in der Mitte zwischen beiden. Bei der P. angulata ist die Kante noch schärfer und die mittlere

Schuppenreihe fehlt, während die beiden anderen meistens nur als Knötchen entwickelt sind.

Im Uebrigen sind die drei Varietäten einander ganz gleich und denselben individuellen Abänderungen unterworfen. Meistens ist ein deutlicher, obschon enger Nabel vorhanden, mitunter nur ein Ritz, immer durch einen Wulst bezeichnet, mitunter auch ein weiter Trichter. Die Mündung ist verhältnissmässig schmal, der Aussenrand einfach, bisweilen gezahnt, je nach der Varietät mehr oder weniger winklig, im Gaumen glatt oder schwach gerippt.

Färbung hellbraun, mit grünlichem oder röthlichem Schein, die stärkeren Rippen meist gesättigter gefärbt, die Mündung gelblichweiss, im Gaumen mitunter ganz oder doch in den Furchen zwischen den Spiralrippen violett und mit einem dunkleren Lippensaum.

Aufenthalt: im indischen Ocean vom rothen Meere bis zu den Philippinen verbreitet und häufig in der Wasserlinie; nach Cuming an den Wurzeln der Mangle-Bäume.

Anmerkung. Reeve hat für unsere Art den der ersten bei Lamarck gewählt und ich behalte ihn deshalb bei, bezeichnender wäre P. squamosa, da die schuppige Naht charakteristisch ist. Mörch hat im Cat. Yoldi den Namen Cassidulus asper Martini. So bequem es auch ist, auf diesen Namen zurückzugreifen, um keinen der drei Lamarck'schen zu bevorzugen, so können, doch Martinis beschreibende Phrasen, auch wenn sie sich zufällig einmal in den Rahmen der binären Nomenclatur einfügen lassen, keinen Anspruch auf Priorität machen. Wir werden demselben Fall später bei Pyrum paradisiacum Martini (nodosa et citrina Lam.) noch einmal begegnen.

Philippi sagt bei Gelegenheit der Pyrula Martiniana (Abb. neuer Conch. l. 95), dass Martini fig. 400, 401 unsere P. angulata nicht darstellen könne; die Figur ist allerdings schlecht und die Schuppenreihe längs der Naht fehlt ganz; ich habe diese Varietät deshalb t. 6 fig. 2. 3. noch einmal abgebildet.

Junge Exemplare der var. squamosa, bei denen die Schuppen noch nicht entwickelt sind, lassen sich kaum von der knotenlosen Varietät P. pugilina unterscheiden, wenn sie nicht gerade die charakteristische Mündungsfärbung haben, welche bei pugilina nicht vorzukommen scheint.

6. Pyrula bispinosa Philippi.

Taf. 3. Fig. 2. 3.

Testa ovato-fusiformis, umbilicata, lineis elevatis spiraliter striata; anfractus septem superi exquisite costati, ultimus superne seriebus duabus spinarum vel squamarum, inferne serie tertia armatus, serie quarta squamarum permagnarum umbilicum cingente; sutura profunda, fortiter squamata. Albida, anfractus superiores fascia brunneo-fusca, ultimus fasciis duabus obsoletis cingulati, apertura albida, canali fusco.

Long. 50, lat. 35, long. apert. 35 Mm.

Pyrula bispinosa Philippi Abb. neuer Conch. Pyrula t. 1 fig. 7. 8.

— — Reeve Conch. icon. Pyrula Nr. 19.

Melongena bispinosa Petit Journ. Conch. 1852 pl. VIII fig. 3.

Varietas: Pyrula Martiniana Philippi l. c. fig. 9.

Gehäuse eiförmig-spindelförmig, die Windungen stark gewölbt, von ziemlich zahlreichen, in der Stärke abwechselnden Spiralrippen umzogen. Von den sieben Windungen sind die oberen stark quergerippt und fast kantig; die Spiralreifen schwellen auf den Rippen, welche nicht über die Kante hinaufreichen, zu zwei Reihen Knötchen an. Der letzte Umgang hat keine Rippen, aber die Knötchen sind zu zwei Reihen spitzer Schuppen oder auch solider stachelförmiger Höcker geworden, von denen indess die untere an meinen beiden Exemplaren nach der Mündung hin obsolet wird; eine dritte Reihe meist sehr deutlicher Schuppen läuft über den Stiel, und eine vierte, aus wenigen grossen mitunter verschmolzenen Schuppen bestehend, umgibt den ziemlich weiten Nabel und gibt dem Aussenrande des Stiels ein eigenthümlich zerrissenes Ansehen. Die tiefe Naht ist ebenfalls von einer Reihe Schuppen bezeichnet, welche auch mit dem vorhergehenden Umgang verwachsen und eine Reihe nischenartiger Vertiefungen bilden. Es sind somit eigentlich fünf Schuppenreihen vorhanden. — Mündung mittelgross, Spindelplatte fest anliegend, am Eingang des Nabels wie abgebrochen.

Farbe weisslich, die oberen Windungen mit einer braunrothen, doch nicht immer deutlich ausgeprägten Binde, die auch auf dem letzten Umgang zwischen den Stacheln undeutlich sichtbar sein kann. Philippi erwähnt ausserdem noch einer erloschenen rostfarbigen Binde auf dem letzten Umgang, welche meinen Exemplaren sowohl als dem Reeve'schen fehlt. Bei einem noch nachträglich aus dem von Maltzan'schen Museum erhaltenen Exemplare dagegen ist sie sehr lebhaft entwickelt. Die Mündung ist weisslich, unten mit einem rostbraunen, den Canal ziemlich ausfüllenden Flecken.

Varietäten. Es scheint mir diese Art in derselben Weise zu variiren, wie die vorige, jedoch ohne in dieselbe überzugehen; die gerippten oberen Windungen und die schuppige Naht unterscheiden sie constant. Leider fällt bei unserer Art, die nicht zu den häufigen gehört, die Beschaffung genügenden Materials weit schwerer, als bei der häufigen galeodes. Indess glaube ich nicht fehl zu greifen, wenn ich Pyrula Martiniana, von Philippi zugleich mit unserer Art beschrieben und auf derselben Tafel Fig. 9 abgebildet, als Varietät hierherziehe, correspondirend mit der galeodes var. squamosa. Die Sculptur der oberen Umgänge, die schuppige Naht und der eigenthümliche Fleck in der Mündung sind vorhanden, aber die Sculptur des letzten Umganges ist eine andere: sie hat nämlich nur eine scharfe Kante und Dornen aus gefalteten Schuppen, unten ist eben so eine Schuppenreihe wie bei bispinosa, aber auf einem schärferen Kiel sitzend. Philippi's Originalexemplar unterscheidet sich allerdings durch eine Aushöhlung oberhalb der Kante, aber er selbst erwähnt ein anderes Exemplar, bei welchem diese weit weniger deutlich sei. — Angesichts der Veränderlichkeit der nächstverwandten P. galeodes glaube ich diese Abweichungen um so weniger für genügend zur Abtrennung als eigene Art betrachten zu können, als bei dem einen meiner Exemplare die untere Knotenreihe auf dem letzten Umgange obsolet wird.

Aufenthalt: unbekannt. Das abgebildete Exemplar gehört nebst einem ganz gleichen der Normalsammlung der deutschen malacozoologischen Gesellschaft im Senckenberg'schen Museum zu Frankfurt an.

Anmerkung. Die schöne Figur von Petit l. c. erscheint, wenigstens in dem mir vorliegenden Exemplar des Journal de Conchyliologie, ganz dunkel gefärbt; da es aber im Texte ausdrücklich heisst: coquille blanche, ist es offenbar Folge des Gebrauches von Bleiweiss, das sich nachträglich so verändert hat.

7. Pyrula anomala Reeve.

Taf. 4. Fig. 5.

Testa ovata, crassa, ponderosa, cauda crassa, recurva, umbilicata; anfractus 7 subangulati, spiraliter subtilissime striati et grosse sulcati, superiores transversim plicati, ultimus ad angulum serie tuberculorum vel plicarum brevium ornatus, cauda lata, compressa, recurva, apertura ovata in canalem latum, recurvum terminata, labro serrato, fauce lirato. Lutescente-albida.

Long. 60, lat. 40, long. apert. 38 Mm.

Pyrula anomala Reeve Conch. Icon. Pyrul. Nr. 9. 12.

Neptunae anceps H. et A. Ad.

Reeve hat kein so vollständig entwickeltes Exemplar vor Augen gehabt, wie

es mir durch die Güte meines Freundes von Maltzan vorliegt. Das Gehäuse ist
äusserst dickschalig und schwer und endigt in einen breiten, aber von vorn nach
hinten zusammengedrückten Stiel mit mehr oder weniger weit offenem Nabel. Die
sieben rasch zunehmenden durch eine wellenförmige Naht vereinigten Umgänge
zeigen eine sehr charakteristische Sculptur, ausser einer sehr feinen Längs- und
Querstreifung finden wir allenthalben noch starke Spiralfurchen, welche breite, aber
scharfrückige Rippen zwischen sich lassen; Furchen wie Rippen haben ein mehr
oder minder dreieckiges Profil, besonders deutlich auf der Mitte des letzten Umganges. Die oberen Umgänge sind stark und dicht quergefaltet, die Naht zwischen
ihnen stark wellenförmig, an dem letzten erscheinen die Falten mehr als eine Reihe
Knoten, welche sich nach beiden Seiten des Kiels nicht allzuweit fortsetzen und am
Kiele selbst spitze, zusammengedrückte Höcker bilden. — Die mittelgrosse ovale
Mündung setzt sich in einen breiten, nur wenig überwölbten, nach hinten gekrümmten Canal fort, Mundrand sehr stark gekerbt; Schlund innen gerippt. Einfarbig
weissgelb.

Aufenthalt: an der Westküste Mittelamerika's; Mazatlan (Menke). (Aus der
Gruner'schen Sammlung).

Anmerkung. Diese Art weicht von den übrigen Pyrula ziemlich stark ab, dürfte sich
aber doch immer noch am passendsten neben P. bispinosa unterbringen lassen; zu Purpura, wie
Menke (Zeitschr. f. Malacoz. VIII. 1851 p. 18) vorschlägt, möchte ich sie trotz der habituellen
Aehnlichkeit mit Purpura tectum Kiener (callosa Sow., angulifera Ducl.) lieber nicht stellen,
eher zu Turbinella; ihre nächste Verwandte ist die folgende Art; Petit rechnet beide zu Fusus.

Die Gebrüder Adams rechnen sie unbegreiflicher Weise zu Neptunea und haben ihr wegen
Bucc. anomalum Reeve, das sie ebenfalls dahinstellen, einen neuen Namen gegeben.

8. Pyrula pallida Brod. & Sow. sp.

Taf. 7. Fig. 3.

Testa elongato-ovata, subfusiformis, spira subturrita, basi recurva, anfr. 9 spiraliter lirati,
medio angulato-ventricosi, ad angulum plicato-nodosi, nodis compressis, anfractus superiores interdum transversim plicati. Apertura elongato-ovata, margine crenulato, canali aperto, lamella
columellari distincta. Pallide fulva spira fulva, interdum liris fuscis ornata, epidermide fusca,
decidua.

Long. 40, lat. max. 24, long. aperturae cum canali 25 Mm.

Fusus turbinelloides Reeve Conch. icon. Fusus sp.
Pyrula lignaria Reeve Conch. icon. Pyrula sp. 12. f. 13 a. b.

Gebäuse langeiförmig, fast spindelförmig, mit gethürmtem Gewinde und kurzem, breiten, etwas zurückgebogenen Stiel, meist genabelt oder doch geritzt. Neun Umgänge, die oberen kantig, der letzte stärker gewölbt mit einer Kante, alle stark spiralgerippt, die oberen deutlich quergefaltet, die Falten an der Kante mit einem zusammengedrückten, mitunter sehr spitzen Knötchen; auf dem letzten Umgange sind keine Querfalten mehr vorhanden, die Knötchen laufen nur nach oben und unten in kurze Fältchen aus. Die Mündung ist langeiförmig, über die Hälfte der Gesammtlänge ausmachend, in einen ziemlich breiten, offenen Canal fortgesetzt. Der Aussenrand ist mehr oder weniger gekerbt, der Gaumen innen glatt oder schwach gerippt, Spindel wenig gebogen mit sehr deutlichem Beleg. Färbung weisslichgelb, die Spira meistens dunkler, mitunter auch die Spiralrippen braunroth gefärbt; frische Exemplare sind mit einer häutigen, dünnnen, hinfälligen Epidermis überzogen. —

Aufenthalt: im stillen Ocean nach Gray; Reeve gibt für seinen Fusus turbinelloides mit Zweifel Afrika an; das abgebildete Exemplar aus der Gruner'schen Sammlung im von Maltzan'schen Museum.

9. Pyrula pugilina Born sp.

Taf. 15. Fig. 1. 2. 6. 7. Taf. 5. Fig. 2. 3. ?Taf. 20. Fig. 6. 7.

Testa ovato-pyriformis, crassa, tumida; anfractus 5 spiraliter lirati liris inaequalibus, in anfractu ultimo interdum evanescentibus; superne concavo-angulati, ad angulum nunc laeves, rotundati, nunc plus minusve tuberculati, tuberculis compressis; apertura angulata, intus laevis. — Castaneo-fusca, aperturae fauce aurantio-lutea.

Long. 103, lat. max. 60, long. apert. 78 Mm.

Murex pugilinus Born Test. mus. Caes. Vind. p. 314.
Fusus carnarius crassus Martini t. 142 f. 1323. 1324. 1326. 1327.
Murex vespertilio Gmelin p. 3553 Nr. 100.
Pyrula vespertilio Lamarck ed. II p. 508. Nr. 7.
    —   —   Kiener Coq. viv. Pyr. pl. V fig. 1.
    — pugilina Reeve Conch. Icon. Pyr. Nr. 1.
Varietas inermis, tuberculis destituta (cfr. Taf. 5. fig. 2. 3) (? an Tab. 20. fig. 6. 7.??).
Pyrula fulva Deshayes voy. Bellanger p. 422 pl. 2 fig. 5.
    — pugilina var. Reeve l. c. fig. 1 a.

III. 3. b.   5

Gehäuse kurz birnförmig, dickschalig, aufgetrieben, aus 7—8 Umgängen bestehend, welche, winklig gebogen und über den Winkel concav eingedrückt, ein treppenförmiges Gewinde bilden, dieselben sind mit ziemlich dichtstehenden, ungleich starken Spiralrippen umzogen, welche am Gewinde und am Stiel am stärksten sind und auf der Mitte des letzten Umganges mitunter ganz verschwinden. Meistens schwellen sie an dem Winkel zu zusammengedrückten Knötchen an, welche von sehr verschiedener Höhe sind und mitunter auf dem letzten oder dem vorletzten Umgange auch schwinden. Ihre Zahl wechselt sehr, meistens sieht man auf dem letzten Halbumgang sechs oder sieben, doch mitunter auch nur fünf, und aus Löbbeke's reicher Sammlung liegt mir ein Exemplar mit nur dreien vor, aus denen aber förmliche breite Stacheln geworden sind. Mitunter verlängern sie sich in stumpfe Falten, welche immer an den oberen Umgängen am deutlichsten sind. Mündung innen glatt, mitunter am unteren Ende leicht gefurcht; Mundrand einfach, Spindelbeleg oben ganz dünn, nach unten an Dicke zunehmend und meist eine Nabelspalte offen lassend.

Färbung einfach gelbbraun. Weder Reeve noch Kiener erwähnen eine Epidermis, aber das Taf. 5 fig. 2. 3 abgebildete Exemplar meiner Sammlung, von dem Reisenden Jagor in der Nähe von Singapore gesammelt, ist mit einer dicken, filzigen, den Anwachsstreifen entsprechend fein gefalteten Oberhaut bedeckt.

Aufenthalt: im indischen Ocean, weit verbreitet und nicht selten.

10. Pyrula bucephala Lamarck.

Taf. 20. Fig. 1. 2.

Testa pyriformis crassa, ponderosa, anfractus 7 angulati, sutura subcanaliculata juncti, spiraliter lirati, liris in anfractu ultimo plus minusve obsoletis; anfr. superi transversim plicati, ad angulum tuberculati, ultimus serie duplici tuberculorum armatus, tuberculis seriei superioris multo majoribus; cauda subumbilicata. Apertura oblonga, margine externo simplici. Luteo-aurantia, epidermide fibrosa induta.

Long. usque ad 120 Mm., lat. max. 95 Mm.

Murex carnarius Chemnitz Conch. Cab. X. t. 164 fig. 1566. 1567.
Pyrula bucephala Lamarck ed. II. vol. IX p. 508 Nr. 6.
—   —   Kiener Coq. viv. p. 4 Nr. 2. pl. 4. fig. 1.
—   —   Reeve Conch. icon. sp. 24.

Gehäuse birnförmig, fest und schwer; die sieben Umgänge sind durch eine eingesenkte Naht verbunden, kantig, von Spiralrippen umzogen, welche auf der Höhe des letzten Umganges verschwinden; die oberen sind quergefaltet und haben eine Höckerreihe an der Kante, der letzte trägt zwei Reihen starker, fast stachelförmiger Höcker, von denen die obere der Kante entsprechende bei weitem die stärkere ist. Die Mündung ist langeiförmig mit ziemlich engem Canal, Mundrand einfach scharf, Spindel gebogen mit scharfem Beleg, der unten ein enges Nabelloch freilässt.

Die Färbung ist weissgelb bis orangegelb innen und aussen; frische Exemplare haben eine faserige Epidermis.

Aufenthalt: an den Nicobaren nach Chemnitz; Lamarck nennt einfach den indischen Ocean, Reeve dagegen Mexico! —

11. Pyrula morio Linné sp.

Taf. 28. Fig. 4. 5. Taf. 33. Fig. 4. 5.

Testa pyriformis vel subfusiformis, solida, spira subturrita; anfractus novem angulati, superne plus minusve impressi, ad angulum nunc conspicue tuberculati, nunc obsolete nodosi vel laeves; anfracti superiores spiraliter lirati, transversim costato-plicati, inferiores rude lirati vel sulcati. Apertura elongato-ovata, labro simplici, fauce lirato; columella parum arcuata, labro columellari tenui, canali subpatulo. Nigra vel ex brunneo nigrescens, fascia una vel duabis albis inaequalibus cincta; columella hepatica, apertura alba vel coerulescens; fusco-striata, canali hepatica.

Long. usque ad 150 Mm.

Murex morio L. Syst. nat. ed. 12 p. 1221.
Adanson Sénégal pl. 9 f. 51 le Nivar.
Fusus morio Lam. Anim. s. vert. ed. II p. 451.
— — Kiener Coq. viv. pl. 23 f. 2.
Var. coronata, ad angulum tuberculata (cfr. T. 28 f. 4. 5).
Fusus coronatus Lam. Anim. s. vert. ed. II p. 452.
Martini Conch. Cab. IV. t. 139 f. 1300. 1301.
Fusus morio Kiener Coq. viv. pl. 22 f. 2.
Pyrula morio Reeve Conch. Icon. Pyrula sp. 3.

Gehäuse birnförmig bis fast spindelförmig, fest und dickschalig, mit gethürmtem Gewinde und breitem, kurzem Stiel. Neun Umgänge, meistens kantig und immer unter der abgesetzten Naht eingedrückt; die oberen sind, wie bei der gan-

5 *

zen Verwandtschaft regelmässig spiral gerippt und quergefaltet, an den unteren verliert sich diese Sculptur und es bleiben nur noch unregelmässige, breite Spiral-rippen oder Furchen. Die Kante verhält sich sehr verschieden, so dass Lamarck auf sie hin zwei verschiedene Arten gründete. Bisweilen ist sie kaum sichtbar, der letzte Umgang erscheint gerundet, oder sie tritt mehr hervor und ist mit scharfen Knötchen besetzt, oder, wie bei der ächten P. coronata, sie erhebt sich fast bis zur Höhe der Naht und ist mit starken, langen, aufwärts gerichteten Höckern besetzt. — Auch in der Gestalt wechselt unsere Art sehr, und es kommen schlanke, fast fususartige, und kurze, bauchige Formen vor; im Allgemeinen sind die knotenlosen Formen schlanker, als die knotigen.

Die Mündung nimmt drei Fünftel des Gehäuses ein, sie ist verhältnissmässig schmal, langeiförmig oder oben winklig, mit kurzem, offenem, etwas gedrehtem Canal; der Mundrand einfach, aber ziemlich stark, der Gaumen mehr oder weni-ger gerippt, die Spindel ist oben wenig gebogen, aber am Canal gedreht, so dass der dünne Beleg, der nur hier deutlicher wird, fast senkrecht steht.

Die Färbung ist sehr characteristisch, glänzend schwarz oder tief schwarz-braun, nur selten heller braun bis leberfarben, meistens mit zwei ungleichen, weissen, auf allen Umgängen sichtbaren Binden, seltener mit nur einer, nur sehr selten ohne alle Binden. Die Spindel ist meistens schön leberbraun, ebenso der Canal, die Mündung ist immer weiss oder bläulich mit braunen Streifen, den Rip-pen entsprechend, und kurz hinter dem Mundrand meist mit einem tiefbraunen Saum. Frische Exemplare sind mit einer graubräunlichen, ziemlich dicken, dicht längs-gefalteten Epidermis überzogen.

Aufenthalt: im tropischen Theile des atlantischen Oceans an beiden Ufern. Senegambien (Adanson), Loanda (Dunker); Guadaloupe (Beau), Curacao (Dunker), Bahia (Nägely!) Nach Menke soll sie Preiss auch von Neuholland mitgebracht haben, was ich nicht ohne eine fernere Bestätigung annehmen möchte. — Nicht selten und in den Sammlungen sehr verbreitet, doch sind gute Exemplare auffal-lend schwer zu bekommen.

12. Pyrula cochlidium Linné sp.

Taf. 3. Fig. 4. 5. Taf. 28. Fig. 2.

Testa elongato-pyriformis, solida, spira elevatiuscula; anfractus 8, superi rotundati, transversim plicati, spiraliter conspicue lirati, inferiores duo conspicuissime angulati, super angulum planulati vel depressi, lira albo ad angulum, liris duabus planis superne cingulati, inferne primum obsolete, caudam versus distinctius spiraliter lirati, sutura peculiariter excavata juncti. Apertura superne angulata, subtriquetra, lamella columellari superne vix conspicua, inferne appressa. Castaneo-rufa vel fusca, fauce aurantia.

Long. 100, lat. 45 Mm.

      D'Argenville Conch. pl. 9 f. A.

      Murex cochlidium Linné Syst. nat. ed. 12 p. 1221.

      Fusus   —   Lamarck Anim. s. vert. ed. II. p. 453.

          —   —   Kiener Coq. viv. pl. 30 f. 1.

Var. coronata (Taf. 3 Fig. 5) anfractu ultimo et penultimo ad angulum fortiter tuberculatis.

      Pyrula cochlidium Reeve Pyrula fig. 2.

Gehäuse lang birnförmig, fast spindelförmig, fest, das Gewinde eigenthümlich, fast scalarid ausgezogen; von den 8 Umgängen sind die fünf oberen ziemlich gerundet, quergefaltet und fein aber scharf spiralgerippt; vom drittletzten an tritt ein immer schärfer sich ausprägender Kielwinkel auf, oberhalb dessen das Gehäuse ganz flach oder selbst eingedrückt ist, so dass die eigenthümliche Gestalt entsteht, welche wir auch bei dem Gewinde der P. corona finden, und welche der Art den französischen Sammlungsnamen „fuseau rampe" eingetragen hat. Auf der Kante läuft eine weissliche Spiralrippe, oberhalb derselben noch zwei andere breite, flache, aber scharfkantige Leisten; unter der Kante ist das Gehäuse ziemlich glatt und erst gegen den Stiel hin treten wieder deutliche Spiralrippen auf. Die Naht erscheint an den beiden letzten Umgängen, da sie tief unter der Kante läuft, eigenthümlich ausgehöhlt.

Bei der Varietät stehen an den beiden letzten Umgängen auf der Kante zusammengedrückte, entferntstehende starke Höcker, über welche die Kantenleiste hinläuft.

Mündung durch den starken Winkel fast dreieckig, innen glatt, Spindelbeleg oben kaum vorhanden, erst am Stiel deutlicher. — Farbe gewöhnlich ein röthliches Kastanienbraun, die Mündung innen gelb.

Aufenthalt: im indischen Ocean; nicht eben häufig. Reeve gibt speciell Co-rollenriffe an Raine's Island in der Torresstrasse an; die beiden abgebildeten Exem-plare unsicheren Fundortes gehören der Löbbecke'schen Sammlung an. —

13. Pyrula paradisiaca (Martini) Reeve.

Taf. 6. Fig. 4. 5. Taf. 15. Fig. 3. 4. Taf. 20. Fig. 4. 5.

Testa pyriformis, spira brevi, solida, superne ventricosa, medio laeviuscula, inferne sulcata; anfr. septem, ultimus maximus, superne concave impressus, serie nodorum coronatus vel muticus; apertura elongato-ovata, canali lato, subpatulo, fauce fortiter lirato. Lutescens vel vivide aurantio-fulva, interdum fasciis numerosis angustis purpureofuscis undique spiraliter cingulata.

Long. 60, lat. max. 38 Mm.

Pyrum paradisiacum Martini Conch. Cab. III p. 202 tab. 94 f. 909. 910.
Murex ficus nodosa Chemnitz Conch. Cab. X. p. 269 t. 163 fig. 1564. 1565. —
                     XI p. 125. t. 193 f. 1853—55.
Buccinum pyrum Gmelin p. 3484 Nr. 56.
Murex ficus Dillwyn Cat. t. 2 p. 722 Nr. 82.
Pyrula nodosa Lamarck Anim. s. vert. ed II p. 518.
    — citrina Lamarck ibid.
    — nodosa Kiener Coq. viv. pl. 6 f. 1. 2.
    — citrina Kiener Caq. viv. pl. 3 fig. 2.
    — paradisiaca Reeve Conch. icon. sp. 17.

Eine eben so gemeine wie veränderliche Art. Allen Varietäten gemein ist die birn- oder feigenförmige Gestalt, bald länger, bald kürzer, mit ganz kurzem Gewinde und breitem, kurzem Stiel. Spiralsculptur ist nur wenig vorhanden, meistens sind nur am Stiel deutliche Furchen, öfter auch noch über der Kante; auch die Anwachsstreifen sind nicht besonders auffallend. Die Basis ist meistens, doch nicht immer, genabelt. Die Mündung ist langeiförmig, in einen kurzen, ziem-lich weiten, offenen Canal verlängert, die Spindel ziemlich stark gebogen, mit oben ganz dünnem, nach unten sich verdickendem, schliesslich lostretendem Beleg; der Gaumen bald glatt, bald mehr oder weniger gerippt, mitunter so stark gerippt, dass eine förmliche gezahnte Lippe erscheint. Der letzte Umgang ist in seiner Sculptur sehr veränderlich; man muss hier zwei Hauptformen unterscheiden, aus denen Lamarck die beiden Arten nodosa und citrina gemacht hat. Die erstere, wie es scheint, im rothen Meer die herrschende und von dort aus in den Sammlungen nicht selten, trägt an der Stelle der stärksten Wölbung eine Reihe mehr oder weniger entwickelter Knoten, welche sich mitunter nach oben und unten verlängern, und ist über dieser Knotenreihe tief ausgekehlt; der Mündungsrand erscheint dem entsprechend oben eingedrückt, die Naht ist unregelmässig gebogen. —

Bei der anderen, der Pyrula citrina Lam. in ihrer vollen Ausbildung, fehlt dagegen sowohl die Knotenreihe als auch die Einbuchtung und die unregelmässige Naht. Hierher gehört auch die kleine Form, welche Martini im dritten Bande des Conchyliencabinets abbildet, und welche auf Taf. 15 Fig. 3. 4 reproducirt ist, sie zeigt einen auffallend starken Spindelbeleg; in Natura ist sie mir bis jetzt noch nicht vorgekommen.

Die Färbung ist einfarbig fahlgelblich bis lebhaft orangegelb, mitunter mit zahlreichen, schmalen, purpurbraunen Bändern, doch nicht wie Reeve meint, nur bei jungen Exemplaren, denn die auf Taf. 6 Fig. 4. 5 abgebildeten gehören zu den grössten, welche überhaupt vorkommen. Die Mündung ist bei nodosa meist gelblichweiss, im Gaumen häufig mit bläulichen Bändern, bei citrina meist lebhafter, namentlich Spindelbeleg und Mundrand.

Aufenthalt: im indischen Ocean, namentlich anscheinend häufig im rothen Meer (Chemnitz, Rüppel, Jickeli, Issel); an der Natalküste (Krauss); Bourbon (Deshayes). — Nach Osten scheint sie sich nicht weit zu verbreiten, denn Rumph hat sie nicht, auch Lischke kennt sie nicht von Japan; auch Cuming scheint sie auf den Philippinen nicht gefunden zu haben, da Reeve nur Ceylon und Mozambique als Fundorte anführt.

Anmerkung. Der älteste Namen für unsere Art, den auch Reeve wieder eingeführt hat, Pyrum paradisiacum Martini, hat kein Recht auf Anerkennung, da Martini noch keinen binären Namen gab; doch dürfte es räthlich sein, hier mildere Praxis walten zu lassen, um keine Confusion zu erzeugen. Der nächst älteste Name wäre nämlich Buccinum pyrum Gmelin; er brächte uns in Confusion mit Bulla pyrum Dillwyn, dem ältesten Namen für Pyrula spirata Lam., die allerdings zu Busycon gehört; derselbe Fall ist es mit Murex ficus Dillwyn und Ficula ficus L. Es blieben somit die beiden Lamarck'schen Namen, von denen nodosa als die voranstehende gewählt werden müsste; er passt aber nur auf die eine Varietät und nimmt sich auch für diese unter den starkknotigen Pyrulaarten sonderbar aus. Da hilft der Martini'sche Name, der zufällig einmal nach der Methode Linné's gebildet ist, aus aller Noth, und so kann man hier einmal die mildere Praxis walten lassen.

14. Pyrula colossea Lamarck sp.

Taf. 6. Fig. 1.

Testa permagna, elongato-pyriformis, cauda subelongata; anfractus 9 angulati, transversim subplicati, plicis ad angulum tuberculatis, spiraliter undique striati et lirati, liris alternantibus, transversim rude striati. Apertura elongata, tertiam testae partem bis aequans, canali latiusculo, patulo; margine externo simplici, crenulato, lamella columellari tenui, appressa, fauce laevi. — Pallide fulva, columella lutescente-rosacea.

Long. 300, long. apert. cum canali 200, latit. max. 120 Mm.

Fusus colosseus Lamarck Anim. s. vert. ed. II. vol. IX p. 142.

— — Kiener Coq. viv. p. 50 Nr. 44 pl. 25.

— — Reeve Conch. icon. Fusus sp. 19.

Gehäuse sehr gross, eine der grössten Conchylien überhaupt, lang birnförmig mit langem, sich sehr allmählig verschmälerndem Stiel, die neun, durch eine sehr stark ansteigende Naht verbundenen Umgänge sind winklig gebogen, über dem Winkel flach, oder selbst schwach eingedrückt; sie zeigen Querfalten, an den oberen Umgängen deutlicher, an den unteren nur an der Kante entwickelt und hier mit spitzen, von oben und unten zusammengedrückten Knoten besetzt, je fünf auf einen halben Umgang. Das ganze Gehäuse ist mit scharfen Spiralfurchen und ziemlich entfernt stehenden, in der Stärke abwechselnden Spiralrippen umzogen, auch die Anwachsstreifen sind sehr deutlich. Die Mündung ist lang birnförmig, reichlich ²/₃ des Gehäuses ausmachend, der Canal ziemlich weit und offen, der Mundrand scharf und den Rippen entsprechend crenulirt; der Gaumen ist glatt, der Spindelbeleg ziemlich entwickelt, aber ganz fest angedrückt.

Die Färbung ist ein gleichmässiges schwaches Gelb, an der Spindel und im Inneren der Mündung mehr Rosa.

Aufenthalt: im östlichen Theil des indischen Oceans; das abgebildete Exemplar aus Löbbecke's Sammlung stammt von den Philippinen.

Anmerkung. Diese wohlbekannte, aber immerhin seltene Art kommt manchen Varietäten der folgenden sehr bedenklich nahe, ich werde bei dieser näher auf das Verhältniss eingehen. — Obwohl von Lamarck wie von Reeve zu Fusus gerechnet ist sie nach dem Thier eine ächte Pyrula aus der Untergattung Hemifusus.

15. Pyrula tuba Gmelin sp.

Taf. 5. Fig. 1. Taf. 7. Fig. 1.

Testa subpyriformis, cauda sensim attenuata, solida; anfractus 9 sutura subcanaliculata juncti, angulati, superne plani, undique spiraliter striati et lirati, liris inaequalibus, superi transversim plicati, inferi ad angulum tuberculati, tuberculis longis, spiniformibus. — Apertura ²/₃ testae superans, canali latiusculo, margine externo simplici, crenulato, lamella columellari oppressa, fauce laevi. Pallide fulva, interdum rufescente-fulva, intus albescente-rosacea.

Long. usque ad 230 Mm., dimensiones spec. figur. long. 120, lat. 75 Mm. -

Murex tuba Gmelin Syst. nat ed. 13 S. 3554.

Martini Conch. Cab. vol. IV. t. 143 fig. 1333.

Pyrula tuba Lamarck Anim. s. vert. ed. II. vol. IX p. 507 Nr. 5.

Fusus tuba Kiener Coq. viv. pl. 26 fig. 1.

Pyrula tuba Reeve Conch. icon. sp. 22.

a. Varietas gracilior, anfractibus rotundatis, nodulis crebrioribus, parvis (tab. V fig. 1).

Hemifusus tuba Lischke Jap. Moll. I p. 36.

b. Varietas cauda gibbosa, tuberculis longissimis (Taf. VII fig. 1).

Pyrula crassicauda Philippi in Zeitschr. für Malacoz. 1849 S. 98).

Diese Art ist sowohl in der Gestalt als in der Ornamentik sehr wechselnd. Die Normalform, wie sie Lamarck auffasst, schliesst sich in der Gestalt an die achten Pyrula an; die grösste Breite liegt, wie Lamarck in der Diagnose besonders hervorhebt, oberhalb der Mitte. Die neun Umgänge sind kantig, doch über der Kante kaum eingedrückt oder selbst gewölbt, die oberen scharf quergefaltet mit Knötchen auf dem Winkel; nach unten zu werden die Falten undeutlicher, während die Knötchen immer stärker werden, bis sie zuletzt vollständige Stacheln werden; sie stehen ziemlich weitläufig, auf dem letzten Umgang sieht man nur vier Knoten auf einmal, auf dem vorletzten fünf, weiter oben sechs.

Bei einer anderen Form, wie sie mir aus der Lischke'schen Sammlung vorliegt, und wie ich ein mittelgrosses Exemplar auf Taf. 5 Fig. 1 abgebildet habe, ist die Gestalt im Ganzen schlanker, die Windungen sind mehr convex, besonders auch über der Kante, die Knötchen sind klein, weder nach oben noch nach unten verlängert, wenig zusammengedrückt und so dicht stehend, dass man auf dem letzten Umgang 7—8 auf einmal sieht.

Die sonstige Sculptur ist bei allen Formen dieselbe: Spiralrippen, besonders

III. 3. b. 6

auf den obersten Umgängen dicht und stark, nach unten hin immer weitläufiger und ungleichmässiger werdend, mit rauhen Spirallinien dazwischen, und rauhe, ungleichmässige Anwachsstreifen.

Die Mündung ist lang, bei der Normalform über zwei Drittel der Gesammtlänge ausmachend, bei der Varietät relativ kleiner, in einen weiten, doch mehr als bei colossea durch die Spindel überdeckten Canal auslaufend. Der Mundsaum einfach scharf, crenulirt, — bei dem grössten meiner Exemplare ist es verdickt, vielleicht ist nur dieses wirklich ausgewachsen, — Gaumen glatt, Spindel wenig gebogen, mit dünnem, in der ganzen Länge fest angedrücktem Beleg.

Färbung gelblichweiss bis fleischroth, Mündung gelblichweiss bis rosa. Gute Exemplare haben eine bräunliche, leicht abfallende Epidermis, welche den Anwachsstreifen entsprechend kurz bewimpert ist.

Pyrula crassicauda Philippi ist nur die Stammform mit besonders starken Stacheln und einer wulstigen Verdickung am Stiel; da eine Figur davon noch nicht existirt, gebe ich auf Taf. 7 Fig. 1 die Abbildung eines charakteristischen Exemplars.

Aufenthalt: im chinesischen und japanischen Meere, die abgebildeten Exemplare aus Löbbecke's Sammlung.

Anmerkung. Wie schon erwähnt, ist die Unterscheidung unserer Art von der Pyrula colossea nicht eben leicht, wenigstens nicht leicht in der Beschreibung auszudrücken; ich bin nicht sicher, ob die Figur bei Reeve l. c. eine ächte colossea darstellt. Meine Exemplare unterscheiden sich durch die lang ausgezogene Form, die weniger abgesetzte, bedeutend stärker ansteigende Naht, den offeneren, weiteren Canal und die mehr in Querrippen ausgezogenen Höcker genügend, doch sind diese Unterschiede nicht leicht in einer Diagnose anzugeben. Auch scheint tuba nie die Grösse von colossea zu erreichen, obschon das grösste mir vorliegende Exemplar der Varietät aus Nagasacki nicht weniger als 200 Mm. misst.

16. Pyrula ternatana Gmelin sp.

Taf. 5. Fig. 4. 5. Taf. 33. Fig. 1. 2.

Testa elongato - pyriformis, longe caudata, anfractibus superne angulatis, ad angulum acute nodosis, nodis erectis, prominentibus, in anfractu ultimo majoribus; spiraliter lirati, liris planis, supra angulum parum conspicuis, inferne latis, latitudine alternantibus. Luteo - albida vel rufescens, apertura albida.

Long. usque ad 120 Mm., lat. max. 50 Mm., long. apert. 80 Mm.

Valentyn, Amboyna Taf. I fig. 2.
Fusus brevis ternatanus Martini Bd. IV, tab. 140 fig. 1304. 1305.
Murex ternatanus Gmelin p. 3554 Nr. 107.
Pyrula ternatana Lamarck ed. II p. 513 Nr. 15.
Fusus ternatanus Kiener Coq. viv. Fusus Nr. 43 pl. 27.
Fusus pyruloides Encycl. pl. 429 fig. 6.
Pyrula ternatana Reeve Conch. icon. Pyrul. Nr. 6.

Gehäuse lang-spindelförmig mit langem Stiel; acht winklig gebogene, oben ziemlich flache Umgänge, von Spiralrippen umzogen, welche über dem Winkel kaum sichtbar, unter demselben deutlich, aber ganz flach und in der Breite meist abwechselnd sind, die oberen Umgänge sind deutlich quergefaltet und die Falten bilden am Winkel kleine Höcker, am letzten Umgang trägt der Winkel eine Reihe spitzer Höcker, welche mehr oder minder stark vorspringen und nach unten in sich verflachende Querrippen auslaufen. Mündung innen glatt oder schwach gefurcht, mit scharfem Rand und sehr dünnem Spindelbeleg. — Färbung gelblich weiss bis rothbraun.

Aufenthalt: im indischen Ocean, an den Moluccen (Valentyn); auf Schlammbänken an der Philippinischen Insel Guimaras (Cuming).

Anmerkung. Eine sehr kenntliche Art, in der Gestalt nur mit P. elongata zu vergleichen, von der sie aber durch die ganz abweichende Sculptur verschieden ist.

17. Pyrula elongata Lamarck.

Taf. 15. Fig. 5.

„Testa elongato-pyriformis, angusta, longicauda, laeviuscula, luteo-rufescens; anfractus superne longitudinaliter (i. e. transversim) plicati, plicis anterius nodo terminatis; spira cauduque spiraliter striatis." (Lam.)

Long. (ex icone nostro) 98, lat. 40 Mm.

Martini Conch. Cab. vol. III t. 94 f. 908.
Pyrula elongata Lamarck Anim. s. vert. ed. 2 p. 513.
—   —   Reeve Conch. icon. sp. 5.
Fusus elongatus Kiener Coq. viv. pl. 27.

Es ist mir nicht gelungen von dieser seltenen Art ein Exemplar zur Ansicht aufzutreiben. Sie ist mit der vorigen sehr nahe verwandt, und ich bin durchaus nicht ausser Zweifel, ob sie nicht trotz der von Lamarck hervorgehobenen Unterschiede als Varietät zu derselben gehört, denn dieselben liegen nur in der Sculptur und wir haben oben gesehen, wie wandelbar diese ist. Der Hauptunterschied liegt in der runderen Gestalt der Umgänge, die kaum kantig erscheinen, und rundliche, nach unten in schwache Rippen auslaufende Höcker tragen, welche nach oben schroff abbrechen und weniger spitz sind, wie bei ternatana.

Die Spiralsculptur ist weniger ausgeprägt, wie bei P. ternatana; ein paar Furchen laufen dicht unter der Naht, die Mitte des letzten Umganges ist fast glatt, erst gegen den Stiel hin treten immer stärkere Spiralrippen auf. Doch scheint hier einige Variabilität stattzufinden, denn Reeve sagt von seinem Exemplar, es sei zwischen den Rippen quergestreift, auf denselben aber glatt. — Die Färbung ist dieselbe, wie bei der ganzen Gruppe.

Aufenthalt: im indischen Ocean; genauere Fundortsangaben fehlen. —

18. Pyrula lactea Reeve.

Taf. 7. Fig. 4.

„Testa subfusiformis, anfractibus transversim tenuiter liratis et striatis, superne angulatis, ad angulum nodose tuberculatis; aperturae fauce radiatim tenuiliratae; intus extusque flavescente-lactea." (Reeve).

Long. 60, lat. 30 Mm.

Pyrula lactea Reeve Conch. icon. sp. 8.

„Gehäuse einigermassen spindelförmig, die Umgänge fein spiralgerippt und gestreift, oben kantig und an der Kante mit einer Reihe knotiger Höcker; das Innere der Mündung fein spiralgerippt. Färbung innen und aussen rahmfarben." (Reeve).

Diese Art ist mir nicht zugänglich geworden; sie gehört offenbar zur Gruppe der P. ternatana und ist die kleinste und kürzeste von dieser Form. Reeve bildet sie leider nur von hinten ab; er nennt sie am ähnlichsten den jungen Exemplaren von P. colossea.

Aufenthalt: an den Philippinen (Cuming, Belcher).

Pyrula versicolor Gray.

Shell obconic, solid, spirally grooved; bright crimson, varied with short white and black cross lines; spire short, conic, acute, last whorl acutely keeled

and with a series of compressed nodules behind. Mouth reddish yellow; throat
striated; inner lip thick, absorbed behind; pillar concave. acute, deep red in front.
Axis $^3/_4$ inch.

    Inhab-Pacific Ocean.

        Gray Zool. Beech. voy. p. 114.

      Nicht abgebildet und mir unbekannt geblieben.

V. Gattung.

Busycon Bolten.

(Sycotypus Browne, Fulgur Montf.).

Testa subpyriformis, magna, superne ventricosa, in caudam elongatam terminata; columella ad canalem plica unica, obliquissima munita.

    Gehäuse birnförmig, gross, oben bauchig, nach unten in einen langen, schlanken,
mitunter leicht zurückgebogenen Stiel ausgezogen; die Spindel trägt am Uebergang
in den Canal eine sehr schräge, von vorn kaum sichtbare Falte.

    Thier mit breitem, abgerundetem, nach hinten stumpfem, nach vorn convex
abgestutztem Fusse, kurzem Kopf mit langer Schnauze, grossen, dreieckigen, in
senkrechter Richtung zusammengedrückten Tentakeln; die kleinen Augen sitzen
auf Stielen im Drittel der Länge derselben. — Radula mit einer breiten Mittel-
platte, welche 5—6 der Platte an Länge nicht nachstehende Zähne trägt, und
jederseits eine Seitenplatte mit 4—6 Zähnen, von welchen der äusserste am
grössten ist (Troschel, Stimpson).

    Die grossen birnförmigen Schnecken von der atlantischen Küste der vereinig-
ten Staaten wurden schon vor Linné von den Sammlern in eine eigene Gruppe zu-
sammengestellt und hiessen Ficulae ponderosae im Gegensatz zu den F. tenues,
unserer gegenwärtigen Gattung Ficula. Linné zog sie zu Murex und Lamarck zu
Pyrula. Die Unterschiede im Thiere sind aber zu bedeutend, um sie dort zu belassen, und somit wurde ihre Anerkennung als eigene Gattung nöthig. Wegen der

schrägen Falte am Eingang des Canals stellten die Adams sie mit den Amerikanern zu Fasciolaria, die Untersuchung des Gebisses verweist sie dagegen neben Neptunea.

Den Namen anbelangend, haben wir schon früher bemerkt, dass die Gattung eigentlich ein Recht auf den Lamarck'schen Namen Pyrula hätte, da sie in den Animaux sans vertèbres am Anfang steht. Ausserdem kommen — wenn wie Sycotypus Browne als vorlinnéisch und durchaus nicht genügend festgestellt, ausser Acht lassen — Busycon Bolten 1798 und Fulgur Montfort 1810 in Betracht. Ersterer ist allerdings blos ein Catalogname, ohne Gattungsdiagnose veröffentlicht; aber nach meiner Ansicht genügt für die Aufstellung einer Gattung eventuell auch die Aufzählung der vom Autor dazu gerechneten Arten, und so nehme ich keinen Anstand, den seit dem Catalogus Yoldi gebräuchlich gewordenen Namen beizubehalten.

Die Anzahl der Arten ist jetzt, nachdem Gill (on the Genus Fulgur and its allies in American Journal of Conch. III. p. 141) die Conrad'schen neuen Arten wieder so unbarmherzig gestrichen, auf fünf beschränkt. Darunter lassen sich bequem zwei Gruppen unterscheiden; B. canaliculatum und spiratum haben einen Canal längs der Naht, einen langen dünnen Stiel und eine haarige Epidermis; caricum und perversum haben breiteren Stiel, keinen Canal starke Höcker und glatte Epidermis. Die Amerikaner scheiden sie deshalb in zwei Gattungen, Sycotypus für die ersteren, Fulgur oder Busycon für die letzteren. Diese Spaltung scheint mir aber um so überflüssiger, als sich B. coarctatum vollständig zwischen beide Gruppen hineinstellt und deren Definirung fast unmöglich macht.

Die Verbreitung scheint auf die Küsten des mexicanischen Meerbusens in seiner ganzen Ausdehnung und auf den südlichen Theil der atlantischen Küste der vereinigten Staaten beschränkt, Cap Cod bildet für sie, wie für viele südliche Arten, die Nordgränze. Ein sicherer Fundort von den Antillen ist mir so wenig bekannt, wie von den Bermudas und von der Nordküste Südamerikas.

Fossil scheint sie ebenfalls auf die Tertiärlager Nordamerikas beschränkt, aus denen Conrad zahlreiche Arten beschrieben hat.

47

1. Busycon canaliculatum Lamarck sp.

Taf. 16. Fig. 1. 2 juv. Fig. 3.

Testa magna, pyriformis, basi elongata, tenuis, ventricosa, anfractus sex spiraliter obsolete obtuse lirati, superne plano-declives et angulati, ad angulum margine incrassato interdum
noduloso, sutura peculiariter profunde canaliculata. Apertura pyriformis, magna, in canalem
longum terminata, margine externo simplici, tenui. — Cinereo-fulva, epidermide fusca, hispida, decidua.

Long. 150, lat. max. 80 Mm.

Martini Syst. Conch. Cab. III. t. 67 fig. 742. 743.
Murex canaliculatus Linné syst. nat. ed. XII. Nr. 555 ex parte.
Pyrula canaliculata Lamarck Anim. sans vert. ed. II.
— — Reeve Conch. Icon. Pyrula Nr. 27.
— spirata Kiener Coq. viv. Pyrula pl. X. fig. 1.

Gehäuse gross, aber verhältnissmässig dünn, birnförmig mit langem Stiel, aus
sechs Windungen bestehend, von denen die sechste den grössten Theil des Gehäuses ausmacht. Die Windungen sind fast rechtwinklig gekantet, die Kante ist
verdickt und an jungen Exemplaren immer, an alten mitunter, mit einer Reihe
Knötchen besetzt; die beiden obersten Umgänge bilden eine scharfe Spitze. Ein
tiefer, breiter Canal längs der Naht scheidet die einzelnen Umgänge in einer eigenthümlichen Weise. Die Sculptur besteht in stumpfen, nicht sehr dicht stehenden
Spiralrippen und deutlichen Anwachsstreifen, Mündung birnförmig, in einen langen
Canal endigend, welche meistens gerader ist, als auf unserer Figur; Mundsaum
einfach, dünn, Spindel stark gebogen.

Farbe gelblichgrau; die Epidermis ist stark, doch nicht sehr festsitzend, und
trägt sowohl den Anwachsstreifen als auch den Spiralrippen entsprechend Reihen
kurzer, starker Haare.

Das Thier hat nach Stimpson einen breiten, abgerundeten Fuss, grau mit
dunkleren Flecken, die Sohle orange, Mantel weisslich mit grauen Flecken, nur am
oberen Ende mit einer tiefschwarzen Färbung, die sich nach hinten in grau ab-
schattirt. Fühler schwarz, Schnauze weiss, mit grauen Flecken. Deckel verhältnissmässig klein, mit dem Nucleus unten.

. Aufenthalt: an der atlantischen Küste der vereinigten Staaten, nach Norden
das Cap Cod nicht überschreitend; nach Süden ist mir eine Gränze nicht bekannt,

doch scheint sie nicht bis Florida hinabzugeben.   Die älteren Angaben „Canada"
oder „nördl. Eismeer" sind irrthümlich.

Anmerkung. Linné hat unter seinem Murex canaliculatus sehr wahrscheinlich auch
die folgende Art inbegriffen, zu welcher auch Kiener unsere Art als Varietät zieht. Schubert
und Wagner in der Fortsetzung des Conchylien-Cabinets sagen zwar ausdrücklich, dass Pyrula
spirata Lam. verschieden von canaliculata sei. bilden aber ein ganz unzweifelhaftes Exemplar
der spirata als Varietät von canaliculata ab. — Ich halte es fürs Beste, die Art mit Lamark's
Autorität zu führen.

2. Busycon pyrum Dillwyn sp.

Taf. 19. Fig. 3. 4.

Testa oblongo-pyriformis, tenuis, basi elongata, spira depressa, suturis declivi-canali-
culatis, anfractibus spiraliter undique creberrime striatis, superne rotundatis, vix angulatis;
apertura fauce superne radiatim lirata; coerulescente-alba, fasciis rufo-fuscis spiralibus et
transversis vivide picta.

Long. 100, lat. max. 50 Mm.
> Bulla pyrum Dillwyn Cat. p. 485.
> Pyrula spirata Lamarck, Anim. s. vert. ed. II. vol. IX. p. 512.
>   —   —   var. Kiener pl. X. fig. 2.
>   —   —   Reeve Conch. icon. Pyrula Nr. 27.
> Pyrula canaliculata Schub. und Wagner, Forts. p. 93 tab. 226 fig. 4010. 4011.
> Fulgur pyroloides Say Journ. Ac. N. Science Phil. II. 237.
> Busycon plagosum Conrad ibid. 1862 p. 583.
> Sycotypus pyrum Gill Am. Journ. Conch. III. 1867 p. 150.

Gehäuse länglich birnförmig mit flachem Gewinde und langem Stiel; die Nähte
sind ebenfalls durch einen Canal geschieden, derselbe ist aber nicht so stark, wie
bei der vorigen Art und hat keine senkrechten Wände.   Das Gewinde ist flacher,
die sechs Windungen sind bei weitem nicht so scharf gekielt und nicht so treppenförmig abgesetzt, das ganze Gewinde erscheint gerundet.   Die Sculptur besteht in
zahlreichen, dichtstehenden Spiralrippchen; nur an den oberen Windungen treten
an der Kante Knötchen auf, doch weniger deutlich, als bei canaliculatum.   Mündung meistens innen glatt, nur der obere Theil des Gaumens gestreift.

Färbung lebhafter, als bei canaliculata, namentlich treten die rothbraunen
Striemen in der Richtung der Anwachsstreifen in den Vordergrund, wie sie für

B. perversum characteristisch sind und der Gattung den Namen Fulgur eingetragen haben, doch sind sie meist in der Mitte auf eine Strecke unterbrochen, so dass eine breite hellere Binde entsteht.

Aufenthalt: im mexicanischen Meerbusen an der Küste des Festlandes von Yucatan bis Florida, aber nicht mehr im atlantischen Ocean.

Anmerkung. Kiener wirft unsere Art mit der vorigen zusammen und auch Schubert und Wagner vermengen sie; die Verschiedenheit scheint mir aber nach den oben angeführten Unterschieden unzweifelhaft.

3. Busycon coarctatum Sowerby sp.

Taf. 8. Fig. 1. 2.

Testa pyriformis, spiraliter striata, anfractu ultimo ventricoso, ad basim subito coarctato, in canalem longum decurrente; superne noduloso-carinato; spira depressiuscula, apice mamillari; apertura intus sulcata; columella obliquissime uniplicata. Albida, strigis aurantiaco-brunneis ornata.

Long. 112, lat. 57 Mm.

Pyrula coarctata Sowerby App. Tank. Cat. p. 17.
— — Petit Journ. Conch. III. p. 155 pl. 7 fig. 3.

Gehäuse birnförmig, mit langem, schmalem Stiele, durchgehends fein spiralrippig, mit hoch oben stehender, mit spitzen Knötchen besetzter Kante. Apex zitzenförmig, doch niedrig. Spindel am Eingange des Canals mit einer sehr schrägen, wenig sichtbaren Falte, nur mit sehr schwachem, doch oben ziemlich breitem Callus belegt. Gaumen in seiner ganzen Ausdehnung scharf gerippt. Die Färbung ist weiss, mit scharfbegrenzten, rothbraunen Querstreifen, Gaumen bräunlichgelb.

Die Art erinnert zwar in mancher Beziehung an Tudicla spirillus, ist aber offenbar zunächst mit der vorigen Art verwandt, von welcher sie sich indess durch den Mangel des Canals genügend unterscheidet; auch sind die Rippen im Gaumen auffallend stärker und, was bei pyrum nur selten der Fall ist, erstrecken sich gleichmässig bis zum Eingang des Canals.

Aufenthalt: bei Sowerby und Petit unbekannt; das abgebildete Exemplar aus der Dunker'schen Sammlung, das einzige mir aus einer deutschen Sammlung bekannte, soll sicher von Mazatlan stammen, was angesichts des sonst so beschränkten Verbreitungsgebietes der Gattung auffallend erscheinen muss.

III. 3. b. 7

Anmerkung. Ich bin leider nicht im Stande, den Tankerville Catalogue nachzusehen und muss die Identification der Sowerby'schen Schnecke mit der abgebildeten auf die Autorität von Petit hin annehmen.

4. Busycon caricum Gmelin sp.

Taf. 16. Fig. 4.

Testa pyriformis, superne ventricosa, tumida, crassiuscula; anfractus 8 superne depresso-angulati, superi spiraliter striati, ad angulum serie nodorum coronati, ultimus ad caudam tantummodo striatus, superne laevis, ad angulum tuberculis grandibus, squamiformibus ornatus. Apertura pyriformis, margine simplici, fauce laevi, columella arcuata, lamina columellari tenui, appressa. Albida, rubido-fusca strigata, spiraliter indistincte fasciata; columella aurantio-rufa vel rosea.

Long. 200 Mm. superans.

Murex aruanus L. Mus. Ulr. p. 641 Nr. 322.
— carica Gmelin p. 3545 Nr. 67.
Martini, Conch. Cab. vol. 3 t. 67 f. 744 t. 69 f. 756. 757.
Pyrula carica Lam. Anim. s. vert. vol. 9 p. 505 Nr. 2.
— — Kiener Coq. viv. pl. III. f. 1.
— aruana Reeve Conch. Icon. Pyr. Nr. 16.
Fulgur eliceans Montf. Conch. Syst. p. 303.
Var. spinosa, testa tenuiore, unicolor albida, anfractus ultimus serie nodulorum tantummodo armatus.
Busycon spinosum Conrad Proc. Acad. Phil. 1862 p. 583.
— caricum Gould und Binney Inv. Mass. p. 383 f. 646.
— aruanum Conrad Am. Journ. III.

Gehäuse birnförmig, oben bauchig, mit kurzem Gewinde, schwer und dickschalig; acht Umgänge, oben eingedrückt und kantig; die oberen Umgänge sind deutlich spiralgestreift, der letzte nur gegen den Stiel hin und mitunter oberhalb der Kante. Die oberen Umgänge tragen längs der Kante eine Reihe kleiner, dichtstehender Knötchen, die nach dem letzten Umgang hin weiter auseinanderrücken und schliesslich zu weit abstehenden schuppigen Dornen werden. Die Mündung ist lang birnförmig, mit einfachem, scharfem Rand, im Gaumen glatt — Reeve sagt fauce striata, aber keines meiner Exemplare zeigt Streifen im Inneren, ebensowenig seine Abbildung, — Spindel gebogen, am Canal etwas gedreht, dort eine undeutliche Falte tragend. — Grundfarbe weisslich, mit rothbraunen Streifen in der Richtung der Anwachsstreifen und undeutlichen rothbraunen Binden; Spindel lebhaft rosen– bis orangeroth, Gaumen weisslich, mitunter nach dem Rande hin mit einem braunen Streifen.

Nach der Nordgränze ihrer Verbreitung hin verkümmert die Art und wird zu der Form, die Gould und Binney abbilden und Conrad früher Busycon spinosum nannte. Die Schale ist dünner, die Umgänge sind weniger scharf gekantet, auch der letzte Umgang trägt nur spitze Knötchen, keine Schuppen; die Färbung ist ein eintöniges Fleischroth, nur die Spindel lebhafter.

Conrad trennt beide Formen, sieht aber seltsamer Weise in der letzteren den Typus, obschon er die Martini'schen Figuren richtig zu der anderen Form, seinem Fulgur eliceans, citirt. Er sowohl wie Reeve nennen mit Deshayes die Art P. aruana, weil Linné im Museum Ludovicae Ulricae offenbar diese Art mit seinem Murex aruanus gemeint habe. Der Name beruht aber unzweifelhaft auf einer Verwechslung Linné's, der im Systema naturae Rumph's Trompete von Aruan (Fusus proboscidiferus) mit unserer Art zusammenwarf und den Namen von dieser entlehnte. Ich ziehe deshalb den Gmelin'schen Namen vor. Gill in American Journal III, 1867 p. 145 zieht auch Pyrula Kieneri Philippi und candelabrum Lamarck hierher; erstere ist sicher eine Varietät von der folgenden Art. Gill zieht freilich selbst Busycon gibbosum Conrad zu perversum, obschon er diese Form auf p. 143 für identisch mit Kieneri erklärt hat. P. candelabrum dagegen, obwohl sonst im ganzen der folgenden Art ähnlicher, ist rechts gewunden und gehört somit als ganz absonderliche Abnormität hierher.

Aufenthalt: am Nordgestade des mexicanischen Meerbusens und am südlichen Theil der nordamerikanischen Ostküste, am Cap Cod ihre Nordgränze erreichend; nach Süden mengt sie sich mit der folgenden Art, ohne doch so weit südlich zu reichen, wie diese.

5. Busycon perversum Linné sp.

Taf. 7. Fig. 2. Taf. 17. 18. Taf. 24. Fig. 8. 9.

Testa sinistrorsa, pyriformis, superne ventricosa, canali elongato, solida, ponderosa; anfractus 8 angulati, ad angulum tuberculis in anfractu ultimo squamoso-spinosis coronati, liris parum elevatis subdistantibus undique cingulati; apertura late pyriformis, margine simplici,

7 *

fauce lirata, lamella appressa; luteo-albida vel caerulescens, transversim fusco strigata, apertura alba, interdum fauce et canali fuscescentibus.

Long. 200—350 Mm., interdum 400 Mm. superans.

Murex perversus Linné Syst. Nat. ed. 12 p. 1222.

Chemnitz Conch. Cab. vol. IX. t. 107 f. 904—907.

Pyrula perversa Lam. An. s. vert. ed. II. p. 506.

— — Kiener Coq. viv. Pyr. t. 9 f. 1.

— — Reeve Conch. icon. Pyrul. sp. 13.

Var. cauda gibbosa, tuberculis elongatis (Taf. 7 fig. 2).

Pyrula perversa var. Kiener l. c. pl. 9 f. 2.

— Kieneri Phil. Zeitschr. 1849.

Busycon gibbosum Conrad Proc. Philad. 1862 p. 286.

Gehäuse links gewunden, birnförmig, oben bauchig, mit ziemlich langem Stiel; fest und dickschalig. Die acht Umgänge sind kantig, die Kante ziemlich hochliegend, mit einer Reihe Knötchen geschmückt, die auf dem letzten Umgang an Grösse zunehmen und schliesslich zu schuppenförmigen Stacheln werden, von denen aus häufig, aber nicht immer, angeschwollene Leisten eine Strecke weit in der Richtung der Anwachsstreifen nach dem Stiele zu laufen. Die Spiralsculptur besteht in wenig erhabenen, ziemlich entferntstehenden Rippen, meistens viel deutlicher, als bei carica. Die Mündung ist relativ weiter als bei carica, die Innenwand bei jungen Exemplaren stark gerippt, bei ganz alten meistens glatt, die Spindel ziemlich stark ausgebogen mit starkem, fest angedrücktem und sich allmählig verlierendem Beleg.

Färbung gelblich oder bläulich weiss; von jedem Knoten aus läuft ein breiter verwaschener braunrother Streifen nach beiden Seiten, auf dem letzten Umgang in der Mitte unterbrochen, so dass eine ziemlich breite helle Binde entsteht, an deren beiden Seiten wieder die Streifen besonders weit ausgewaschen sind und förmliche braunrothe Bänder bilden; gegen die Spitze hin wird die Färbung meist intensiver und findet sich häufig eine zusammenhängende braune Binde dicht unter der Naht. Ausserdem zeigt der letzte Umgang noch eine Menge brauner Horizontallinien, welche nicht in der Richtung der Spiralsculptur verlaufen, sondern diese unter einem sehr spitzen Winkel schneiden, eine Erscheinung, die sich auch bei carica findet, aber sonst sehr selten ist. — Die Mündung ist innen meistens rein weiss, doch häufig mit braunen oder rothen Flecken im Canal, im Gaumen und auf der Spindel, und nicht selten ist der ganze Gaumen mehr oder weniger intensiv gefärbt.

Pyrula Kieneri Philippi, von der ich nach einem exquisiten Exemplare der Löbbeke'schen Sammlung eine Abbildung gebe, stimmt bis auf die Anschwellung am Stiel so mit perversa überein, dass ich sie unbedenklich hierherziehe; sie kommt übrigens nicht so selten vor, dass man eine individuelle Abnormität in ihr zu sehen brauchte, eher eine Varietät, welche zur Stammform in demselben Verhältnisse steht, wie P. crassicauda zu tuba.

Pyrula candelabrum Lamarck würde auch besser hierher, als zu carica passen, wenn sie nicht rechts gewunden wäre.

Busycon perversum erreicht colossale Dimensionen und gehört zu den grössten Conchylien. Exemplare von 200 Mm. und mehr sind keine Seltenheit, und Dunker besitzt einen Riesen von über 400 Mm.

Die beiden Arten dieser Unterabtheilung sind so nahe verwandt, dass man schon daran gedacht hat, sie als rechts und links gewundene Varietäten einer Art anzusehen. Es ist genau dasselbe Verhältniss, auch bezüglich der geographischen Verbreitung, wie zwischen Neptunea antiqua und contraria, und eine Entscheidung dürfte schwer sein. Gill erwähnt, dass die von ihm untersuchten Eikapseln von B. perversum sämmtlich auch links gewundene Embryonen enthielten, das beweist also, dass die Windungsrichtung sich forterbt, was bekanntlich bei der links gewundenen Form der Hel. pomatia nicht der Fall ist.

Aufenthalt: mit der vorigen, doch nördlich nicht bis Cap Cod reichend, sondern schon bei Cap Hatteras ihre Nordgränze erreichend, südlich dagegen weiter vordringend und namentlich an der Küste von Yucatan häufig.

VI. Gattung.

Neptunea Bolten.

(Chrysodomus Swainson).

Testa fusiformis, ventricosa, anfractibus convexis, spira elevata apice papillari; apertura ovata, ampla, canali brevi, patulo, labro externo integro, columellari simplici, laevi.

Gehäuse spindelförmig, mehr oder weniger bauchig, mit stark convexen Umgängen, erhobenem Gewinde und zitzenförmigem Apex; die Mündung ist eiförmig, weit, der Mundrand ungekerbt, der Spindelrand einfach, glatt, ohne jede Falte. Sie sind mehr oder weniger einfarbig, von einer dünnen, häutigen, nur bei wenigen Arten behaarten Epidermis überzogen, mit hornigem, meist unregelmässig dreieckigem Deckel. Die für die ächten Fusus so bezeichnende Sculptur, Spiralrippen und quere Rippenfalten, fehlt ihnen, höchstens sind mehr oder weniger deutliche Spiralfurchen oder undeutliche schräge Faltungen wie bei den auch in anderer Beziehung nahe verwandten grossen Buccinum vorhanden; dagegen finden sich häufig Spiralkiele mit stumpfen, knotigen Anschwellungen oder einzelne Knoten. Die Zungenbewaffnung ist ganz ähnlich der von Buccinum; sie sind ächte Rhachiglossen mit einem starken 3—5 spitzigen Mittelzahn und zwei 3—4 spitzigen Seitenzähnen. Dadurch scheiden sie sich wahrscheinlich vollkommen scharf von den ächten Fusus, die sich im Gebisse an Fasciolaria anschliessen. Doch ist diess erst für wenige Arten nachgewiesen und es darum noch nicht möglich, eine Umgränzung der Gattung nach diesem anatomischen Merkmale zu geben. Ja es ist nicht einmal sicher, ob alle Arten der Gattung Sipho wirklich die Zungenbewaffnung von Neptunea haben, da nach Loven und Troschel S. islandicus zu den Fasciolariiden gehört.

Die Gebrüder Adams führen in ihren Genera of recent Molluska im Ganzen 56 Arten Neptunea auf. Ich glaube aber eine Anzahl dieser Arten streichen zu müssen. So Bucc. anomalum Reeve p. 54, die wohl eine Pollia ist, Pyrula anomala Reeve (Nept. anceps H. et A. Ad.), die ich bei Pyrula belassen habe; den

seltsamen Fusus tesselatus Wagner, den Crosse zu Voluta zieht und der wohl eine
eigene Gattung bilden wird, eine ziemliche Anzahl Buccinum u. dgl. mehr. Es
bleibt aber immer noch eine erhebliche Anzahl Arten übrig, die man mit Leichtig-
keit in vier verschiedene Gruppen sondern kann, aus denen, wenn die Uebergänge
nicht wären, ebensoviel Gattungen gemacht werden könnten:

1. Die grossen nordischen Arten aus der Verwandtschaft des F. antiquus und
   lyratus, die Gattung Neptunea im engeren Sinne.

2. Die dünnschaligeren, meist kleineren Arten mit engerem Canal, die Sippschaft
   des F. islandicus (Sipho, Tritonofusus, Siphonorbis).

3. Die japanischen Arten, durch Sculptur und namentlich Färbung ausgezeichnet,
   aber durch Fusus Kellettii Forbes mit der Gattung eng verbunden (Siphonalia Ad.).

4. Die langstieligeren, doch plumpen Arten aus der Verwandtschaft von F. Mandarinus, dilatatus, zelandicus, welche den Uebergang zu den ächten Fusi bildet, für die aber Troschel an Fusus dilatatus Quoy die Zugehörigkeit zu Neptunea nachgewiesen hat. Nach Gray gehört auch Fusus turbinelloides Reeve
   (Pyrula pallida Brod) in diese Gruppe.

Das Verbreitungsgebiet der Gattung, mit Ausnahme der mehr tropischen vierten Gruppe, ist ausschliesslich der arctische Ocean und die nördlichen Theile des
atlantischen und des stillen Oceans. Von den Arten der ersten Abtheilung gehören
viele den höchsten Breiten an und sind circumpolar; die Gruppe Sipho gehört vorwiegend dem nordatlantischen Meere, die Gruppe Siphonalia dem stillen Ocean bis
nach Südjapan und Californien herab an. Alle aber gehören zu den selteneren
Conchylien und da sie gleichzeitig äusserst veränderlich in ihren Ornamenten sind,
ist in ihrer Synonyme eine Verwirrung eingerissen, deren Aufklärung zu den
schwierigsten Aufgaben gehört und mehr Raum und Material erfordert, als mir zu
Gebote steht.

Bezüglich des Namens für unsere Gattung hat man in neuerer Zeit vielfach
Tritonium Müller (non Lamarck) den Vorzug gegeben. Ganz abgesehen von der
Collision mit dem zwar jüngeren aber eingebürgerten Lamarck'schen Namen wird
Müllers Gattung z. B. von Dunker für die grossen Buccinum aus der nächsten
Verwandtschaft von undatum angewandt, während Middendorff darunter auch Nep-
tunea und Trophon begreift. Da auch noch eine Nacktschneckengattung Tritonia

Cuvier existirt, halte ich es für das Beste, Müllers Gattung auf sich beruhen zu lassen, und dann muss nach dem, was ich bei Busycon bemerkt habe, Boltens Namen den Vorzug vor dem weit jüngeren Swainson'schen haben.

1. Neptunea antiqua Linné sp.

Taf. 27. Fig. 1—5.

Testa solida, laeviuscula, ovato-fusiformis; anfractus valde convexi, spiraliter confertim tenuissime lirati, liris parum prominentibus, rotundato-carinatis, latitudine interstitia superantibus, aut aequalibus omnibus, aut 2 ad 4 prominentibus carinatis, interdum tuberculiferis; cauda mediocris; labrum acutum, intus laevigatum. Albida, flavicans vel rufescens, epidermide lutescente membranacea, laevi tenerrime induta.

Long. usque ad 200 Mm.

a. Forma normalis, anfractibus rotundatis, non carinatis nec nodosis (cfr. Taf. 27 fig. 3. 4).

Murex antiquus Linné Syst. nat. ed. XII p. 222.

Martini vol. IV tab. 138 fig. 1292. 1294.

Fusus antiquus Lamarck Anim. s. vert. ed. II. vol. IX p. 447.

— — Kiener Coq. viv. Fusus pl. VIII fig. 1.

— — Reeve Conch. Icon. Fusus Nr. 44.

— — Jeffreys Brit. Conch. tab. 85 fig. 1.

Tritonium antiquum Müller Zool. Dan. vol. III tab. 118 fig. 1.

— despectum var. 1, 1. Middendorff Mal. ross. III p. 135.

b. Forma carinata, carinis non tuberculatis (cfr. Tab. 27 fig. 5).

Martini vol. IV tab. 138 fig. 1295.

Murex carinatus Pennant in Donovan Brit. Shells 1802 vol. IV. tab. 109.

Fusus carinatus Lamarck Anim. s. vert. ed. II vol. IX p. 449.

— — Kiener Coq. viv. Fusus pl. 19 fig. 1.

— tornatus Gould Invert. Mass. p. 286 fig. 201. Gould and Binney p. 574 fig. 201.

Tritonium despectum var. 2, Middendorff, Mal. ross. p. 136.

c. Forma varicoso-carinata, spira tuberculata (cfr. tab. 27 fig. 1. 2).

Murex despectus Linné Syst. nat. ed. XII p. 1222.

Martini vol. IV t. 138 fig. 1293. 1296.

Fusus despectus Lamarck Anim. s. vert. ed. II vol. IX p. 448.

— — Kiener Coq. viv. Fusus pl. 19 fig. 2.

— — Reeve Conch. icon. Fusus Nr. 39 a—c.

Tritonium fornicatum Fabricius (nec Gray) Fauna Groenl. p. 399.

— despectum var. 3, Middendorff Mal. ross. p. 138.

57

Gehäuse eispindelförmig, fest, ziemlich glatt, aus 7—9 stark gewölbten, durch eine deutliche Naht geschiedenen Umgängen bestehend. Die Windungen sind mit unregelmässigen Anwachsstreifen versehen und überall, nur bisweilen den nächsten Raum unter der Naht ausgenommen, von feinen, dichten, ziemlich rundrückigen Spiralstreifen umzogen, welche den Zwischenräumen an Breite gleichkommen oder sie übertreffen. Bei der Normalform sind die Windungen nur unter der Naht ein wenig eingedrückt, sonst gleichmässig gerundet, die Spiralstreifen gleichmässig oder in Stärke alternirend. Nicht selten treten aber einzelne derselben, meistens zwei, stärker hervor, die Windungen erscheinen dadurch gekielt und über dem Kiel abgeflacht, und es entsteht die var. carinata, oder wenn 3—4 Streifen vorspringen, die var. tornata. Mitunter treten auf diesen Kielstreifen, doch immer nur auf zweien, zusammengedrückte Höcker auf (var. despecta); dieselben erscheinen immer nur als Anschwellungen des Kiels, nicht des Gehäuses, stehen sehr dicht und sind auf dem vorletzten Umgang stärker, als auf dem letzten. Nicht selten sind immer zwei übereinanderstehende Höcker durch eine Leiste verbunden, die sich z. B. bei Reeve Fig. 39 b förmlich schuppenartig erhebt.

Die Mündung ist weit ausgelegt, mit ziemlich kurzem Canal, innen glatt, die Spindel unten abgeplattet, Mundrand einfach, doch bei alten Exemplaren mitunter doppelt und dreifach und weit vorgezogen, wie unsere Fig. 4 zeigt. — Färbung meist einfarbig gelblichweiss, graugelb, oder auch röthlich, auch die Mündung innen gelblich, nach der Tiefe hin bisweilen lebhafter gefärbt.

Die gewöhnliche Grösse ist circa 90 Mm. bei etwa 45 Mm. Breite und 55—60 Mm. Mündungshöhe; es kommen aber bedeutend grössere Exemplare vor und ich selbst besitze ein solches von 190 Mm. Länge und 110 Mm. grösster Breite.

Das mir vorliegende, reiche Material zwingt mich, nach dem Vorgange von Lovèn und Middendorff, die drei Lamarck'schen Arten in eine zusammenzuziehen, da die Uebergänge zu häufig sind. Schon bei der Normalform springen, besonders an den früheren Umgängen, nicht selten einzelne Spiralrippen hervor; das von Reeve Fig. 44 abgebildete Exemplar zeigt das sehr schön. Noch häufiger sind Uebergänge von carinata zu tornata und despecta. Es dürfte sogar fraglich sein, ob es bei genügendem Material immer möglich sein wird, N. tornata und N. decemcostata aus einander zu halten; bei N. lirata werde ich wenigstens nachweisen, dass diese Art auch in einer ganz glatten Form ohne Spiralreifen

III. 3. b.   8

vorkommt. Ich mache bei dieser Gelegenheit darauf aufmerksam, dass Searles Wood (Crag Mollusca I tab. V fig. 1 a. b) zwei fossile Formen der N. antiqua abbildet, welche der N. decemcostata bedenklich nahe kommen. Middendorff hat geglaubt für unsere Art den Namen Tr. despectum wählen und antiquum auf eine gut verschiedene, hochnordische Art anwenden zu müssen, welche sich namentlich durch den Mangel der Spiralsculptur unterscheidet. Ich kann das nicht für gerechtfertigt halten, auch wenn die citirten Figuren bei Seba und Lister wirklich die hochnordische Art darstellen sollten, worüber noch zu streiten sein dürfte. Aus Linné's ganzer Darstellung geht hervor, dass er die gewöhnliche Nordseeart vor sich hatte. Die Martinische Figur, copirt in Fig. 4 und von Middendorff zu seinem Tr. antiquum citirt, stellt offenbar ein altes Exemplar unserer Forma normalis dar, an dem die Spiralsculptur obsolet geworden, wie es auch an meinem oben erwähnten Riesenexemplare der Fall ist, obschon dasselbe den Deckel noch hat, also lebend gesammelt wurde.

Aufenthalt im nördlichen Theile des atlantischen Oceans, nach Lischke (Jap. Moll. III. p. 24) auch an der japanischen Küste, also circumpolar, die Var. normalis scheint in der Nordsee und an den englischen Küsten vorzuherrschen, despecta und carinata mehr im Norden, tornata im Nordwesten, an Island und auf der Bank von Neufundland.

2. Neptunea Turtoni Bean sp.
Taf. 9. Fig. 1.

Testa ovato-turrita, crassiuscula, spira acuminato-producta, apice subconico; anfractus 9 iris spiralibus parum elevatis, conspicuis cingulati, superne concavi, vix angulati; apertura ampla, labro incrassato, subreflexo, lamina columellari porcellanea. Unicolor albida, epidermide fusca, membranacea induta.

Long. 133, lat. 60 Mm.

Fusus Turtoni Bean in Mag. Nat. Hist. VIII. p. 473. t. 61.
— — Jeffreys Brit. Conch. IV. p. 331. t. 85. fig. 4.
— — Reeve Conch. Icon. Fusus sp. 83.

Gehäuse gethürmt eiförmig mit auffallend lang ausgezogenem Gewinde, ziemlich dickschalig, kaum durchscheinend; neun convexe, oben etwas eingedrückte, kaum kantige Umgänge, die oberen fast glatt, die unteren von wenig vorspringenden, aber deutlichen, regelmässigen Spiralstreifen umzogen, durch eine deutliche, doch nicht tiefe Naht vereinigt. Mündung ziemlich gross, die Aussenlippe

59

weit ausgreifend, verdickt, etwas umgeschlagen, die Spindelplatte porcellanartig, ziemlich stark; Canal gerade; Färbung einfarbig weisslich hornfarben; Epidermis dünn, glänzend grüngelb; Deckel gross, schief dreieckig, oben spitz, unten gerundet.

Eine seltene Art, deren Berechtigung man mit Unrecht bezweifelt hat; sie lässt sich weder mit der gethürmten Abnormität der N. antiqua, noch mit der wohl näher verwandten N. norvegica vereinigen.

Aufenthalt in der Nordsee, an den Küsten von Northumberland, Yorkshire und Durham (Jeffreys). Vadsöe 100 Fagen (Sars). Porsangerfjord (Verkrüzen). Die Figur ist aus Reeve copirt.

Scheint im Norden weniger selten.

3. Neptunea norvegica Chemnitz sp.

Taf. 33. Fig. 6. 7.

Testa ovato-fusiformis, crassiuscula, spira brevi, apice papillari; anfractus 6 laeves glabrati, vix striati, ultimo ventricoso, peramplo; apertura ampla, labro semicirculari, incrassato, lamella columellari lata tenui. Unicolor albida vel rosaceo-albescens, epidermoide tenui, fuscescente, decidua.

Long. 80, lat. 45 Mm.

Strombus norvegicus Chemnitz Conch. Cab. XI. p. 218. t. 157. f. 1497. 1498.

Fusus norvegicus Reeve Conch. icon. Fusus sp. 47.

—   —   Jeffreys Brit. Conch. IV. p. 329. t. 85. fig. 3.

—   Largillierti Petit Journ. Conch. II. pl. 7 fig. 6.

Gehäuse eispindelförmig, solide, aus höchstens sechs rasch zunehmenden Windungen bestehend, deren letzte reichlich zwei Drittel der Gesammtlänge einnimmt; Apex dick, papillenförmig; Naht deutlich, die Windungen sind convex, kaum hier und da mit Spuren von Spiralstreifung und mit nur schwachen Anwachsstreifen, so dass die ganze Schale auffallend glatt erscheint. Mündung weit, die Aussenlippe fast halbkreisförmig, mit porzellanartiger, weisser Lippe belegt, Spindel wenig gebogen, mit dünnem, aber bis über die Mittellinie hinüber reichendem Beleg, unten wenig gedreht. Canal verhältnissmässig lang, aber flach und offen. Färbung einfarbig weisslich oder fleischfarben; die dünne, bräunliche Epidermis reibt sich sehr leicht ab.

Deckel unverhältnissmässig klein.

8 *

Die Art wurde des weit ausgreifenden Mundsaums wegen von Chemnitz zu Strombus gestellt; ihr Habitus erinnert an manche Voluten, daher ist der Name Volutopsis für sie und die nächstverwandten Arten (castanea, deformis, harpa) als Gruppennamen sehr bezeichnend, als Gattungsnamen aber ebenso überflüssig, wie Strombella Gray.

Aufenthalt: in den nordischen Meeren, allenthalben sehr selten. Norwegen (Chemnitz); Vadsoë in 100 Faden (Jeffreys); Grönland, Spitzbergen (Torell), Island (Steenstrup); Neufundland (Largilliert fide Petit); im Tugurbusen des Ochotskischen Meeres (von Middendorff). Die Art ist somit unter die corrumpolaren zu rechnen.

Anmerkung. Auf eine Form mit verlängertem Gewinde, welche sich auch fossil zu Uddevalla findet, ist Fusus Largillierti Petit gegründet, den der Autor selbst (Cat. des Moll. Eur. p. 161) wieder eingezogen hat.

4. Neptunea castanea Mörch.

Taf. 9. Fig. 4. 5.

„Testa ovata, badia, tenuis, laeviuscula, spira exserta, apice obtuso; anfractibus senis convexis, sutura profunda divisis, plicis incrementi haud regularibus instructis, ultimo peramplo; apertura magna, oblonga; columella parum sinuata paulium callosa; cauda brevi lata subcurvata; labro simplici, faucibus lacteis, subroseis.

Long. 70 Mm., lat. 36 Mm." (Dkr.).

Neptunea castanea Mörch Diagn. moll. nouv. Amer. occid.

—   —   Dunker Nov. p. 8 Taf. 1 Fig. 1. 2 (in tab. N. badia).

Gehäuse einfarbig nussbraun, ziemlich glatt, nur mit schwachen Längs- und Zuwachsstreifen. Die sechs nicht sehr stark gewölbten Umgänge nehmen sehr schnell an Umfang zu, der letzte nimmt ungefähr $7/10$ der ganzen Länge ein. Apex glatt, fast zitzenförmig; Spindelsäule wenig gebogen, kaum verdickt. Die Mündung ist innen bläulichweiss, ins Rosenrothe übergehend. (Dkr.)

Fünf Exemplare, welche ich von dem Lübecker Museum erworben, stimmen mit obiger, aus den Novitates l. c. wörtlich copirten Diagnose Dunkers genau überein, nur sind die Umgänge stumpf gekielt; die Exemplare sind sämmtlich kleiner, als das Dunker'sche, das grösste 57 Mm. lang und vielleicht trotz des verdickten Mundrandes noch nicht ausgewachsen. Der weit ausgreifende Mundsaum und der breite, wenn auch dünne Umschlag erinnern sehr an N. norvegica.

Aufenthalt: an der amerikanischen Westküste; Sitka (Mörch); Alaschka (Mus. Lübeck). Das abgebildete Exemplar, etwas grösser als Dunker's Original, befindet sich in der Löbbecke'schen Sammlung.

5. Neptunea fornicata Gray sp.

Taf. 8. Fig. 3. Taf. 9. Fig. 2. 3. Taf. 10. Fig. 1. Taf. 14 a. Fig. 3.

Testa ovato - fusiformis, solida, crassa, ponderosa; anfractus 7 convexi, supra plus minusve conspicue applanati, laeves, solis incrementi vestigiis striati, interdum carinati vel tuberculati, tuberculis nodosis, distantibus; cauda brevis, apertura patula, labrum intus laevigatum. Albida vel rufescens, epidermide lutescente, membranacea, decidua tecti.

Long. 80, lat. 50, long. apert. 50 Mm.

Fusus fornicatus Gray Voy. Beechey p. 117. non Fabricius nec Gmel.
— — Reeve Conch. icon. Fusus Nr. 63.
Tritonium antiquum Midd. Mal. ross. p. 180 t. II f. 1. 2 t. V f. 1—6. — Reise t. IV. f. 1. 2. IX. f. 1—4. (ex parte).
Chrysodomus heros Gray Proc. zool. Soc. 1850 p. 14 t. 7.
?Fusus borealis Phil. Abb. III. t. 5 fig. 2.

Gehäuse ei-spindelförmig, fest und dickschalig, die Umgänge stark gewölbt, obenher mehr oder weniger abgeplattet, glatt, ohne Spiralsculptur, nur mit wenig deutlichen Anwachsstreifen, glatt oder mit einem oder zwei Kielen oder mit Knotenreihen versehen, in derselben Weise variirend, wie N. antiqua; Kanal kurz; Gaumen glatt. Weissgelb oder röthlich, mit dünner, leicht abfallender, gelblicher Epidermis.

Erst nach langem Schwanken und nur durch einige der von Middendorff abgebildeten Formen seiner N. antiqua bewogen, habe ich mich entschlossen, die Vereinigung der bei Reeve Fig. 63 abgebildeten Art, zu welcher unverkennbar auch unser Taf. 9. Fig. 2. 3 gehört, mit Middendorffs N. antiqua und deren Var. Behringiana anzunehmen, von Middendorffs Figur Taf. 2. Fig. 3. 4 ist aber das auf Taf. 10. Fig. 2. 3 abgebildete Exemplar unmöglich zu trennen, und von diesem führen dann die ebenda unter 4 und 5 abgebildeten Exemplare so sicher und unmerklich zu Taf. 11. Fig. 1. 2, der ächten N. lyrata Mart., dass hier ein Chamäleon von Art entsteht, für die es unmöglich ist eine Diagnose und Beschreibung zu geben. Die mir vorliegende prachtvolle Suite aus der Lischke'schen, nun Löbbecke'schen Sammlung enthält ausser den abgebildeten noch eine ganze Anzahl

Zwischenformen und es bleibt mir somit kaum etwas anderes übrig, als die ganze Sippschaft in eine Art zusammenzuziehen. — Die Abgränzung der ganzen Gruppe gegen N. antiqua L. hin hat Middendorff mit grosser Schärfe vorgenommen. Er stellt die Hauptunterschiede in folgender Weise zusammen: N. fornicata, seine antiqua, hat nicht die regelmässige spirale Streifung; auch bei den Varietäten mit vorspringenden Kielen und Reifen sind in den Zwischenräumen nur die Anwachsstreifen, keine Spiralstreifen, noch weniger Spiralfurchen sichtbar. Das gilt auch für die ganze mir vorliegende Reihe mit Ausnahme der äussersten Form t. 10 f. 5 und der ächten lyrata, bei denen spirale Streifen, aber keine Furchen auftreten. Bei antiqua ist die glatte Form die häufigere, bei den gekielten nehmen die Kielstreifen nach der Mündung hin an Deutlichkeit zu, und die Höcker sind nur Anschwellungen der Kiele, an denen die eigentliche Windung keinen Antheil nimmt. Bei fornicata dagegen sind die Umgänge meistens kantig; bei den gekielten Formen nehmen die Kielstreifen nach der Mündung hin an Deutlichkeit ab; die Höcker sind Anschwellungen der ganzen Schale, gehen ganz allmälig in die Windung über, stehen meistens isolirt und nehmen gegen die Mündung hin an Zahl und Höhe ab. Die Epidermis sitzt fester, als bei antiqua, so dass man sie häufig erhalten findet, was den Exemplaren einen ganz eigenthümlichen Habitus und einen seidenartigen Glanz gibt.

Unter der grossen Anzahl mir vorliegender Exemplare, lassen sich zwei Hauptformen unterscheiden. Die eine hat gewölbte oder kantige Windungen, eine nicht allzustark gebogene Columella und einen kurzen Canal; bei der anderen haben wir flache Windungen, deren grösster Durchmesser weit unter der Naht liegt, so dass das Gewinde von regelmässig dreieckigem Profil erscheint, die Spindel ist stark ausgebogen und der Kanal lang und gekrümmt. Die erstere ist die Form der ächten fornicata, die andere die der lirata und nach meiner Ansicht zieht man am zweckmässigsten hier die Scheidelinie, die aber dann mitten durch N. antiqua Middendorff hindurchführt. Reeve's fig. 63, unsere t. 9 f. 1. 2 nach einem Exemplare meiner Sammlung, und t. 10 f. 1, copirt nach Middendorffs var. Behringiana gehören dann zur fornicata, dagegen die t. 10 f. 2—5 abgebildeten Exemplare, trotzdem das eine vollkommen glatt ist, zu N. lirata Martyn. Auch Middorffs t. 2 f. 3. 4 zeigt die flachen Umgänge und dürfte dann noch zu lyrata zu rechnen sein.

Middendorff zieht auch die alte Chemnitz'sche Abbildung t. 158 fig. 1292 hierher, welche in dieser Augabe t. 25 f. 1 reproducirt ist; bei dieser Figur sind aber die Spiralstreifen wenigstens unten deutlich sichtbar und ich kann sie nur für eine alte, grosse, abgeriebene, aber vollkommen characteristische N. antiqua halten. Dagegen dürfte Chrysodomus heros Gray Proc. zool. Soc. 1850 p. 15 t. VII unzweifelhaft eine Form von fornicata sein; die junge Schale entspricht ganz den von Middendorff t. V abgebildeten Jugendformen, und ähnliche durch relativ kleinere Mündung und überwiegendes Gewinde ausgezeichnete Formen von N. antiqua besitze ich selbst.

Auch Fusus borealis Phil. Abb. III t. V f. 2 von Spitzbergen fällt offenbar in unseren Formenkreis, trotz der Andeutung von Spiralsculptur auf dem letzten Umgang. Die Figur ist Taf. 14a Fig. 3 copirt.

Bis auf Weiteres mögen also fornicata Gray, Reeve, antiqua Middendorff non Linné wenigstens zum weitaus grösseren Theile, und die var. Behringiana Midd. Reise t. X f. 3, sowie heros Gray, vollkommen correspondirend mit der Formenreihe, die wir unter N. antiqua L. vereinigt haben, eine Art bilden, zu der dann Jeder nach subjectivem Ermessen unsere t. 10 f. 2—5 und Neptunea lirata hinzuziehen mag oder nicht.

Aufenthalt: im Eismeer, ausgesprochener arctisch, als N. antiqua und nicht bis England heruntergehend, circumpolar.

6. Neptunea lirata Martyn.

Taf. 10. Fig. 2—5. Taf. 11. Fig. 1. 2.

Testa ovato-fusiformis, ventricosa, solida, crassa, anfractibus convexis, superne planulatis, spiraliter grosse costatis, costis rotundatis, expressis, magnopere elevatis, 2 vel 3 in spirae anfractibus, in ultimo plerumque 10 numero, inferiora versus decrescentibus, striis vel costulis minoribus intercedentibus. Apertura mediocris, dimidiam testae superans, labro simplici, canali incurvato. — Ex corneo albida, intus plerumque violacea.

Long. 120 Mm., lat. max. 70, long. apert. 64 Mm.

Buccinum liratum Martyn Univ. Conch. pl. 43.
Murex glomus cereus Chemnitz Tom. X. tab. 169 fig. 1634.
Tritonium decemcostatum (non Say) Middendorff Mal. Ross. II p. 138.
Fusus lyratus Deshayes Anim. s. vert. IX p. 478.
— succinctus Menke Cat. Malsb. S. 53.
Chrysodomus Middendorffi Cooper Pac. R. R. Rep. XII pt. II p. 370.

Gehäuse ei-spindelförmig, dickschalig, fest, acht bis neun Windungen, durch eine unregelmässige Naht getrennt, ziemlich gewölbt, nur unter der Naht etwas abgeflacht, von sehr stark vorspringenden, spiralen Rippengürteln umzogen, von denen auf den oberen Umgängen meistens drei, auf dem letzten gewöhnlich zehn zu zählen sind. Sie stehen ziemlich gleich weit von einander, die Zwischenräume sind von Spirallinien umzogen oder es läuft noch eine flache Rippe zwischen je zweien. Die grösste Breite des letzten Umgangs liegt in der Höhe der zweiten und dritten Rippe, nicht an der ersten.

Mündung über die Hälfte des Gehäuses einnehmend und in einen ziemlich langen, gebogenen Canal übergehend. Spindelbeleg meist schwach. Mundrand einfach, meist den Rippen entsprechend gezackt. Färbung unbestimmt horngrau, die Mündung meist violett mit helleren, den Aussenrippen entsprechenden Streifen.

Ich konnte von dieser schönen Art eine grössere Anzahl Exemplare vergleichen, welche das Museum von Lübeck direct aus Alaschka erhalten und kann nicht gerade bestätigen, was Middendorff l. c. sagt, dass nämlich die Art äusserst constant sei. Constant ist allerdings die äussere Form und der Umstand, dass die grösste Breite des letzten Umgangs erst in die Höhe der zweiten oder dritten Rippe fällt, wodurch die Form regelmässiger und gerundeter wird, als bei dem so ähnlichen decemcostatum der Ostküste. Dagegen war etwa die Hälfte der Exemplare ziemlich weit genabelt, eine bei Neptunea seltene Erscheinung; die Mündung war innen bald violett, bald weiss, und die weissen Exemplare hatten eine dickere Spindelplatte, ungekerbten Mundsaum und im Gaumen keine den Aussenrippen entsprechende Vertiefungen. Auch die äussere Sculptur wechselt; in den Zwischenrippenräumen trat statt der Spirallinien eine Zwischenleiste auf, die mitunter nicht viel schwächer war, als die Hauptleiste, und bei einem Exemplar traten über der ersten Leiste in dem sonst freien Raum noch zwei deutliche Leisten auf. Kein Exemplar von Alaschka hatte aber unter 9 starken Rippen, ein Umstand der für die Unterscheidung von der engverwandten folgenden Art sehr wichtig ist.

Eine noch ganz andere Variabilität erhellt aber aus der schon oben erwähnten Suite der Lischke'schen Sammlung, von der drei Exemplare auf Taf. 10 abgebildet sind. Hier haben wir alle Uebergänge von der typischen lirata zu Fig. 5 mit zwei starken und drei schwächeren Gürteln; Fig. 4 hat nur noch einige Andeutungen, und bei dem Fig. 2 und 3 abgebildeten Exemplare sind auf den oberen Umgängen noch zwei Andeutungen vorhanden, der letzte ist aber vollkommen glatt und ohne eine Spur von Spiralstreifung. Hier eine Scheidelinie zu ziehen, halte ich für vollkommen unmöglich, wie ich schon bei der vorigen Art bemerkt habe.

Aufenthalt: an der amerikanischen Westküste: King Georges Sound (Martyn), Alaschka (Mus. Lübeck), an den Inseln Kadjak und Kenai (Wosness bei Middendorff). Scheint auf die Küste des russischen Amerika beschränkt. Die verbreitete Angabe Neuholland ist ein geographischer Irrthum. Das abgebildete typische Exemplar befindet sich in meiner Sammlung, Taf. 10. Fig. 2—5 in der Löbbecke's.

Anmerkung. Ueber den Unterschied von der folgenden Art siehe bei dieser; über ihr Verhältniss zu Neptunea fornicata bei dieser Art.

7. Neptunea decemcostata Say sp.

Taf. 11. Fig. 3. 4.

Testa ovato-fusiformis, ventricosa, solida, crassa, anfractibus superne planulatis vel concavis, subangulatis, spiraliter grosse costatis, costis rotundatis, expressis, magnopere elevatis, 2 in spirae anfractibus, in ultimo plerumque 8 numero, striis spiralibus intercedentibus; apertura mediocris, canali recurvo, labro simplici. Corneo-albida, apertura alba, interdum livide fasciata.

Long. 75, lat. 50 Mm.

Fusus decemcostatus Say Journ. Acad. Nat. Sc. vol. 214. nec Midd.
— — Gould Invert. Mass. ed. I p. 287 fig. 202; ed. II p. 375 fig. 202.
— — Reeve Conch. icon. Fusus Nr. 40 (patria excl.).
— — Philippi Abb. pl. 1 fig. 12.

Diese Art steht der vorigen so nahe, dass sie von Gould und Binney wie von Middendorff unbedenklich damit vereinigt wird. Dem widersprechen aber Cooper (Pacif. Railroad Rep. XII pt. II p. 370) und Dall (Amer. Journ. Conch. VII p. 108), und dieser Einspruch ist wohl zu beachten, da beide über grosses und zuverlässiges Material verfügten. Als Hauptunterschied wird die verschiedene Wölbung des letzten Umgangs angeführt: während bei lirata die grösste Breite in die Höhe der zweiten oder dritten Spiralrippe fällt, steht bei decemcostata die erste gewöhnlich am weitesten von der Axe ab; dadurch erscheint das Gehäuse

III. 3. b. 9

breiter und der obere Theil des letzten Umganges wird ganz flach oder selbst concav. Dall fand das Verhältniss der Breite uud Länge bei lirata wie 17 : 32, bei decemcostata wie 14 : 22. Dann hat lirata im Allgemeinen mehr Rippen, als decemcostata; die Zahl schwankt nach Dall bei ersterer von 9—15, bei letzterer von 6—11; erstere würde also mit mehr Recht den Namen decemcostata führen, als die Art von der Ostküste. Soweit kann ich Dall vollkommen beistimmen; die Färbung der Mündung ist dagegen durchaus kein sicheres Kennzeichen. Nach Dall ist bei decemcostata die Mündung immer weiss oder höchstens sind die den Aussenrippen entsprechenden Vertiefungen violett, die Zwischenräume weiss. Richtig ist, dass, wenn eine ähnliche Bänderung bei lirata vorkommt, die Vertiefungen weiss und die Zwichenräume violett sind, aber, wie ich oben erwähnte, unter meinen aus sicherer Quelle stammenden und alle Charactere der ächten lirata tragenden Exemplare hatte etwa die Hälfte eine innen weisse Mündung; bei den violetten ist der Mundrand immer heller, bei decemcostata ist das gewöhnlich umgekehrt. Die Färbung des Thieres ist nach Dall nicht constant verschieden. Wie man sieht, sind die Unterschiede nur gradueller Natur und wenn man die beiden Schnecken nur als Localabänderungen einer Art betrachten will, werde ich nicht widersprechen. Zu bedenken ist allerdings, dass beide wohl boreal, aber nicht eigentlich arctisch sind und dass man sie in dem Meere nördlich der Behringsstrasse meines Wissens so wenig gefunden hat, wie bei Grönland oder Spitzbergen.

Beide Arten sind nicht immer leicht gegen manche Formen der Neptunea antiqua var. tornata abzugränzen. Middendorff stellt l. c. p. 37 die Unterschiede übersichtlich zusammen, erklärt aber dann selbst in einer Note, dass zwei Exemplare von antiqua von der Insel St. Paul im Behringsmeer nur durch die gedrungenere Gestalt von seiner decemcostata (also lirata) zu trennen gewesen seien.

Aufenthalt: an der atlantischen Küste der Vereinigten Staaten, nicht selten, doch meist mit zerbrochener Mündung. Genauere Angaben über die Verbreitung nordwärts und südwärts sind mir leider nicht bekannt geworden.

Anmerkung. S. Wood (Crag Mollusca I. Tab. V. fig. 1 a. b) bildet zwei fossile Neptuneen aus dem Crag ab, welche, von ihm zu antiqua gerechnet, unserer Art sehr bedenklich nahe kommen.

8. Neptunea Behringii Middendorff sp.

Taf. 12. Fig. 1—3.

Testa ovato-fusiformis, solida, crassa; anfractus parum convexi, sutura conspicua juncti, transversim plicati, plicis oblique angulatis, 9 ad 11 in quoque anfractu, interstitiis striatis; anfractus superiores spiraliter minutissime striati, ultimus superne vix striatus, inferne liris conspicuis, depressis, interdum linea superficiali divisis cingulatus. Apertura mediocris, dimidiam testae non attingens; columella leviter arcuata, cauda brevi, labro simplici; apertura rufescente, vernicosa, ad plicas externas late-canaliculata. Albido-flavicans, epidermide decidua, fusca, membranacea, spiraliter subtilissime striata vestita.

Long. 120, lat. max. 65 Mm., long. aperturae 60 Mm.

Tritonium Behringii Middendorff, Mal. ross. II p. 147 Taf. III fig. 5. 6.

Gehäuse ei-spindelförmig, ziemlich dickschalig und fest; der Wirbel ist an den mir vorliegenden Exemplaren wie an dem Middendorff'schen Original abgebrochen, so dass nur noch sechs Windungen bleiben, welche durch eine deutliche Naht vereinigt sind. Dieselben sind weniger convex, als bei den anderen Neptuneen, und sehr stark quergefaltet; man zählt neun bis elf Querfalten auf einem Umgang; sie sind winklig gebogen und lassen breitere Zwischenräume zwischen sich, in welchen starke Anwachsstreifen verlaufen. Die oberen Umgänge sind nur ganz fein spiralgestreift, ebenso die obere Hälfte des letzten; dann treten aber flache, breite Spiralrippen auf, durch schmälere Zwischenräume geschieden, mitunter auf der Höhe noch einmal durch eine oder selbst zwei Linien getheilt, indess nicht immer regelmässig an Stärke zunehmend. — Die Mündung ist nicht halb so lang, als das Gehäuse, die Spindel flach gebogen, der Canal kurz, Mundrand einfach; den Falten der Aussenseite entsprechen im Inneren flache Vertiefungen. — Die Färbung ist ein gelbliches Grau; die Schnecke ist aber von einer bräunlichgelben, sehr dünnen Epidermis überzogen, welche die Zwischenräume zwischen den Rippen etwas verhüllt und sehr fein spiralgestreift ist.

Aufenthalt: im Behrings-Eismeer (Coll. Dohrn).

Es liegen mir zwei recht gut erhaltene und offenbar mit dem Thier gesammelte Exemplare dieser noch immer seltenen Art vor, welche in manchen Beziehungen von Middendorff's Beschreibung und Abbildung abweichen, namentlich durch die Spiralsculptur, welche der darin immer ziemlich genaue Middendorff gar nicht erwähnt. Allem Anscheine nach hat er nur ein abgeriebenes oder verkalktes

9 *

68

Exemplar vor sich gehabt, an dem die Sculptur bis auf wenige undeutliche Reste, welche auf der Rückansicht seiner trefflichen Figur angedeutet sind, verwischt war. Ein stratum externum calcareum zeigen meine Exemplare nicht, ebensowenig passt die columella recta longiuscula. Die eigenthümliche Faltung, welche an Buccinum undatum erinnert; lässt aber keinen Zweifel, dass die Unterschiede nur individuell sind. Ich gebe unter Fig. 1 die Copie der Middendorff'schen Abbildung.

Meine Exemplare stellen sich genau in die Mitte zwischen Middendorff's Form und das andere Extrem, welches Dall im Amer. Journ. VII. 1872 als Buccinum Kennicotti beschrieben und Taf. 15 Fig. 1 abgebildet hat; der Canal ist etwas länger; die Spiralsculptur, auf welche zur Unterscheidung von Middendorff's Art sehr viel Gewicht gelegt ist, ist leider auf der sonst sehr schönen Figur kaum angedeutet.

9. Neptunea plicata A. Adams.

Taf. 12. Fig. 4. 5.

Testa elongata, fusiformi-turrita, solida, crassa; anfractus vix convexi, transversim plicati, plicis arcuatis, 12—13 in quoque anfractu, interstitiis aequalibus; lineis spiralibus undique cingulati, costis (detritis?) laevibus. Apertura parva, $2/_5$ testae vix superans, columella subrecta, canali angusto, labrum crassum, subpalulum. Albida, apertura albo-rufescens.

Long. (apice fracto) 64, lat. max. 30, long. aperturae 28 Mm.

Sipho plicatus A. Adams in Journ. Proc. Linn. Soc. VII p. 107.

Gehäuse gethürmt spindelförmig, in seinen äusseren Umrissen an manche Cerithien erinnernd, dickschalig, fest. An meinem Exemplar ist der Wirbel abgebrochen, es sind noch sechs, durch eine stark ansteigende Naht verbundene Umgänge vorhanden, welche sehr langsam an Grösse zunehmen. Sie sind in derselben Weise quergefaltet, wie N. Behringii, aber die Falten sind flacher und stehen dichter, auf dem letzten Umgange 13, die Zwischenräume sind flacher und nicht breiter, als die Rippen. Die ganze Oberfläche ist mit eingeritzten Spirallinien umzogen; an dem einzigen mir vorliegenden Exemplare sind sie auf der Höhe der Falten nicht sichtbar, doch scheint mir das Folge der Abreibung; nach dem Stiel hin werden sie tiefer. Die Mündung ist verhältnissmässig klein, kaum $2/_5$ des unverletzten Gehäuses einnehmend, mit verdicktem, wie beim Buccinum undatum ausgebogenem Mundrand; Spindel wenig gebogen, Canal verhältnissmässig eng und kurz.

Färbung gelblichweiss, hier und da sind Spuren einer dunkleren Epidermis; Mündung schwachröthlich.

Aufenthalt: Japan (Coll. Dohrn). Bei Aniwa, in 16 Faden (Adams).

Anmerkung. Eine sehr eigenthümliche Art, sehr nahe mit N. Behringii verwandt, aber auch sehr an manche Buccinum - Arten erinnernd, von Adams sonderbarer Weise zu Sipho gestellt.

10. Neptunea arthritica Valenciennes sp.

Taf. 13. Fig. 1—3.

Testa ovato - ventricosa, crassiuscula; anfractus 7 subangulati, ad angulum tuberculati, tuberculis ad suturam productis, transversim subtilissime striati, spiraliter obsolete lirati; apice papilloso, basi abbreviata; apertura pyriformis, margine dextro simplici, acuto, columella arcuata, lamella appressa, fauce distincte lirato, liris marginem non attingentibus. Rufescente-albida, fauce fusco, ferrugineo, aut violaceo liris albis. — Operculum in medio sulcatum.

Long. 100, lat. 60 Mm.

Fusus arthriticus Valenciennes Comptes rendus tome 46 p. 761.
— — Bernardi Journ. Conch. 1857 p. 386 pl. 12 fig. 3.

Tritonium arthriticum Schrenk Amurl. p. 421.

Var. ventricosior, subcarinata, tuberculis obsoletis (Taf. 13 fig. 3).

Fusus bulbaceus Valenciennes l. c.
— — Bernardi Journ. Conch. 1858 p. 183 t. 7 fig. 1.

Var. laevigata, superne impressa (Taf. 13. fig. 2).

Tritonium arthriticum var. laevigata Schrenck l. c. p. 423.

Gehäuse mehr oder weniger bauchig eiförmig, festschalig, doch nach dem Mündungsrand hin durchscheinend, mit sehr kurzem Stiel und zitzenförmigem Apex. Sieben Umgänge, mit sehr deutlichen Anwachsstreifen und undeutlicheren, nach der Mündung hin verschwindenden Spiralreifen, stumpfkantig, auf der Kante fast immer mehr oder minder deutliche Höcker tragend, welche sich bei der Stammform in Rippen bis an die Naht fortsetzen, bei der var. bulbacea kürzer und undeutlicher sind, aber nur selten ganz fehlen. Die Mündung ist birnförmig, der Mundrand einfach, scharf, der Gaumen trägt dichtstehende, erhabene, vorn häufig gabelige Spiralreifen, die eine Strecke vom Mundrand entfernt endigen; Schrenck erwähnt jedoch auch Exemplare mit glattem Schlund und ebenso haben die beiden abgebildeten Exemplare einen vollkommen glatten Gaumen. Es scheint mir fast, als komme die scharfe Streifung nur jungen, unausgebildeten Exemplaren zu. Spindel stark gebogen, hinter dem schmalen, deutlichen, fest angedrückten Beleg mit einer Furche.

Die Färbung ist ein helles Fleischroth; nur selten ist die dünne, hornige, gelblichgraue Epidermis erhalten; die Innenseite der Mündung variirt von Violett-braun durch alle möglichen Schattirungen bis zu Weissgelb; die Streifen sind stets heller.

Deckel hornartig, länglich, mit endständigem Nucleus und einer Furche längs der Mitte.

Aufenthalt: im nordjapanischen und kurilischen Meer: Hakodadi, de Castries-Bai, West und Ostküste von Sacchalin, tartarische Meerenge (Bernardi, Schrenck, Lischke). Fig. 1 und 2 sind nach Exemplaren der Löbbecke'schen Sammlung, Fig. 3 ist Copie aus dem Journal de Conchyleologie.

Anmerkung. A. Adams in Proc. Linn. Soc. VII S. 106. 107 zieht N. bulbacea als Varietät zu antiqua, dagegen seltsamer Weise N. arthritica nebst Cumingii Crosse zu fornicata. Eine Trennung beider Arten ist vollkommen unmöglich und eine Vereinigung mit antiqua halte ich ebenfalls für ungerechtfertigt, so lange man nicht sämmtliche Neptuneen in eine grosse Art zusammenziehen will.

11. Neptunea Cumingii Crosse.

Taf. 13. Fig. 4.

„Testa ovato-ventricosa, parum crassa, pallide rubigineo-fulva, zonis obscurioribus, irregularibus longitudinaliter suffusa, apice rotundato obtuso. Anfractus 6, primus laevis, caeteri spiraliter obsolete striati, carinati, tuberculorum serie fere ad suturam productorum in carina coronati, ultimus spiram superans, infra carinam convexus, tuberculis aut lamellis, in costas longitudinales parum prominulas utrinque desinentibus in carina ornatus; columella flexuosa, alba, basi abbreviata; apertura ovato-pyriformis, margine dextro simplici, fauce albida." (Crosse).

Long. 80, diam. max. 52 Mm.

Neptunea Cumingi Crosse Journ. Conch. X. 1862 p. 51 pl. V fig. 12.

„Gehäuse bauchig-eiförmig, für seine Grösse nicht dickschalig, hell rothbraun gefärbt mit dunkleren, ungleichen, regelmässig vertheilten Längsstriemen (d. h. in der Richtung der Anwachsstreifen). Sechs Umgänge, die Spitze knopfartig abgerundet; der erste Umgang ist glatt, kaum gefärbt, die folgenden sind nicht sehr deutlich spiralgestreift und zeigen einen Kiel, welcher eine Reihe dichtstehender, sich gegen die Naht hin verlängernder Höcker trägt. Der letzte Umgang, grösser als das Gewinde, ist unter der Kante convex. Die Kante selbst sitzt sehr hoch oben und trägt eine Anzahl mehr oder weniger lamellenartiger Knoten, welche sich nach beiden Seiten hin in wenig vorspringende Rippen fortsetzen. Spindel weiss, leicht eingebogen; Basis verschmälert, die Mündung ei – birnförmig, Gaumen weisslich, Mundrand einfach.

Eine sehr eigenthümliche Art, die aber doch vielleicht bei grösserem Material noch mit in den Formenkeis der vorigen Art fallen könnte, wie ja auch schuppige Formen von N. antiqua vorkommen. A. Adams zieht sie mit arthritica zu fornicata Gmel., was mir in Anbetracht der doch recht deutlichen Spiralstreifung etwas unglaublich vorkommt. Es ist mir nicht gelungen, ein Exemplar aufzutreiben und habe ich deshalb Figur und Beschreibung aus dem Jornal de Conchyliologie copirt.

Aufenthalt: im Meerbusen von Talienwhan im nördlichen China (Cuming).

12. Neptunea contraria Linné sp.

Taf. 14. Fig. 1.

Testa sinistrorsa, fusiformi-turrita, oblique ventricosa, solida; anfractus 8 valde convexi, spiraliter confertim striato-sulcati, interdum subangulati. Apertura ampla, labro simplici, columella arcuata, inferne tortuosa, fauce laevigato. Fulvescente-albida, apertura albida.

Long. 92, lat. max. 55, long. apert. 60 Mm.

Murex contrarius Linné Mant. plant. Nr. 554.

?Chemnitz Conch. Cab. IX t. 105 fig. 894. 895.

Fusus contrarius Lamarck-Deshayes vol. 9 p. 462 Nr. 37.

—   —   Reeve Conch. icon. Fusus sp. 46.

—   —   Kiener Coq. viv. t. 20 f. 1.

Trophon antiquum var. contrarium S. Wood Crag Moll. t. 5 fig. 1. g. i. j.

Fusus sinistrorsus Deshayes Encycl. meth. II p. 160. — An. s. vert. ed. II tome 9 p. 454.

Neptunea contraria Weinkauff Mittelmeer II p. 108.

Gehäuse links gewunden, gethürmt spindelförmig, schräg bauchig, dickschalig; 8—9 sehr stark und meist ganz regelmässig gewölbte, seltener kantige Umgänge, durch eine deutliche, doch nicht sehr tiefe Naht verbunden; dicht von mehr oder weniger deutlichen, rauhen Spiralfurchen umzogen. Mündung weit mit ziemlich langem, etwas gebogenem Canal, einfachem, aber dickem Mundrand und glattem Gaumen. Die Spindel ist stark gebogen, unten gedreht, mit starkem, fest anliegendem Beleg; mein Exemplar zeigt eine Art Nabelritze, von einem starken Wulst umgeben. Färbung gelblich, die Mündung innen weiss.

Diese Art ist in mehr als einer Beziehung kritisch; jetzt zu den Seltenheiten zählend war sie in der Tertiärzeit bedeutend häufiger und findet sich in Unzahl in manchen Schichten. — Da sie, wie man sich vor dem Spiegel leicht überzeugen kann, eine sehr bedeutende Aehnlichkeit mit Neptunea antiqua hat, liegt der Gedanke nahe, sie einfach als eine links gewundene abnorme Form derselben anzusehen; in der That thut das Jeffreys in seiner Britisch Conchology. Dem widerspricht aber die geographische Beschränkung der lebenden Art und ihr ausschliessliches Vorkommen in den tertiären Schichten; bei meinem Exemplar wie bei dem von Reeve abgebildeten ist auch die Schale viel dicker und die Sculptur anders. Kiener's Exemplar ist dünnschaliger und feiner gefurcht; Deshayes zieht es zu seinem F. sinistrorsus, ich halte es überhaupt nicht für ein lebendes Exemplar, sondern für ein gut erhaltenes Fossil aus den Thonschichten bei Palermo, wie ich es genau ebenso von dort besitze.

Damit ist aber die Anzahl der Varietäten nicht erschöpft, sobald man die Tertiärformen mit in Betracht zieht. Im englischen Crag namentlich findet sich eine sehr eigenthümliche Form ohne alle Spiralsculptur, im Habitus darum vollkommen der Neptunea fornicata, nicht der antiqua entsprechend; Wood bildet sie unter Fig. 1 h ab. Er glaubt sie zwar unbedingt zu N. antiqua nehmen zu müssen; so lange man aber N. antiqua, fornicata, lirata und decemcostata nicht auch in eine Art zusammenziehen will, dürfte es räthlicher sein, die englische Crag-Form von der belgischen und sicilianischen zu trennen und als links gewundenes Analogon der Nept. fornicata aufzufassen. Die Chemnitz'sche Figur, copirt auf Taf. 29 f. 5. 6 gehört dann zu ihr. Alle mir bekannt gewordenen Formen, lebende wie fossile, entsprechen übrigens nur der Stammform von N. antiqua, nicht der despecta oder carinata.

Aufenthalt: mit Sicherheit nur an den oceanischen Küsten von Portugal, Spanien und Frankreich nachgewiesen. Vigo (Mac Andrew). Die Angaben aus dem Mittelmeer sind vermuthlich sämmtlich falsch, die auf Sicilien bezüglichen beruhen sicher auf fossilen Exemplaren. Michaud nennt Barcelona, aber der darin sehr gewissenhafte Hidalgo bestätigt diese Angabe nicht. — Ob sie im Eismeer vorkommt, ist sehr zweifelhaft. Middendorff (Malacozool. rossica II. p. 140) erhielt an der russischen Küste zwei stark abgeriebene Exemplare, von denen er selbst nicht sicher ist, ob sie nicht aus einem Tertiärlager ausgewaschen waren. — Auch aus England wird sie mitunter angeführt, doch könnte es sich hier um wirkliche linksgewundene Exemplare der N. antiqua handeln. Das abgebildete Exemplar, der Löbbecke'schen Sammlung angehörend, stammt von der Westküste Spaniens.

13. Neptunea deformis Reeve sp.

Taf. 14. Fig. 2. 3.

Testa sinistralis, ovata, ventricosa, tenuicula, apice papillari; anfractus 6 spiraliter confertim striati, inferi tres superne ad suturas oblique tuberculato-tumidi, ultimus ³/₄ testae aequans; apertura ampla, columella arcuata, ad basin tortuosa, lamella columellari tenui appressa. Rufescente-spadicea, apertura rufescens, columella alba.

Long. 105 Mm., lat. max. 85 Mm., long. apert. 82 Mm.

Fusus deformis Reeve Conch. icon. Fusus sp. 45.

Gehäuse links gewunden, ziemlich dünn und durchscheinend, eiförmig, sehr bauchig, mit zitzenförmiger Spitze und abgestumpftem Embryonalende. Die sechs sehr rasch zunehmenden Umgänge sind dicht mit feinen, nach der Mündung hin immer stärker werdenden Spiralstreifen umzogen; die drei letzten zeigen obenher eigenthümliche schräg gerichtete Höckeranschwellungen. Der letzte Umgang, der beinahe allein das ganze Gehäuse ausmacht, zeigt starke unregelmässige Anwachsstreifen. Die Mündung ist sehr gross, die Spindel stark gebogen, unten gedreht, mit dünnem, fest anliegendem Beleg.

Färbung hellröthlichbraun, Mündung röthlich mit weisser Lippe und weissem Spindelbeleg.

Aufenthalt: Spitzbergen. (Aus der Löbbecke'schen Sammlung). — Im Behringsmeer (Middendorff).

14. Neptunea harpa Mörch.

Taf. 14. Fig. 4. 5.

Testa sinistrorsa, ovata, in apice obtusa; anfractus 5, sutura profunda divisi, spiraliter fortiter costato-lirati, liris (in anfractu ultimo circa 17) latis prominentibus, interstitiis aequa-

III. 3. b.   10

libus vel latioribus, striis incrementi subcancellatis; transversim oblique tuberculato-tumidi. Apertura perampla; columella parum arcuata, inferne tortuosa subcallosa. Sordide caeruleoque albida et rufescens, fauce rufescente.

Long. 95, lat. max. 62, long. apert. 67 Mm.

Fusus (Volutopsis harpa Mörch Diagnos. Moll. novor, fide Dunker.

Neptunea harpa) Dunker Nov. Conch. p. 5 t. 1 fig. 3. 4.

Gehäuse links gewunden, ziemlich dickschalig, eiförmig, weniger bauchig, als die vorige, Apex glatt, fast zitzenförmig; die fünf rasch zunehmenden Windungen sind durch eine tiefe Naht getrennt, die beiden unteren von starken, breiten, vorspringenden Spiralrippen umzogen; ich zähle bei meinem Exemplare auf dem letzten Umgang etwa 16 — 17 solcher Rippen, Dunker gibt 20 an. Die Zwischenräume sind eben so breit wie die Rippen oder breiter und durch die Anwachsstreifen fein cancellirt. Die drei letzten Umgänge zeigen ähnlich wie bei deformis schräglaufende Höckeranschwellungen; dieselben sind indess auf dem letzten Umgang weniger schräg, stehen dichter und reichen tiefer herab als bei voriger Art. — Mündung sehr lang, doch nicht sehr breit, Spindel nur nach unten hin gebogen und etwas gedreht, Spindelbeleg namentlich nach unten hin stark; im Gaumen sind die Spiralrippen erkennbar.

Die Färbung ist ein schmutziges Weiss, hier und da mit bläulichem oder rothem Schimmer, Mündung braunroth, Spindel porcellanweiss. Die drei obersten Umgänge sind, wie es auch Dunker angibt, braunroth.

Aufenthalt: Sitcha. (Aus Loebbecke's Sammlung).

Anmerkung. Diese Art hat manches Gemeinsame mit der vorigen, doch stehen die Höcker dichter, das Gewinde ist länger und die Sculptur eine ganz andere. Beide sind in den Sammlungen noch sehr selten.

15. Neptunea Baerii Middendorff sp.

Taf. 8. Fig. 4. 5.

„Testa rufescente-lutea, intus vitelli coloris, levi et tenui, abbreviato-conica, spira brevi; anfractibus ultimis inflatis, supra applanatis, ad longitudinem (3 —) carinatis, transversim (12 —) plicatis, imo subtuberculiferis; carinarum interstitiis striatis; columella recta, vix callosa; labro ad carinas nonnihil sinuato; apertura ampla, ad carinas externas sulcata, ad plicas canaliculata" (von Midd.)

Long. 39, lat. 26, long. apert. 25 Mm.

Tritonium Baerii Middendorff Mal. ross. II p. 148 tab. 6 fig. 7. 8.

Eine sehr eigenthümliche, den Uebergang zu Siphonalia bildende Art, welche in der Form und namentlich in der Bildung der Spindel an manche Purpura-Arten erinnert. Ich habe sie nicht zu Gesicht bekommen und muss mich daher auf Middendorff's Bemerkungen beschränken.

Das Gehäuse ist sehr dünnschalig, besonders ausgezeichnet durch das kurze Gewinde und das rasche Anwachsen der beiden letzten Umgänge. Jede Windung hat drei scharfrückige Kielstreifen, welche auf der Höhe der Querfalten etwas anschwellen; der mittlere ist der allerausgesprochenste und es bildet der Raum zwischen diesem und dem unteren gleichsam einen bandartigen Gürtel. Auf jeder Windung stehen 12 Querfaltungen, welche schräg verlaufen und in der Gegend des untersten Kielstreifens plötzlich abbrechen. Die Spindel ist gerade mit schwachem Callus, der Mundrand den Kielstreifen entsprechend etwas buchtig, die Mündung weit, im Gaumen den Kielstreifen und Querfaltungen entsprechend gefurcht.

Aufenthalt: im Behrings-Eismeer (Wossness). Ist vielleicht gar keine Neptunea

16. Neptunea (Sipho) islandica Chemnitz sp.

Taf. 25. Fig. 4.

Testa regulariter fusiformis, tenuis, apice bulboso, basi parum contorta, interdum recta; anfractus 9 convexi, superne compressi, sutura conspicua divisi, liris spiralibus parum elevatis cingulati, interstitiis latioribus, striis incrementi confertis, tenuibus; apertura ovata, canali longo, parum arcuato, interdum subrecto, labro simplici, tenui, superne impresso. Albida, epidermide fusca, crassa, corticina.

Long. 96, lat. 37, long. apert. cum canali 53 Mm.

Murex corneus Linné ex parte?

Fusus islandicus Chemnitz IV t. 141 f. 1312, 1313 (ex recens. Lovén.)
— — Lamarck An. s. vert. IX p. 450 ex parte.
— — Jeffreys Brit. Conch. IV p. 333 t. 86 f. 1.

Gehäuse regelmässig spindelförmig, langgestreckt, ziemlich dünnschalig, fast durchscheinend, der Apex kolbig verdickt, der Stiel wenig gebogen, mitunter fast gerade; neun, mitunter zehn Umgänge, gewölbt, aber obenher so eingedrückt, dass der grösste Durchmesser nahe an der unteren Naht liegt; sie sind durch eine breite, aber wenig tiefe Naht verbunden, und von flachen, durch bedeutend breitere Zwischenräume geschiedenen Spiralfurchen umzogen, die auf der Höhe der letzten

10*

Windung bedeutend flacher und weniger zahlreich sind, als auf den oberen Umgängen und am Stiel. Die Anwachsstreifen sind fein, aber sehr dicht. Die Mündung ist oval, die Spindel wenig gebogen, mitunter ganz gerade in den langen
Canal übergehend, dünn belegt, nur nach unten hin am Uebergange in den Canal
mit etwas stärkerem Callus; der Aussenrand scharf, einfach, oben etwas eingedrückt. Färbung weiss, glänzend, aber mit einer dicken, braunen, rindenartigen
Epidermis überzogen, welche sich leicht in grossen Schollen ablöst.

Ich habe im Einklang mit Lovén und Jeffreys den Namen islandicus für diese
Art beibehalten, obwohl, wie Middendorff mit Recht bemerkt, der Text von Chemnitz durchaus keinen Beweis dafür gibt, dass nicht die folgende Art gemeint sei.
Jedenfalls hat sie Linné mit unter seinen Murex corneus gerechnet, wie Gmelin
und Dillwyn; doch ist man ja jetzt darüber einig, diesen Namen der Euthria cornea aus dem Mittelmeer zu belassen. Die bedeutendere Grösse, die dicke, rin-
denartige Epidermis und der eigenthümliche, leider selten erhaltene Apex scheiden
sie von der folgenden, häufigeren Form, weniger die Gestalt, bei der Uebergänge
vorkommen.

Aufenthalt: in der Nordsee und dem nordatlantischen Ocean bis Island und
und Grönland hinauf, gute Exemplare nicht häufig. Porsangerfjord (Verkrüzen).
Das abgebildete Exemplar aus Dunker's Sammlung.

17. Neptunea (Sipho) gracilis da Costa sp.

Taf. 25. Fig. 1. 2.

Testa fusiformi‑turrita, solidula, basi curvata, apice conico, regulari; anfractus 9—10
convexi, superi spiraliter confertim striati, inferi confertim lirati, striis incrementi regularibus,
tenuibus; apertura oblongo‑ovata, canali recurvo. columella arcuata, callo tenui, sed con-
spicuo. Albida, epidermide fusca, tenui, membranacea.

Long. 70, lat. 30, long. apert. c. can. 38 Mm.

    Murex corneus Linné ex parte?
    Buccinum gracile da Costa Br. Conch. p. 124 t. VI f. 5.
    Fusus islandicus Kiener Coq. viv. pl. 6 f. 2.
    — corneus Reeve Conch. icon. sp. 44.
    — gracilis Jeffr. Brit. Conch. p. 335 f. 86 f. 2.
Varietas ventricosior, testa solidiore (t. 25 f. 2).
    Fusus islandicus Gould et Binney Inv. Mass. p. 372 fig. 628.

Var. convoluta (Jeffr.) testa minore, solidiore, apertura minore, sculptura magis expressa: Jeffr. loc. cital. p. 336.

Gehäuse spindelförmig, doch weniger regelmässig, als bei voriger Art, da die Basis weniger lang ausgezogen ist, die grösste Breite somit tiefer unten liegt und das Gewinde gethürmter erscheint; der Apex ist regelmässig kegelförmig, nicht breiter, als die nächst oberen Windungen. Neun oder zehn gewölbte Umgänge, obenher nicht oder doch nur wenig abgeflacht, so dass die grösste Dicke in der Mitte liegt und die Schnecke somit nicht das geradlinige Profil hat, wie die vorige; die oberen sind dicht und ziemlich tief spiralgestreift, bei den unteren Umgängen verwandelt sich die Sculptur in Spiralrippen, welche aber weit dichter stehen, als bei islandicus. Mündung mehr gerundet eiförmig, die Spindel stärker gebogen, der Canal kürzer und mehr nach hinten und links gekrümmt, als bei islandicus. Epidermis dünn, häutig, rothbraun oder gelbbraun, fester sitzend, als bei islandicus.

Loven hat in Oefversigt af kongl. Vetensk. Akad. Förhandl. 1846 p. 143 zuerst gründlicher diese Art und die vorige auseinandergesetzt und ich folge ihm, wenn auch am Ende der Name gracilis für vorige Art passender wäre als für die mitunter recht bauchige, welche gegenwärtig diesen Namen trägt. Middendorff (Mal. ross. p. 141 ff.) glaubt beide Arten wieder als var. sulcata und var. striata zu einer Art vereinigen zu müssen; mein Material, allerdings nur 10 Exemplare, spricht nicht dafür. Middendorff zieht auch noch Bucc. Holbölli, das aber zu Columbella gehört, Fusus pygmaeus Gould und fragweise F. ventricosus Gray dazu, ein Verfahren, dem ich nicht beistimmen möchte. Fusus islandicus Gould Inv. Mass. f. 638 gehört meiner Ansicht nach hierher; mein f. 2 abgebildetes ganz ähnliches Exemplar hat ganz die häutige Epidermis des F. gracilis und stammt von Scarborough. Gould trennt übrigens die beiden Formen nicht. Es kann wohl keinem Zweifel unterliegen, dass Linné unsere Art unter seinem Murex corneus mit inbegriffen hat, denn es wäre unbegreiflich, wenn er diese durchaus nicht seltene Nordseeart nicht gekannt haben sollte. Reeve hat sie daher auch als Fusus corneus und da man ja jetzt allgemein Euthria als Gattung anerkennt, könnte man wohl den Namen wieder aufnehmen.

Aufenthalt: im nördlichen Theile des atlantischen Oceans, an beiden Ufern, in Europa bis zur französischen Westküste herab, doch von Hidalgo aus Spanien nicht erwähnt; an der amerikanischen Küste bis Massachusetts. Middendorff erwähnt sie auch aus dem Behringsmeer, sie wäre somit circumpolar. Sie ist häufiger, als die vorige Art; die abgebildeten Exemplare befinden sich in meiner Sammlung.

18. Neptunea (Sipho) pygmaea Gould sp.

Taf. 25. Fig. 3.

Testa fusiformis, tenuis, parva, basi recurva, apice conico; anfr. 6—7 convexi, sutura distincta discreti, spiraliter confertim striati; apertura ovata, canali recurvo. Albida, epidermide membranacea, ad vestigia incrementi hirsuta.

Long. 22, lat. 10, long. apert. c. can. 12 Mm.

Fusus islandicus var. pygmaeus Gould Rep. Inv. Mass. 1841 p. 284 fig. 199.
— pygmaeus Gould et Binn. Inv. Mus. p. 372 fig. 639.
? — pullus Reeve Conch. icon sp. 80.

Gehäuse ganz eine S. gracilis im kleinen, so dass Gould sie ursprünglich für eine Zwergvarietät derselben ansah; doch scheint sie gut unterschieden und steht in mancher Beziehung zwischen ihr und islandica in der Mitte. Reeve's Fusus pullus weicht durch seine cylindrische Gestalt, den kurzen Canal und die Färbung der Mündung — sordide fusca, wenn sie nicht durch äussere Einflüsse so geworden — so bedeutend ab, dass ich sie nur mit Zweifel hier herbeiziehe, obschon der Fundort stimmt. Andernfalls müsste die Art den Reeve'schen Namen tragen, da Gould sie nur als Varietät von islandicus benannte.

Aufenthalt: an den Küsten von Neu-England und auf der grossen Bank von Neufundland.

19. Neptunea (Sipho) ventricosa Gray sp.

Taf. 25. Fig. 6.

Testa ovato-fusiformis, cauda contorta; anfractus 7 rotundati, celeriter accrescentes, spiraliter confertim lineati; apertura pyriformis, spiram longitudine superans, columella arcuata, inferne contorta, lamella tenui, porcellanea. Sordide albida, epidermide cornea, tenui, decidua; apertura alba.

Long. 50, lat. 32, long. apert. c. can. 35 Mm.

Fusus islandicus var. Kiener Coq. viv. pl. 15 f. 2.
—   ventricosus Gray Zool. Beech. p. 117.
—   —   Gould et Binn. Inv. Mass. p. 373 fig. 640.
—   striatus Reeve Conch. icon. sp. 42.

Gehäuse plump ei-spindelförmig mit dickem Gewinde und eigenthümlich gedrehtem Stiel, dünnschalig, doch fest. Sieben stark gewölbte, rasch zunehmende Umgänge, dicht und ziemlich fein spiralgestreift, der letzte zwei Drittel des Gehäuses ausmachend. Mündung länger als das Gewinde, birnförmig; die Spindel stark gebogen und am Canal eigenthümlich gedreht, mit dünnem, porcellanartigem Beleg; auch der Gaumen erscheint porcellanartig glänzend. Die Färbung ist schmutzig weiss, die dünne, braune, glatte Epidermis nur selten ganz erhalten; auffallend häufig findet man auch bei sonst gut erhaltenen Exemplaren eine rechtwinklige Ecke unmittelbar vor der Mündung entblöst. Mündung und Spindelbeleg porcellanweiss glänzend, häufig mit Roth angehaucht.

Aufenthalt: auf der Bank von Neufundland, fast nur aus Stockfischmägen erhalten, darum selten in gutem Zustand.

Anmerkurg. Schon Kiener hat diese Art mit S. islandicus vereinigt, doch ist sie in der Form so constant, dass ich sie für eine selbstständige Art halten möchte, zumal auch der ächte S. islandicus an den amerikanischen Küsten vorkommt. Reeve's oben citirte Figur zeigt ein auffallend hohes Gewinde und scheint mir verzeichnet.

20. Neptunea (Sipho) propinqua Alder sp.
Taf. 25. Fig. 8.

Testa fusiformis tenuis, basi recurva; anfractus octo parum convexi, spiraliter confertim lirati, liris parum prominulis, saepe alternantibus. ultimo spirae longitudinem superante; sutura caniculata; apertura oblongo-ovata, canali recurvo, columella ad canalem contorta, labro simplici, tenui. Albida, epidermide fuscescente, tenui, hispida, apertura albide-rosea.

Long. 45, lat. 20, long. apert. c. can. 25 Mm.

Fusus propinquus Alder Cat. North. pl. 63.
—   —   Jeffreys Brit. Conch. IV p. 338 t. 86 fig. 3.

Gehäuse spindelförmig, mit rückwärts gekrümmtem Stiel, dünn und durchscheinend. Acht bis neun wenig gewölbte Umgänge, durch eine schmale, aber rinnenförmige Naht getrennt, ziemlich langsam zunehmend, der letzte etwa 5/8 der Gesammtlänge bildend, sehr dicht mit feinen, linienförmigen, wenig vorspringenden, an Stärke häufig abwechselnden Spiralreifen umzogen. Mündung eiförmig, mit kurzem, rückwärts gekrümmtem Canal, die Spindel am Eingang des Canals gewunden, mit ganz dünnem Beleg, Mundrand einfach, scharf. Weisslich mit einer dünnen, weichhaarigen, braunen Epidermis; die Mündung schwach rosa.

Zunächst mit S. gracilis und Jeffreysianus verwandt, aber von ersterer durch plumpere Form bei geringerer Grösse, von Jeffreysianus durch schlankere Gestalt, dünnere Schale und plumperen Apex verschieden.

Aufenthalt: im nordatlantischen Ocean bis zur französischen Westküste herab, nördlich bis Finnmarken, doch nicht an der amerikanischen Ostküste und meines Wissens auch nicht an Island.

21. Neptunea (Sipho) Jeffreysiana Fischer.

Taf. 25. Fig. 8.

Testa elongato-fusiformis, solida; anfractus novem subglobosi, superi obtusi, laevigati, inferi spiraliter sulcati, ultimus liris inaequalibus, alternantibus cingulatus, ad caudam valide costulatus, sutura profunde canaliculata; striis minutissimis, transversis subdecussati. Apertura ovalis, canali breviusculo, lato, columella contorta. Alba, epidermide brunneo-lutescente, decidua, pilis destituta.

Long. 45, lat. 24 Mm., long. apert. 25 Mm.

Reeve Conch. fig. 82 a. b. (sine nomine).

Fusus buccinatus (non Lam.) Jeffr. Brit. Conch. IV p. 340 t. 86 fig. 4.

— Jeffreysianus Fischer Journ. Conch. XVI. 1868 p. 37.

Gehäuse der vorigen Art ähnlich, aber grösser, bauchiger und dickschaliger, mit viel gewölbteren Umgängen, tieferer, fast abgesetzter Naht, und immer glatter, haarloser Epidermis. Die Spiralrippen werden von sehr feinen Querstreifen geschnitten; der Canal ist verhältnissmässig kürzer und weiter. Von S. gracilis unterscheidet sie sich durch das kürzere, bauchigere Gehäuse und den Mangel einer Verdickung an der Spitze.

Aufenthalt: in der Corallenzone an der englichen Küste bis nach Biscaya herab.

22. Neptunea (Sipho) Moebii Dunker et Metzger.

Taf. 25. Fig. 5.

„Testa subovato-fusiformis; anfractus octo tumidi, rotundati, embryonales obtusi, bene aequaliterque spirati, sutura valde incisa subscalati, transversim (i. e. spiraliter) tenuiterque costulati, lineis incrementi subtilibus undulatis clathrati, ultimus spira satis longior; apertura ovata; columella sinuata; rostrum breve perparum resupinatum; canalis latissimus. Lactea, epidermide setigera pallide olivacea obducta." (Dkr.).

Long. 54, lat. max. 30 Mm.

Tritonofusus Moebii Dunker et Metzger Jahrb. 1874 d. 148 t. 7 fig. 1.

Ich habe zu der vortrefllichen Dunker'schen Diagnose nichts hinzuzufügen, zumal mir seitdem kein anderes Exemplar als das von der Pommerania gedrakte Original Dunker's bekannt geworden ist. Die Art ähnelt durch ihre bauchige Gestalt am meisten dem S. ventricosus, aber die Umgänge sind mehr treppenförmig abgesetzt, die Columella ist gerader, der Canal viel breiter und kürzer, und die Epidermis zottig behaart. Von allen anderen Arten unterscheidet sie hinreichend die bauchige Form.

Aufenthalt: an der südnorwegischen Küste zwischen Lindesnaes und Listerfjord in 106 Fäden von der Pommerania in einem Exemplar gedrakt.

23. Neptunea (Sipho) arctica Philippi sp.

Taf. 14a. Fig. 4.

„F. testa fusiformi, gracili, rufo-cornea, plicis longitudinalibus confertis, striisque spiralibus impressis, confertissimis sculpta; anfractibus modice et aequaliter convexis; apertura ovato-oblonga, intus laevissima; labro distincto nullo; canali dimidiam aperturam vix aequante." (Phil.).

Long. 72, lat. max. 30 Mm. (ex icone).

Fusus arcticus Philippi Abb. III p. 119 tab. V fig. 5.

„Gegenwärtige Art ist dem F. islandicus am nächsten verwandt, jedoch abgesehen von den Längsfalten und der dichten, feinen Querstreifung auch durch höhere, stärker gewölbte Windungen und einen weniger schrägen Canal sehr ver-

III. 3. b.   11

schieden. Das Gehäuse besteht aus 9—10 Windungen und ist ziemlich dünnschalig, röthlich hornfarbig oder schmutzig fleischfarben, mit einer hellbraunen Epidermis überzogen, die dünner als bei F. islandicus ist. Die Längsrippchen auf den
oberen Windungen, ungefähr 14 an der Zahl, werden auf den unteren Windungen
zahlreicher und unregelmässiger, die Mündung ist fast genau so beschaffen, wie
bei F. islandicus, und bildet namentlich die Innenlippe keine deutlich abgesonderte
Platte, der Canal ist aber gerader." (Phil.)

Aufenthalt: im nördlichen Eismeer, an Spitzbergen (Kröyer). — Abbildung
und Beschreibung von Philippi copirt.

24. Neptunea (Sipho) Schantarica Middendorff.

Taf. 14a. Fig. 5.

Testa fusiformi-turrita, opaca, crassa; anfractus 8 convexi, cylindrici, spiraliter striati,
incrementi vestigiis tenuiter sed regulariter striati; columella laevigata, vix callosa, ad caudam
sinistrorsam inflexa; labro crasso; apertura intus ad strias externas regulariter et parallele
sulcata. Corneo-rufescens; epidermis?

Long. 72, lat. 32 Mm.

Tritonium Schantaricum Middendorff Reise II p. 280 t. X fig. 7—9.

Gehäuse gethürmt-spindelförmig, festschalig, undurchsichtig; acht gut gewölbte
Umgänge, von rundlichen Spiralstreifen umgeben, welche auf dem letzten Umgang
nur durch schmale Linienfurchen von einander geschieden sind; sie sind auch auf
dem Stiele deutlich; Anwachsstreifen fein und regelmässig. Mündung relativ kleiner, als bei den verwandten Arten, im Gaumen regelmässig gestreift, in einen
ziemlich langen, gekrümmten Canal übergehend, Spindel glatt, kaum belegt. —
Färbung roth-hornbraun.

Aufenthalt: an den Schantar-Inseln im Meerbusen von Ochotsk. — Figur und
Beschreibung nach Middendorff.

25. Neptunea (Sipho) Sabinii Gray sp.

Taf. 26. Fig. 2. 3.

Testa fusiformi-turrita, solidula; anfractus 8 convexi spiraliter regulariter lirati, liris distantibus, interstitiis spiraliter striatis, transversim incrementi vestigiis regulariter cancellatis.

Apertura late pyriformis, canali subrecto, patulo, columella recta, vix callosa, labro labiato. Albida, epidermide rufa, creberrime transversim plicata, hispida; apertura rosea.

Long. 83, lat. 40 Mm.

Buccinum Sabinii Gray Suppl. voy. Parry 1824 p. 240 (juv.).
Fusus Berniciensis King Ann. Mag. Nat. Hist. 1846 p. 246.
— — Jeffreys Brit. Conch. IV p. 341 t. 87 fig. 1.
Tritonium Sabinii Midd. Mal. ross. p. 145.
— islandicum Lovèn nec Chemnitz.

Gehäuse gethürmt spindelförmig, ziemlich festschalig, kaum durchscheinend; acht stark gewölbte Umgänge, von regelmässigen, entfernt stehenden Spiralrippen umzogen, in deren Zwischenräumen zahlreiche Spirallinien oder schwächere Reifen verlaufen, durch die dicht und regelmässig stehenden Anwachsstreifen erscheint die Sculptur regelmässig gegittert. Die Mündung ist weit birnförmig, der Canal verhältnissmässig kurz und offen, die Spindel kaum gebogen und ganz gerade in den Canal übergehend; der Mundsaum innen mit einer ziemlich dicken, etwas gekerbten, porcellanartigen Lippe belegt, der Spindelbeleg dünn, aber porcellanartig und glänzend. Färbung weisslich oder röthlich, mit dünner, häutiger, regelmässig den Anwachsstreifen entsprechend gefalteter Epidermis, die auf den Rippen regelmässig behaart erscheint; Mündung glänzend rosa.

Aufenthalt: im nordatlandischen Ocean, allenthalben sehr selten. England, Shetlandsinseln (Jeffreys); Norwegen, Vadsoë (Danielssen); Loffoden (Sars); das Eismeer an den Küsten des russischen Lappland (Middendorff). Nach Middendorff auch an der Nordwestküste Amerikas, also circumpolar. Das abgebildete Exemplar aus meiner Sammlung.

Anmerkung. Ich folge den Ansichten von Middendorff und Adams, indem ich Buccinum Sabinii für ein junges Exemplar unserer Art ansehe; Jeffreys zieht dasselbe mit Zweifel zu S. ventricosus.

26. Neptunea (Sipho) Spitzbergensis Reeve sp.

Taf. 26. Fig. 7. 8.

„Testa fusiformi-turrita canali breviusculo, vix recurvo, spirae suturis impressis, anfractibus rotundatis, spiraliter costatis, subfuniculatis, versus aperturam sulco superficiali obsolete

11 *

divisis, interstitiis excavatis, apertura ovata, labro peculiariter effuso; fulvofusca, costis sub-
nitentibus, columella roseo pallide tincta." (Reeve).

Long. 54, lat. 30 Mm. (ex icone).

Fusus Spitzbergensis Reeve, the last of the arctic voyages p.395 pl.32 fig.6a.b.

„Gehäuse gethürmt spindelförmig, mit kurzem, kaum gekrümmtem Canal;
sieben gut gewölbte, durch eine tiefe Naht geschiedene Umgänge von zahlreichen
fast strangförmigen Spiralrippen umzogen, welche durch ausgehöhlte Zwischenräume getrennt und nach der Mündung hin noch einmal durch eine oberflächliche
Furche getheilt sind. Mündung eirund, mit sonderbar ausgelegtem Mundsaum.
Bräunlichgelb, die Columella schwach rosa." (Reeve).

Jedenfalls der N. Sabinii sehr nahe stehend.

Aufenthalt: Spitzbergen. Abbildung und Beschreibung nach Reeve.

27. Neptunea (Sipho) tortuosa Reeve sp.

Taf. 26. Fig. 4.

„Testa anguste fusiformis, canali peculiariter contracta et contorta, spirae suturis impressis, anfractibus rotundatis, spiraliter liratis, liris funiculatis, concentricis, versus aperturam minus elevatis, apertura parva, ovata, columella arcuata, basi tortuosa; opaco-alba, epidermide crassiuscula olivacea induta." (Reeve).

Long. 42, lat. 17, long. apert. 12 Mm. (ex icone).

Fusus tortuosus Reeve, the last of the arctic voyages p. 394 pl. .32 fig. 5 a. b
(1855).

„Gehäuse schlank, spindelförmig, mit eigenthümlich gewundenem, verengtem
Canal; sieben durch eine tiefe Naht geschiedene Umgänge, spiral von erhabenen
Reifen umzogen, welche nach der Mündung zu an Höhe abnehmen. Mündung verhältnissmässig klein, Spindel gebogen, nach der Basis hin gekrümmt. Trüb weiss,
mit einer dicken, olivenfarbigen Epidermis umzogen." (Reeve).

Aufenthalt: im amerikanischen Eismeer. (Belcher) Figur und Beschreibung
nach Reeve.

28. Neptunea (Sipho) livida Mörch.

Taf. 26. Fig. 5.

„Testa abbreviato-fusiformis, sordide alba, spira aperturam subaequans; anfractus plano-convexi, liris planis, laeviusculis, castaneis, approximatis; interstitia lirarum angusta, lirulis incrementi confertis cancellata; epidermis membranacea dilute olivacea; apertura subovalis, dilute livida, canali patula, breviuscula, obscure livida, iridescente; columella arcuata, medio obsolete angulata, pariete aperturali liris castaneis callo tenui polito pellucido margine externo incrassato obtectis; labro arcuato cum canali sensim confluente, leviter reflexo, intus crenulato, linea pallide olivacea marginato, sulcis obsoletis, diaphanis, intrantibus." (Mörch).

Long. 50, long. apert. cum canali 25 Mm.

Sipho lividus Mörch Journ. Conch. X. 1862 p. 36 t. 1. fig. 1.

Gehäuse kurz spindelförmig, schmutzig weiss, mit einer verwaschen-olivenfarbenen häutigen Epidermis überzogen, Gewinde ziemlich ebenso lang, wie die Mündung; Umgänge flach gewölbt, von dichtstehenden, glatten Spiralreifen umzogen, deren schmale Zwischenräume durch die Anwachsstreifen gegittert erscheinen; man zählt auf dem letzten Umgang 26, auf dem vorletzten 9—10. Mündung fast eiförmig, in einem kurzen, offenen Canal übergehend, der im Inneren perlmutterartig ist. Spindel stark gebogen, in der Mitte einen undeutlichen Winkel bildend, mit einem dünnen, durchscheinenden, am Rande verdickten Beleg, durch welchen die Spiralreifen hindurchschimmern; der gebogene Mundsaum geht ganz allmälig in den Canal über; er ist schwach umgeschlagen, innen mit einer schwach olivenfarbenen Linie eingefasst und undeutlich gefurcht." (Mörch).

Aufenthalt: auf der Bank von Neufundland. Abbildung und Beschreibung nach Mörch, die Figur ist wenig genügend.

29. Neptunea (Siphonalia) Kellettii Forbes sp.

Taf. 23. Fig. 1.

Testa fusiformi-turrita, crassa, ponderosa; anfractus novem parum convexi, sutura parum conspicua juncti, subangulati, superne impressi, ad angulum serie tuberculorum ornati, tuberculis crassis, rotundatis; spiraliter undique lineati, lineis impressis, striis incrementi conspicuis. irregularibus. Apertura elongato-ovata, angusta, spirae longitudinem superans, in canalem longum, angustum, recurvum producta, labro simplici, fauce laevi. Albida; epidermis nulla?

Long. 120 Mm., lat. 52 Mm.

Fusus Kellettii Forbes Proc. zool. soc. 1850 p. 274 t. 9 f. 10.
Siphonalia Kellettii Lischke Jap. Moll. 1 p. 38 t. 3 f. 3. 4.

Gehäuse gethürmt spindelförmig, schlank, dickschalig und schwer; die neun wenig gewölbten Umgänge sind durch eine wenig deutliche, nach oben hin kaum sichtbare Naht vereinigt, kantig, oberhalb der Kante eingedrückt, an derselben mit einer Reihe dichtstehender, starker, runder Knoten besetzt, welche sich nur wenig nach oben und unten fortsetzen, allenthalben von sehr feinen, dichtstehenden, eingeschnittenen Linien umzogen und mit deutlichen, unregelmässigen Anwachsstreifen. Mündung lang und schmal, nach unten in einen langen, engen, nach links gekrümmten Canal übergehend; Mundrand einfach, oben etwas eingedrückt, Spindelbeleg nicht weit übergreifend, unten häufig lostretend, Gaumen bei alten Exemplaren glatt, bei jüngeren meist mit deutlichen Spiralrippen. — Die Färbung ist einfarbig weisslich, die Mündung meist, doch nicht immer, röthlich. Eine Epidermis scheint nicht vorhanden.

Aufenthalt: im nördlichen Theile des stillen Oceans an beiden Ufern. Südjapan und Californien bis San Diego und Monterey herab. Das abgebildete Exemplar befindet sich in der Löbbecke'schen Sammlung und ist auch in Lischke's Moll. Jap. l. c. abgebildet.

Anmerkung. Diese noch immer seltene Art — sie beruhte lange auf einem einzigen Exemplar im British Museum — steht zwischen den ächten Neptuneen und den typischen Siphonalien; will man beide Gattungen trennen, so dürfte die Entscheidung, wohin sie gehöre, nicht leicht sein.

30. Neptunea (Siphonalia) cassidariaeformis Reeve sp.

Taf. 23. Fig. 2—5.

Testa ovata, subventricosa, basi canaliculata et recurva; anfractus 7 celeriter accrescentes, spiraliter undique subirregulariter sulcati, angulati, ad angulum tuberculati, tuberculis prominulis, interdum costiformibus; apertura ovata, canali longo, angusto, curvato, columella arcuata, lamella columellari inferne incrassata, labro simplici, fauce lirata. Fusco-aurantia, lineis et maculis fuscis varie picta, apertura alba vel aurantia.

    Long. 30—55, lat. 20—55 Mm.

        Buccinum cassidariaeforme Reeve Conch. icon. sp. 11.
        Siphonalia cassidariaeformis Lischke Jap. Moll. I p. 38 t. IV fig. 1—10.

Gehäuse eiförmig, etwas bauchig, aus sieben schnell zunehmenden Windungen bestehend, deren letzte über zwei Drittel des Gehäuses ausmacht. Naht wenig bezeichnet. Die Umgänge sind von nicht ganz regelmässigen Spiralfurchen dicht umzogen, kantig, über der Kante etwas abgeflacht, auf derselben mit einer Reihe vorspringender Höckerknoten besetzt, die namentlich an den oberen Umgängen häufig im Rippen auslaufen. Die Anwachsstreifen sind deutlich, so dass die Zwischenräume der Furchen mitunter granulirt erscheinen. Mündung oval, nicht sehr breit, in einen langen, engen, gedrehten Canal auslaufend, Spindel gebogen, mit starkem, namentlich nach unten hin dickem, selbst lostretendem Beleg; Aussenrand einfach, Gaumen stark gerippt; die Rippen laufen bis zum Aussenrand.

    Färbung äusserst wechselnd, die Grundfarbe gelbgrau bis gelbbraun, bald einfarbig, bald in der Richtung der Anwachsstreifen dunkler geflammt oder mit dunklen Spirallinien. Lischke hat am angeführten Orte mehrere Farbenspielarten aus seiner reichen Suite abgebildet; durch die Güte Löbbecke's liegt mir diese Suite in ihrem ganzen Umfange vor, und ich kann nur bestätigen, dass es unmöglich erscheint, die kleinere Form — unsere Fig. 4 und 5 —, auf der wahrscheinlich Siphonalia ornata A. Ad. beruht, von der typischen Form zu trennen. Die zahlreichen neuen Arten, welche A. Adams in Ann. Mag. Nat. Hist. 1863 vol. XI. p. 202 ff. für diese Gattung aufgestellt hat, sind leider immer noch nicht abgebildet, und es ist somit noch nicht möglich mit Bestimmtheit anzugeben, wie viele von ihnen in die Synonymie von S. cassidariaeformis fallen.

    Aufenthalt: an der Westküste von Japan; Nagasaki (Lischke), Hakodadi (Stimpson), O. Sima, Simoda (A. Adams). Die abgebildeten Exemplare aus der Lischke'schen, jetzt Löbbecke'schen Sammlung.

31. Neptunea (Siphonalia) fusoides Reeve.

Taf. 23. Fig. 6. 7.

Testa ovato-fusiformis subpellucens, spira subturrita, basi canaliculata et recurva; antr. 7 subangulati, spiraliter confertim lirati, liris angustis, alternantibus; ad angulum costato-tuberculati, costis numerosis, parum prominentibus. Apertura oblonga, canali angusto, recurvo, labro simplici, fauce plerumque lirata. Unicolor fuscescens, strigis et maculis saturatioribus irregulariter tincta, apertura albida, canali et labro fuscescentibus.

Long. 46, lat. 25 Mm.

Buccinum fusoides Reeve Conch. icon. Bucc. sp. 9 nec 64.

Gehäuse kurz spindelförmig, nicht allzudickschalig, halbdurchscheinend, Gewinde für die Gattung auffallend hoch, Stiel relativ kurz, rückwärts gekrümmt. Sieben schwachkantige Umgänge, verhältnissmässig langsam zunehmend, die deutliche Naht an der Mündung plötzlich stark ansteigend. Die Sculptur besteht aus sehr dichtstehenden, meist in Stärke abwechselnden feinen Spiralrippen; an der Kante stehen Rippenfalten, dicht und wenig vorspringend, doch an den oberen Umgängen von Naht zu Naht laufend. Reeve erwähnt dieselben nicht, doch sind sie auf der Figur erkennbar. Die Anwachsstreifen sind sehr fein, doch deutlich, aber von einer besonderen Querstreifung zwischen den Spiralrippen, wie sie Reeve angibt, kann ich an meinem sehr wohl erhaltenen Exemplare nichts erkennen. Mündung eiförmig, Canal eng, doch nicht allzulang, rückwärts gebogen; Mundsaum gerundet, Gaumen meist mehr oder weniger deutlich gerippt, Spindelbeleg dünn, doch lostretend. Die ganze Schale ist einfarbig braungelb, hier und da mit dunkleren Streifen und Punkten, die Mündung weisslich, Spindel, Canal und Innenlippe bräunlich.

Aufenthalt: Japan; Bucht von Jeddo (Lischke in coll. Löbbecke).

Anmerkung. Reeve hat unter Buccinum zwei Siphonalien als B. fusoides beschrieben, die eine aber später selbst in B. spadiceum umgetauft.

A. Adams hat in den Annals and Magazine of natural history 1863 p. 203 noch dreizehn Arten von Siphonalia beschrieben, aber wie gewöhnlich ohne Grössen-angabe und Abbildungen, so dass eine Identificirung derselben nicht leicht möglich ist. Lischke vermuthet, dass einige derselben nur Varietäten der so veränderlichen S. cassidariaeformis sein dürften. Der Vollständigkeit halber gebe ich nachfolgend die Adams'schen Diagnosen und bemerke dabei, dass in denselben immer transver-sim im Sinne der Spiralsculptur, longitudinaliter längs der Anwachsstreifen be-deutet.

Siphonalia commoda A. Ad.

S. testa acuminato-ovata, sordide alba, epidermide tenui fugacea obtecta (!); spira aperturam vix aequante, conica; anfractibus 7, planis, in medio subangulatis, obsolete nodoso-plicatis, transversim liratis; liris majoribus albidis, minoribus fuscis, alternantibus; interstitiis longitudinaliter crebro striatis; apertura oblongo-ovata, intus alba, labio laevi canali aperto, mediocri, reflexo; labro intus laevi, margine crenulato.

Hab. Tsaulian.

Die erwähnte Epidermis widerspricht der Gattungsdiagnose.

Siphonalia corrugata A. Ad.

S. testa acuminato-ovata; spira brevi, acuta; anfractibus 6, planis, longitudinaliter rugoso-plicatis, plicis in medio anfractuum nodulosis, transversim liratis, liris rugulosis, griseis cum albidis alternantibus, antice validioribus et distantioribus, anfractu ultimo magno, plicis antice obsoletis, apertura ovata, canali brevi, recurvato; labio laevi, calloso; labro intus lirato, margine albo.

Hab. Kino-O-Sima.

Eine graue Art mit abwechselnden braunen und weissen Spirallinien; sie gleicht einigermassen der S. trochulus Reeve, aber bei dieser Art sind die Windungen reich gefaltet. Ad.

III. 3. b.   12

Siphonalia conspersa A. Ad.

S. testa acuminato-ovata; spira brevi, conica, lutescente, castaneo variegata et rufo-fusco conspersa; anfractibus 6, longitudinaliter plicatis, plicis postice nodulosis, in anfractu ultimo antice obsoletis, transversim liratis, liris validis, aequalibus; apertura ovata; labio laevi, calloso, incrassato, canali brevi, valde recurvo; labro intus sulcato.

Hab. Japan. Coll. Cuming.

Eine sehr hübsche Art in der Form der S. cassidariaeformis ähnlich, aber von sehr abweichender Farbe und Sculptur. (Schwerlich mehr als eine Varietät die-ser Art).

Siphonalia concinna A. Ad.

S. testa ovato-conica; spira elata, quam apertura breviore, fulva, fasciis duabus latis transversis, albidis ornata; anfractibus 6, laevibus, in medio angulatis, longitudinaliter plicatis, plicis distantibus, postice nodulosis; in anfractu ultimo obsoletis; anfractu ultimo antice transversim sulcato; apertura ovata; labio laevi, tenui, canali brevi, valde reflexo; labro intus laevi.

Hab. Kuro-Simo.

Eine hübsch gezeichnete Art mit glatten, knotig gefalteten Windungen. (Ob mehr als Farbenvarietät von S. signum?)

Siphonalia ornata A. Ad.

S. testa ovato-fusiformi, spira conica, quam apertura breviore, fulva, lineis transver-sis rubris (in anfractu ultimo 7) ornata, anfractibus 6 planis, in medio serie nodulorum instructis, longitudinaliter striatis, transversim liratis; apertura ovata; labio crasso, calloso, canali subproducto, ad sinistram inclinato, valde recurvo, labro intus valde lirato.

Hab. Japan. Coll. Cuming.

Eine elegante Art mit Linienzeichnung und einer Reihe vorspringender Knoten auf der Mitte der Windungen. Ad.

Siphonalia filosa A. Ad.

S. testa ovato-fusiformi, spira elata, acuta, aperturam aequante, pallide fulva, lineis transversis filiformibus aurantiacis ornata; anfractibus 8, convexis, longitudinaliter plicatis, plicis rotundis, vix nodulosis, in anfractu ultimo obsoletis, transversim liratis, liris confertis, aequalibus; apertura ovata; labio callo laevi instructo, canali mediocri ad sinistram inclinato, recurvato; labro intus laevi.

Hab. China See in 14 Faden. (Coll. Cuming).

Eine schwach gefaltete, fast spindelförmige Art, die Windungen mit drahtförmigen, orangefarbenen Linien geschmückt.

Siphonalia ligata A. Ad.

S. testa acuminato-ovata; spira conica, quam apertura breviore, alba, lineis filiformibus pallide aurantiacis distantibus ornata; anfractibus 6 planatis, postice angulatis, longitudinaliter subplicatis, transversim valde liratis, liris ad plicas nodulosis, elevatis, distantibus, regularibus; apertura ovata; labio tenui, simplici, canali brevi, lato, vix recurvato; labro postice angulato.

Hab. Japan. Coll. Cuming.

Eine reizende, weisse Art, mit erhabenen, blass orangefarbenen Spirallinien, sehr ähnlich der S. lineata Kiener.

Siphonalia grisea A. Ad.

S. testa acuminato-ovali, cinerea aut grisea; anfractibus 6, planis, oblique nodosoplicatis, transversim valde liratis; liris aequalibus, planis, interstitiis profunde exaratis; anfractu ultimo magno, serie nodulorum ad peripheriam instructo; apertura ovata, canali brevi, aperto, recurvato; labio vix calloso, labro intus lirato.

12 *

Hab. Simidsu.

Aschgrau, mit einer Reihe Knötchen auf der Mitte des letzten Umganges. Ad-

Siphonalia colus A. Ad.

S. testa ovato-fusiformi, pallide fusca; spira elata, aperturam aequante; anfractibus 8, convexis, postice excavatis, longitudinaliter obtusim plicatis, plicis rotundis, transversim liratis; liris confertis, filiformibus, subaequalibus; apertura ovata, canali elongato, aperto, subrecurvato; labio laevi; labro intus sulcato.

Hab. Mino-Sima; 63 Faden.

Eine elegante, spindelförmige Art, die Windungen spiralgereift und der Canal in einen ziemlich langen Schnabel ausgezogen. Ad.

Siphonalia acuminata A. Ad.

S. testa ovato-fusiformi, pallide fulva aut alba, hic et illic rufo tincta; spira acuminata, quam apertura longiore; anfractibus 9 convexis, postice excavatis, longitudinaliter plicatis, plicis rotundis, regularibus, subconfertis, transversim striatis, in medio anfractuum biliratis, liris ad plicas nodulosis; anfractu ultimo liris 6 instructo, apertura rotundato-ovata, canali subproducto, tortuoso, vix recurvo.

Hab. Gotto, 48 Faden.

Eine hellbraune, zugespitzte Art, die Windungen knotig-faltig, der Canal ziemlich lang ausgezogen und gewunden. Ad.

Siphonalia pyramis A. Ad.

S. testa pyramidato-fusiformi, pallide fusca; spira elata; anfractibus 7 subimbricatis, planis, longitudinaliter plicatis, transversim liratis, liris confertis, aequalibus, ad plicas subnodulosis; apertura ovata, canali brevi, tortuoso, recurvo; labio laevi, labro intus sulcato.

Hab. Satonomosaki; 55 Faden.

Eine etwas pyramidale Art mit erhabenem conischem Gewinde, fast schuppigen Windungen und kurzem, gewundenem Canal. Ad.

Siphonalia mucida A. Ad.

S. testa ovato-fusiformi, pallide fulva, hic et illic fusco tincta, maculis subquadratis rufo-fuscis, in serie unica dispositis in medio anfractuum ornata; spira producta, quam apertura longiore; anfractibus 9 convexis, postice excavatis, longitudinaliter nodoso-plicatis, transversim crebre liratis, liris confertis, regularibus, aequalibus; apertura oblongo-ovata, canali subproducto, tortuoso; labio laevi, simplici.

Hab. Kuro-Sima; 35 Faden.

Eine nette, gelbliche, spindelförmige Art mit einer Reihe fast quadratischer, rothbrauner Flecken auf der Mitte der Umgänge. Ad.

Siphonalia nodulosa A. Ad.

S. testa ovato-fusiformi; spira acuminata, aperturam aequante, pallide fusca; anfractibus 7 convexis, postice subexcavatis, longitudinaliter valde plicatis, plicis distantibus, antice et postice obsoletis, transversim liratis, liris confertis, regularibus, apertura ovata; labio laevi, canali mediocri, tortuoso; labro in medio recto, postice rotundato-angulato.

Hab. Mino-Simo, 63 Faden.

Eine ziemlich spindelförmige Art mit stark knotig gefalteten Windungen, Färbung einfarbig blassbraun. Ad.

Hiechin gehören ausserdem noch folgende mir nicht näher bekannt gewordene Arten:

Siphonalia aestuosa Gould.

„Testa ovata, solida, fulvo-cinerea, sulcis angustis remotis cincta, et fluctibus obliquis ad 12 ornata; anfr. 5, tumidis, postice carinatis et apud fluctus subnodosis versus suturam declivibus. Apertura lunata, labro acuto intus sulcato; columella admodum excavata; rostro brevi valde recurvo. Axis 45, diam. 25 Mm." — (Gould).
Neptunea aestuosa Gould Otia p. 123 (1860).
Habitat prope Kagosima Japoniae. (Stimpson!)

Anmerkung. Offenbar nahe mit S. cassidariaeformis verwandt.

Siphonalia arata Gould.

„Testa parva, ovato-fusiformis, solidula, rufo-cinerascens, striis profundis incisa et striis incrementi concinne clathrata; anfractibus 5 + ventricosis ad suturam declivibus, undulatis, ultimo subvaricoso; sutura exili. Apertura piriformis, dimidiam longitudinis testae adaequans, labro acuto, serrulato, intus denticulato; columella subperforata, callo rufo induta." (Gould).
Long. 23, diam. 10 Mm.
Neptunea arata Gould Otia p. 123.
Habitat — ?

Neptunea Traversi Hutton.

„Testa ovato-fusiformis, anfractibus radiatim costulatis, costis 10 in anfractu, aperturam versus evanescentibus. Apertura ovata, in canalem brevem, leviter ad sinistram inflexum desinens, labro laevi. Alba, in anfr. ultimo strigis angustis distantibus fuscobrunneis 8—10 ornata, apertura alba, labro interrupte bifasciato. — Long. 1,1, lat. 0,58." Hutton gall.
Neptunea (?) Traversi Hutton Cat. mar. Moll. New Zealand 1873 p. 7. — Journ. Conch. 1878 p. 14.
Hab. ad insulas Chatham dictas, Novae Seelandiae vicinas.

Fusus angulatus Gray.

Zool. Beechey p. 117.

Shell-ovate acute, smooth, rather solid, brownish white; the spire elongated, rather longer than the mouth and canal; apex blunt; whorls convex, rounded, with five or six subaequal narrow elevated spiral ribs. The mouth small, roundish-ovate; the canal short rather twisted, open.

Length 2,14 inches.

Hab. North-Sea.

Neptunea dominovae Valenciennes.

Espèce de la division du Fusus bulbaceus; elle a le canal très-court, large ou déprimé avec une fente ombilicale assez profonde; l'exterieur est relevé bossué par de nombreux tubercles oblongs plus saillants auprès de la suture. L'interieur de la coquille est violacé et le bord est blanchatre. Long. —?

Fusus Dominovae Valenciennes Comptes rendus 1858, I. p. 761.

Hab. Manche de Tartarie.

Diese Art ist nicht wieder beobachtet worden und dürfte aus der Beschreibung schwer zu erkennen sein. Der Name, dem Schiffscapitän de Maisonneuve zu Ehren, ist nicht sonderlich richtig gebildet.

Neptunea lamnigera Valenciennes.

Espèce voisine du F. despectus. Le test porte les mêmes côtes circulaires, notre espèce est caracterisée par les nombreuses crêtes lamelleuses elevés sur l'exterieur et par l'applatissement des tours près de la spire. L'intérieur est d'un beau jaune à bord blanc. Long. —? — Val.

Fusus lamniger Valenciennes Comptes rendus 1858. I. p. 761.

Hab. Bassin de l'empereur Nicolas.

Anmerkung. Der ungenügenden Beschreibung nach zu urtheilen könnte das die von mir t. 36 fig. 1 als despecta var.? abgebildete Form sein; es ist das aber ohne Vergleichung des Valenciennes'schen Originalexemplars schwer zu entscheiden.

31a. Neptunea (Siphonalia) signum Reeve.

Taf. 45. Fig. 1. 2.

Testa ovata, subventricosa, spira curta, basi producta, peculiariter contorta et oblique recurva, parum crassa, subpellucens; anfractus 7 angulati, superne impressi, ad angulum tuberculati, tuberculis acutis, numerosis, 8—9 in anfractu ultimo, aperturam versus interdum evanescentibus; anfractus ultimus inflatus, ad medium fere contractus, spiraliter superne minutissime undulato-striatus, ad basin sulcatus et liratus. Apertura ampla; fauce laevi, labro simplici, canali recurvo, columella superne parum arcuata, inferne contorta, lamella columellari superne tenuissima, ad contractionem anfr. ultimi soluta, erecta. Coeruleo-cinerea, nodulis albis, anfr. ultimo luteo-fuscescente varie tincto et fasciis 6 castaneis distinctissimis ornato, columella albida vel livescente, faucibus livide fuscis, limbo albo.

Long. 48, lat. 32, long. apert. 35 Mm.

Buccinum signum Reeve Conch. icon. sp. 6.

Gehäuse ziemlich bauchig eiförmig mit kurzem Gewinde und etwas ausgezogener, eigenthümlich gewundener und schräg zurückgekrümmter Basis, nicht dickschalig und etwas durchscheinend. Die sieben Umgänge sind kantig, über der Kante eingedrückt und an ihr mit zahlreichen spitzen Höckern besetzt, von denen auf dem letzten Umgang gewöhnlich 8—9 stehen, gegen die Mündung hin verkümmern sie mitunter. Der letzte Umgang ist aufgeblasen, in der Mitte gewissermassen eingeschnürt, obenher ganz fein und wellig spiralgestreift, am Stiele gefurcht und gerippt. Mündung weit, innen glatt, mit einfachem Aussenrand, der Canal zurückgekrümmt, die Spindel oben wenig gebogen, unten dagegen gedreht, mit einer oben ganz dünnen, mitten lostretenden und aufgerichteten Platte belegt. — Die Grundfarbe ist graublau mit weissen Knötchen, der letzte Umgang zeigt mancherlei bräunlichgelbe Zeichnungen und wird in regelmässigen Abständen von sechs schmalen tief kastanienbraunen Binden umzogen; die Spindel ist weiss oder gelblich, der Gaumen schmutzig braun mit weissem Saum.

Aufenthalt an Südjapan, mein Exemplar von Rein mitgebracht.

Anmerkung. Diese Art kommt zwar in der Zeichnung manchen Varietäten der S. cassidariaeformis ziemlich nahe, unterscheidet sich aber sofort durch ihre Glätte und die eigenthümliche Bildung der Nabelparthie.

32. Neptunea fenestrata Turton.

Taf. 26. Fig. 6.

„Testa fusiformis, spira acuminata, anfractibus spiraliter creberrime liratis et concentrice costatis, costis subgranosis; alba, epidermide fusca induta." Reeve.

Long. 36, lat. 20 Mm.

> Buccinum fusiforme Broderip Zool. Journ. V p. 45 t. 3 fig. 3.
> — — Forbes and Hanley III p. 412 t. 110 fig. 2. 3.
> — — Reeve Conch. icon. sp. 31.
> Fusus fenestratus Turton Mag. Nat. Hist. VII p. 351.
> — — Jeffreys Brit. Conch. IV p. 343 t. 87 fig. 2.
> — Broderipi Jeffreys olim in sched.

Gehäuse spindelförmig mit kurzem Stiel und ziemlich langem Gewinde, dünnschalig, halbdurchscheinend, glanzlos; acht Umgänge, durch eine tiefe Naht geschieden, von erhabenen Spiralreifen, 18—20 auf dem letzten, 8 auf dem vorletzten Umgange umzogen, mit gebogenen Radialfalten, welche unter der Mitte des letzten Umganges verschwinden; die Reifen sind, wo sie die Falten schneiden, zu kleinen Knötchen vorgezogen. Mündung eckig eiförmig, fast eben so lang, wie das Gewinde, in einen kurzen, weiten, offenen Canal übergehend, Mundrand dünn, scharf, Spindel stark gebogen, an dem Eingang des Canals eine scharfe Ecke bildend, mit einem dünnen, nicht weit ausgebreiteten Callus belegt. Deckel birnförmig, hellbraun, mit apicalem Nucleus.

Aufenthalt im nördlichen Theile der Nordsee, in Tiefen von 40—150 Faden sehr selten. Abbildung und Beschreibung nach Reeve und Jeffreys.

Anmerkung. Sollte für diese interessante Art, nachdem die Trennung von Neptunea und Fusus doch von allen Malacologen mit Ausnahme der englischen Localfaunisten anerkannt ist, nicht richtiger wieder der Broderip'sche Name anzunehmen sein?

33. Neptunea dilatata Quoy.

Taf. 26. Fig. 1.

Testa oblonge fusiformis, spira subturrita, cauda sat longa, attenuata; solida; anfractus 8—9 angulati, ad angulum plicato-tuberculati, tuberculis interdum subcompressis,

spiraliter tenuissime lirati et sulcati; apertura ampla, subovalis, margine dextro valde angulato, intus sulcato, columella plana. Albo-rubens, liris castaneis, apertura alba.
Long. ad 130 Mm.

Fusus dilatatus Quoy et Gaimard Voy. Astrol. p. 498 t. 34 fig. 15—17.
  — — Deshayes-Lam. IX p. 475.
  — — Kiener Coq. viv. p. 31 t. 1 fig. 2.
  — — Reeve Conch. icon. sp. 49.

Gehäuse länglich spindelförmig, mit gethürmtem Gewinde und ziemlich langem Stiel, ziemlich festschalig; die 8—9 Umgänge sind kantig und an der Kante mit Faltenhöckern besetzt, welche etwas zusammengedrückt sind und auf dem letzten Umgang nach unten hin bald verschwinden; sie sind ausserdem spiralgestreift und deutlich gefurcht. Die Mündung ist weit, ziemlich oval, mit eckigem Aussenrand, im Gaumen mehr oder weniger deutlich gefurcht, die Spindel flach und wenig gebogen, der Canal ziemlich lang und gerade. Färbung röthlich bis gelblich mit kastanienbraunen bis schwarzen Rippen, der Gaumen weiss.

 Aufenthalt an Neuseeland.

 Anmerkung. Diese ziemlich seltene Art ist der Mittelpunkt einer Gruppe nah verwandter Formen, welche in den südaustralischen Gewässern die Siphonalien des nördlichen stillen Oceans repräsentirt, aber den ächten Fusus im Aeusseren näher steht, als die sonstigen Neptuneen. Doch beweist das Gebiss die Zugehörigkeit zu den Neptuneen, bei denen sie wohl eine eigene Untergattung bilden müssen. Die hierher gehörigen Formen scheinen sämmtlich in Gestalt wie in Färbung sehr zu variiren und sind darum die Ansichten über ihren specifischen Werth noch sehr abweichend. Wir werden später genauer darauf eingehen. Das abgebildete Exemplar befindet sich in der Löbbecke'schen Sammlung.

34. Neptunea (Sipho) Stimpsoni Mörch.
Taf. 34. Fig. 1.

 Testa fusiformis, solidula, spira aperturao longitudinem vix superante; anfractus 9 convexiusculi, sutura subcanaliculata discreti, spiraliter sulcati, sulcis profundis, sat distantibus, sub epidermide conspicuis; apex haud incrassatus, summo conico, parvo. Apertura elongato-ovata, utrinque attenuata, in canalem breviusculum, latum, ad sinistram inflexum desinens, labro simplici, columella callo appresso obtecta. Albida, epidermide castaneo-olivacea obtecta.

Long. 100 Mm. superans.

    Fusus islandicus Gould et Binney Invert. Mass. p. 372 fig. 628, nec Chemnitz.

    Sipho Stimpsoni Mörch Moll. Faroer 1867 p. 84.

    Fusus curtus Jeffreys Ann. Mag. 1872 II p. 285.

    Sipho   —   Kobelt Jahrb. Mal. Ges. III 1876 t. 4 fig. 3.

Eine reiche Suite, welche Verkrüzen aus den Gewässern von Neufundland zurückgebracht hat, veranlasst mich hier noch einmal gründlicher auf diese schon oben als Varietät von gracilis erwähnte Form einzugehen. Dieselbe schliesst sich allerdings in der Gestalt enge an gracilis an, bietet aber doch eine Anzahl äusserst constanter Unterschiede. Vor Allem ist sie erheblich grösser, als gracilis in den europäischen Gewässern jemals wird; unter der mir vorliegenden Suite sind zahlreiche Exemplare, welche die Länge von 100 Mm. übertreffen; auch ist sie stets bauchiger, als gracilis, und bedeutend dickschaliger und schwerer. Auch die Skulptur ist eine ganz andere; auf den oberen Umgängen kann man allenfalls von Spiralreifen sprechen, auf den späteren aber und namentlich auf dem letzten sind es nur noch feine, entfernt stehende Spiralfurchen, die man unter der Oberhaut kaum mehr erkennt. Die Oberhaut ist dunkel kastanienbraun, fast schwarz, dick, doch nicht so borkig, wie bei islandicus, und sitzt ziemlich fest, doch löst sie sich, wie bei islandicus, in grossen Schollen ab, wenn die Exemplare längere Zeit liegen.

Der Deckel stimmt am meisten mit dem von islandicus; er ist dick, undurchsichtig und viel grösser, als bei gracilis.

Rechnen wir zu diesen constanten Unterschieden noch die geographische Trennung von gracilis und islandicus, so wird sich kaum etwas dagegen einwenden lassen, wenn wir die vorliegende Form als selbstständige Art anerkennen. Mörchs Name hat zweifellos die Priorität vor dem Jeffreys'schen.

Aufenthalt an der atlantischen Küste der vereinigten Staaten nördlich vom Cap Cod, an Neuschottland und Neufundland.

35. Neptunea (Sipho) glabra Verkrüzen.
Taf. 34. Fig. 2. 3.

Testa fusiformis, plus minusve ventricosa, spira aperturam superante, apice regulariter intorta, cauda brevi recurva; tenuis, solidula; anfractus 8 regulariter crescentes,

13 *

sutura profunda, canaliculata, ad anfractum ultimum subirregulari discreti, ultimus spirae longitudinem parum superans; spiraliter levissime striati, striis incrementi regularibus, parum conspicuis. Apertura elongato-ovata, utrinque attenuata, in canalem brevem, recurvum desinens, labro simplici, haud labiato, columella arcuata, lamella columellari tenui, undique appressa. Rufescente-albida, epidermide tenui adhaerente viridescente laevi induta, apertura faucibus griseo-caerulescentibus, columella plus minusve rufescente tincta. — Operculum corneum, tenue, subpellucens.

      Long. 65, lat. 27—30 Mm.

        Sipho glaber Verkrüzen in sched.

          —   —   Kobelt Jahrb. Mal. Ges. III. 1866 p. 174 t. 3 fig. 3.

      Gehäuse spindelförmig, mehr oder wenig bauchig, das Gewinde etwas länger als die Mündung, mit nicht verdicktem, regelmässig eingerolltem Apex und kurzem etwas zurückgekrümmtem Stiel. Die acht regelmässig zunehmenden Umgänge sind durch eine tiefe, fast rinnenförmige Naht, welche an dem letzten Umgang ziemlich unregelmässig wird, geschieden; sie sind nur ganz undeutlich und fein spiralgefurcht, so fein, dass die Furchen unter der dünnen Epidermis verschwinden und nur in dem gewöhnlich auch an lebenden Exemplaren entblösten Dreieck an der Mündung sichtbar sind; die Anwachsstreifen sind regelmässig und nicht auffallend. Der letzte Umgang ist wenig länger als das Gewinde. Mündung langeiförmig, an beiden Enden verschmälert, in einen kurzen, gekrümmten, ziemlich offenen Canal übergehend, Mundrand einfach, scharf, die Spindel gebogen und mit einer dünnen, allenthalben fest angedrückten Platte belegt. Färbung röthlichweiss, mit einer dünnen, festsitzenden, glatten, grünlichen Epidermis überzogen, Gaumen blaugrau, die Spindel mehr oder weniger deutlich roth überlaufen.

      Deckel normal, dünn, hornig, Zungenbewaffnung dreireihig, der Mittelzahn mit zwei kleinen Spitzen jederseits neben dem Hauptzahn, die Nebenzähne ebenfalls mit einer kleinen Spitze neben dem inneren Zahn.

      Aufenthalt am nördlichsten Norwegen, im Porsanger- und Warangerfjord von Verkrüzen gesammelt.

      Anmerkung. Ich habe im dritten Band der Jahrbücher der deutschen malacozoologischen Gesellschaft p. 165 ff. auf das reiche von Verkrüzen mitgebrachte Material gestützt, ausführlicher über die engere Gruppe des N. islandica und gracilis gehandelt und bin heute noch der Ansicht, dass man, wenn man in dieser Gruppe überhaupt trennen will, die vier Arten islandica, gracilis, glabra und Stimpsoni annehmen muss. Die Frage ist nur, ob man bei solch scharfer Unterscheidung nicht noch mehr Arten anerkennen muss; Verkrüzen hat von Neufundland ausser einer prachtvollen Suite von curtus Jeffreys oder Stimpsoni Mörch, wie der ältere Name ist, eine Anzahl Sipho mitgebracht, die sich mit keiner der obigen Formen vereinigen lassen und auf die ich weiter unten genauer eingehen werde. Leider liegen die Resultate der neuesten arctischen Forschungen noch immer zum grösseren Theile unbearbeitet oder doch wenigstens nicht genügend veröffentlicht in England, Schweden und Dänemark und in Folge davon sind die besten Kenner der nordischen Fauna, Jeffreys, Friele, Mörch, Sars z. B. über einzelne Formen zum Theil diametral verschiedener Ansicht. Schliesslich kommt man vielleicht doch wieder dahin, die sämmtlichen nordischen Sipho mit glatter Oberhaut in eine Art zusammenzuziehen.

36. Neptunea (Sipho) Verkrüzeni Kobelt.

Taf. 34. Fig. 4. 5.

Testa ovato-turrita, cauda brevissima, solida, fere laevis; anfractus 8—9 rotundati, leniter accrescentes, ultimo dimidiam testae haud aequante, ad suturam leviter impressi, oblique striatuli, spiraliter sub lente vix conspicue striati, sutura subcanaliculata; apex obtusulus, summo minuto, conico. Apertura ovata, in canalem brevem, patulum desinens, labro simplici, fauce laevi; columella superne parum, inferne fortiter callosa, parum arcuata. Sordide albida, epidermide tenuissima, laevi, flavo-viridescente induta, apertura roseo-albida. — Operculum tenue, corneum, subovatum, nucleo ad apicem inferiorem sito, striis conspicuis.

Long. 46—50, lat. 20—22, alt. apert. 17—20 Mm.

Sipho Verkrüzeni Kobelt Jahrb. Mal. Ges. III 1876 p. 70 t. 2 fig. 1.

Gehäuse gethürmt eiförmig mit auffallend kurzem Stiel, festschalig, fast völlig glatt; die 8—9 Umgänge nehmen langsam zu, so dass der letzte kürzer ist als das Gewinde; sie sind unter der Naht leicht eingedrückt, schräg gestreift, unter der Loupe kaum erkennbar spiralgestreift; die Naht ist fast rinnenartig, der Apex stumpf mit kleiner kegelförmiger Spitze. Mündung eiförmig, in einen kurzen, ausschnittförmigen, offenen Canal auslaufend, Mundrand einfach, Gaumen glatt; die Spindel ist wenig gebogen, mit oben dünnerem, unten dickerem Beleg. Färbung weisslich, mit einer sehr fest angedrückten, dünnen, an den beiden vorliegenden Exemplaren vollständig erhaltenen, glatten, grünlichgelben Epidermis überzogen.

Aufenthalt am nördlichen Norwegen, die beiden abgebildeten Exemplare, die einzigen bis jetzt bekannt gewordenen, von Verkrüzen im Porsangerfjord gesammelt, befinden sich in dem Senckenbergischen Museum in Frankfurt.

Anmerkung. Diese eigenthümliche Art könnte des kurzen, ausschnittartigen Canals wegen zu Buccinum gestellt werden, wenn nicht der Deckel sie zu Sipho verwiese; auch die Radula stimmt mit Sipho. Die eigenthümliche feste Textur der Schale erinnert an Bullia und ich habe schon bei der ersten Beschreibung der Art darauf aufmerksam gemacht, dass Chemnitz vielleicht diese Art vor Augen hatte, wenn er Bullia polita als norwegisch aufführt.

37. Neptunea (Sipho) propinqua var.?
Taf. 34. Fig. 6. 7.

Differt a typo testa alba, nitida, polita, apice acutiore; canali minus incurvato.
Long. (apice fracto) 48 Mm.

Sipho Ebur Kobelt Jahrb. Mal. Ges. III 1877 p. 74 t. 3 fig. 1. 2, nec Mörch.

Ich bringe hier das sonderbare Exemplar, das ich, durch die glänzendweisse, elfenbeinartige Färbung verführt, am angegebenen Orte für ebur Mörch genommen hatte, noch einmal zur Besprechung und Abbildung, stelle sie aber vorläufig zu N. propinqua, mit der sie in der Gestalt noch am meisten Aehnlichkeit hat. Die einzige, von Verkrüzen im Porsangerfjord mit dem Thier gedrakte Schale, sieht fast aus, wie gut polirte Conchylien in Liebhabersammlungen, die erst mit Chlorwasser, dann mit Säure gebeizt und dann fein säuberlich polirt worden sind; Mörch meint, das könne wohl in einem Fischmagen geschehen sein, aber dann müsste der Fisch die Schnecke lebend wieder von sich gegeben haben, denn Verkrüzen hat sie mit der Drake lebend erhalten, nicht aus einem Fischmagen. Die oberen Umgänge erscheinen spiegelglatt, nur auf dem letzten sind flache, alternirende, mitunter leicht wellenförmig gebogene Spiralreifen erkennbar. Die Naht ist tief, nach unten rinnenförmig, die Spindel stark gebogen mit deutlichem, dickem Beleg. Mit glaber Verkr., mit dem das Exemplar zusammen vorkommt, kann man es nicht vereinigen, da die Form des Gewindes eine ganz andere ist und ausserdem der Deckel sehr erheblich abweicht. Derselbe ist bei der vorliegenden Form derber und viel schmäler, als bei glaber. Dadurch und durch das spitzere Gewinde weicht die

Art freilich auch von propinquus ab und muss, wenn sich mehr Exemplare finden, wohl doch als eigne Art anerkannt werden.

Aufenthalt im Porsangerfjord in Nordnorwegen, das abgebildete Exemplar im Senckenbergischen Museum in Frankfurt.

38. Neptunea Largillierti Petit.

Taf. 35. Fig. 1.

Testa subfusiformis, solidula, irregulariter rude interrupte striatula; anfractus $5^1/_2$, apice permagno, obtuso, sutura profunda subirregulari; anfractus convexiusculi, ad suturam leviter planati; ultimus spirae longitudinem superans. Apertura elongato-ovata, labro simplici, canali brevi, columella leviter arcuata, callo crasso late expanso obtecta. Rosaceo fuscescens, apertura rosea vel aurantia. — Operculum normale, parvum.

Long. 98, lat. max. 45 Mm.

Fusus Largillierti Petit Journ. Conch. II p. 254 t. 7 fig. 6.

Neptunea miraculosa Verkrüzen in sched.

Diese merkwürdige Form ist von dem Autor selbst zu norvegica gezogen worden, trotzdem scheint mir aber ihre Selbstständigkeit nach dem abgebildeten, von Herrn Verkrüzen erhaltenen Exemplar ziemlich wahrscheinlich. Zum allermindesten kann von einer Monstrosität nicht die Rede sein, sondern von einem constanten Vorkommen auf der Bank von Neufundland. Für die Selbstständigkeit als Gattung spricht namentlich das viel dickere Gewinde und der noch breitere Apex; dann die eigenthümliche rauhe unterbrochene Runzelung und die lebhafte rothbraune Färbung, welche einen Stich in Rosa zeigt. Die fossile Form der N. norvegica, welche sich zu Uddevalla findet und von welcher ich in dem Senckenbergischen Museum in Frankfurt ein tadelloses, ganz frisch aussehendes Exemplar vergleichen konnte, ist ziemlich erheblich von Largillierti verschieden und gleicht in der Gestalt, wie Jeffreys richtig bemerkt, ganz der N. Turtoni, unterscheidet sich von derselben aber sofort durch die Glätte; die Spira ist ganz die der typischen norvegica.

Aufenthalt auf der Bank von Neufundland.

104

39. Neptunea Reeveana Petit.

Taf. 35. Fig. 2.

Testa fusiformi-turrita, inferne subventricosa, subcontorta, anfractibus 7—8 convexis, spiraliter costulatis, costulis irregularibus, plus minusve planulatis, apertura oblonga; columella subcallosa; labro intus subsulcato, margine dentato; cauda breviuscula,
subrecurva. Petit.

Long. 84, lat. 33 Mm.

Fusus Reeveanus Petit Journ. Conch. II p. 365 t. 10 fig. 7.

Gehäuse getbürmt spindelförmig, unten bauchig, ein wenig unregelmässig aufgewunden; die sieben bis acht Umgänge sind ziemlich gewölbt und von zahlreichen, unregelmässigen, etwas abgeflachten Spiralreifen umzogen; Mundung lang-
rund, die Spindel etwas schwielig, Aussenrand gezähnelt; der Gaumen leicht gefurcht; Canal mittellang und ein wenig nach links gerichtet. (Petit.)

Aufenthalt auf der Bank von Neufundland.

Anmerkung. Diese interessante Art ist mir noch nirgends begegnet; sie
scheint der N. Berniciensis am nächsten zu stehen und hat wahrscheinlich, wie
diese, eine gewimperte Epidermis gehabt. Die Figur Copie nach Petit; da dieser
über die Färbung Nichts sagt, muss ich die Figur auch uncolorirt geben. (Seitdem
habe ich durch Herrn Verkrüzen ein Exemplar eines Fusus erhalten, welcher die
Petit'sche Figur fast genau deckt, aber zweifellos zur Sippschaft der dilatata gehört
und von Südaustralien stammt; ich bilde dasselbe später ab.)

40. Neptunea antiqua var.?

Taf. 35. Fig. 3.

Differt a typo testa minore, anfractibus leniter accrescentibus, inflatis, rotundatis,
spiraliter liris paucis distantibus vix elevatis sculptis, haud striatis, cauda recurva.

Long. 68, lat. max. 40 Mm.

Diese interessante Form ist gewissermassen ein Diminutiv von manchen Formen der N. antiqua var. despecta, unterscheidet sich aber von derselben ausser der
weit geringeren Grösse durch die viel langsamer zunehmenden, aufgetriebenen, unter der Naht nicht abgeflachten Windungen, welche nicht spiralgestreift sind, son-

dern nur von wenigen — 3 auf den oberen Umgängen — stumpfen Reifen umzogen werden, welche mehr durch ihre dunklere Färbung als durch ihre Höhe ins
Auge fallen. Auch ist an meinem Exemplar der Canal stärker nach links gebogen
und enger, als sonst bei der Gruppe der antiqua. Im Apex ist ein Unterschied
nicht zu finden.

Das abgebildete Exemplar wurde von Herrn Verkrüzen an Neufundland gedrakt;
ein junges, gleich skulptirtes Exemplar mit kantigen Umgängen habe ich früher
einmal von Landauer erworben. Ich stelle die Form lieber zu antiqua, als dass
ich eine neue Art dafür errichte; vielleicht wäre es für die Wissenschaft besser
gewesen, wenn man auch bei der Untergattung Sipho, anstatt jedem einigermassen
abweichenden Exemplar einen neuen Namen zu geben, sich begnügt hätte, dasselbe
abzubilden und die definitive Würdigung zu lassen, bis einmal mehr Material bekannt geworden.

41. Neptunea (Sipho) Stimpsoni var.?
Taf. 35. Fig. 4. 5.

Von seiner letzten Reise nach Neufundland hat Verkrüzen eine Anzahl klei-
nerer Sipho mitgebracht, welche er in seinem Bericht über die Reise als zweifel-
hafte neue Art erwähnt, ohne sie zu benennen. Ich bringe sie hier zur Abbildung
und stelle sie provisorisch einstweilen zu Stimpsoni, mit welcher sie in der Skulptur übereinstimmt. Sie unterscheidet sich von derselben aber durch erheblich geringere Grösse bei nahezu gleicher Zahl der Umgänge, viel stärker gewölbte Umgänge, welche namentlich unmittelbar unter der deutlich rinnenförmigen Naht aufgeblasen sind, und die dünnere, hellere, mehr ins Grüne spielende, sehr festsitzende
Epidermis. Der Gesammthabitus ist dadurch ein ganz anderer, die Skulptur aber
zeigt ganz dieselben tiefen, durch breite Zwischenräume getrennten Furchen, wie
S. Stimpsoni.

Vielleicht fällt diese Form mit einer fossilen Form aus Island zusammen, von
welcher mir Mörch eine Contourzeichnung sandte und welche er als Fusus Olavii
Beck bezeichnet; der Habitus ist sehr ähnlich, doch wage ich auf eine blose Con-
tour hin das nicht zu entscheiden.

Mit dieser Form gemengt kommt übrigens auch eine zweite vor, welche sich
von dem englischen gracilis unmöglich trennen lässt; nach einer brieflichen Mit-

III. 3. b.   14

106

theilung meines Freundes Doll hat er auch S. propinquus von der Neufundlandbank erhalten, deren Fauna wohl einmal die Untersuchung durch eine mit einem eigenen Dampfer ausgerüstete Expedition werth wäre.

42. Neptunea antiqua var. bicarinata.

Taf. 36. Fig. 1.

Testa fusiformi-turrita, ponderosa, cretacea, striis incrementi obliquis irregularibus interdum lamellose prominentibus rude sculpta, spiraliter striata, ad angulum lira irregulariter nodosa alteraque supra angulum cingulata, nodis costa brevi obliqua junctis; apertura sat parva, intus alba.

Long. 105, lat. 58 Mm.

Unter dem Namen Trophon cristatus Eichwald und mit der Fundortsangabe Kamtschatka erhielt ich seiner Zeit von Landauer das abgebildete Exemplar, welches auf den ersten Blick von allen Formen der despecta sehr erheblich abzuweichen scheint. Das Gehäuse ist sehr dick und schwer, schwerer als meine grössten Exemplare von despecta, das Gewinde weit mehr gethürmt und die Mündung relativ viel kleiner. Die Umgänge sind unter der Naht stark eingedrückt und haben ausser der gewöhnlichen Kante, welche so ziemlich immer der grössten Breite eines Umgangs entspricht, noch eine zweite darüber, etwa in der Mitte zwischen Kante und Naht; beide Kanten sind mit Knoten besetzt und die beiden entsprechenden Knoten immer durch eine kurze Rippe verbunden, welche sich weder nach oben noch nach unten fortsetzt. Ausserdem sind noch zahlreiche Spiralreifen und erhabene Spirallinien vorhanden, welche aber auf dem letzten Umgang ganz zurücktreten gegen die groben Anwachsstreifen, welche namentlich unter der Naht und bis zur unteren Kante als förmliche Lamellen vorspringen.

Diese Form, so auffallend sie auf den ersten Blick erscheint, lässt sich trotz ihrer gethürmten Form und der eigenthümlichen Skulptur nicht gegen den Formenkreis der antiqua, namentlich nicht gegen N. tornata, abgränzen; die obere Kante und die die beiden Kanten verbindenden Rippen finden sich auch bei dieser Form schon deutlich angedeutet.

Den Fundort Kamtschatka kann ich natürlich nicht verbürgen, doch besitze ich weder von Norwegen noch von Island oder Nordamerika ähnliche Formen.

43. Neptunea antiqua var. tornata Gould.

Taf. 36. Fig. 2.

Ein ziemlich reiches, von dem unermüdlichen Verkrüzen herbeigeschafftes Material hat mich veranlasst, die Sippschaft der antiqua-despecta-tornata noch einmal einer gründlichen Prüfung zu unterziehen. Eine Zeit lang glaubte ich auch diese drei geographisch so gut geschiedenen Formen auseinander halten zu können, aber als ich ans Zeichnen und Durchprüfen jedes einzelnen Merkmales ging, wurde es mir sehr bald unmöglich, ein haltbares theoretisches Trennungskennzeichen zu finden. Um so nöthiger erschien es mir aber, zahlreiche Exemplare von sicheren Fundorten hier zur Abbildung zu bringen und dadurch meine Ansicht zu belegen, besonders da Neptunea überhaupt und diese Gruppe im Besonderen bisher noch so sehr schlecht mit Abbildungen bedacht worden sind.

Das Tafel 36 Fig. 2 abgebildete Exemplar stammt von Island, wo es mit mehreren ganz ähnlichen von Verkrüzen bei Reikjavik gedrakt wurde. Obwohl lebend gesammelt hat es mehrfache Beschädigungen erlitten und auch die Spitze eingebüsst. Die Umgänge haben in der Skulptur viel Aehnlichkeit mit der vorigen Art; auch hier liegt über der eigentlichen Kante noch eine kantenartig vorspringende, mit Höckern besetzte Rippe, und die beiden Höckerreihen sind durch schräge Rippen verbunden, welche sich den Anwachsstreifen folgend nach oben und unten fortsetzen. Die Mündung ist dagegen erheblich grösser und übertrifft das Gewinde an Höhe; die Spiralskulptur ist gut ausgebildet.

Amerikanische Exemplare haben nach der Figur bei Gould und Binney eine weniger deutlich entwickelte Oberkante, stimmen aber sonst mit den Isländern sehr gut überein. Die Gegend von Island bis Massachussetts scheint das eigentliche Gebiet der var. tornata zu sein; typische despecta kenne ich von dort ebensowenig wie typische antiqua.

44. Neptunea antiqua var. despecta L.

Taf. 36. Fig. 3—5. Taf. 37. Fig. 1. 2.

Ich habe bereits im Jahrbuch der deutschen Malacozoologischen Gesellschaft für 1876 p. 66 eingehender über die hier abgebildete Form, von welcher Ver-

14 *

krüzen reiche Suiten, namentlich im Porsangerfjord, gesammelt hat, gesprochen; dort fehlte mir der Raum, um die Hauptformen abzubilden, ich hole das hier nun nach. Die Suiten umfassten zwei Hauptformen, welche ich auf Taf. 37 zur Abbildung bringe, eine gedrungenere, kräftige mit zwei starken Spiralkielen, aber ohne Knoten auf denselben, und eine schlankere mit weit höherem Gewinde und nur sehr wenig auffallender Spiralskulptur.

Erstere Form, welche dem Typus von despecta am nächsten steht, stellt Fig. 1 dar. Das Gewinde ist nicht ganz so lang, wie die Mündung, die Windungen sind von starken Spiralkielen umzogen, auf den oberen sind es nur zwei, auf den späteren kommt noch eine dritte schwächere hinzu, auf der letzten sind es vier, aber die drei unteren werden nach der Mündung hin fast obsolet und auch der oberste erscheint mehr als eine leicht höckerige Kante, denn als ein vorspringender Kiel. Die letzte Windung ist hinten senkrecht gemessen erheblich höher als das Gewinde, aufgeblasen, der Mundrand greift weit nach aussen und ist breit ausgebreitet; er geht über die Naht hinauf, so dass diese hinter ihm plötzlich erheblich ansteigt. Die Spiralskulptur zwischen den Kielen ist wenig deutlich. Höhe 140—160 Mm., erst Exemplare von solcher Grösse legen den Mundrand offen und sind als ausgewachsen zu betrachten.

Die andere Form ist erheblich schlanker und hat ein weit gethürmteres Gewinde, welches die Mündung um einige Millimeter an Höhe übertrifft; die Spiralskulptur ist nur sehr wenig entwickelt und statt der Kiele zeigen sich nur einige undeutliche Leisten, welche auf dem letzten Umgang nahezu verschwinden. Trotzdem kann diese Form nicht zum Typus von antiqua gerechnet werden, da bei dieser das Gewinde niemals eine solche Höhe erreicht. Taf. 37 Fig. 2 stellt das ausgeprägteste Exemplar dieser Form dar, welches sich unter den Verkrüzen'schen Suiten befand.

Eine Trennung beider Formen als Untervarietäten scheint um so natürlicher, als die Unterschiede sich auch schon bei jungen Exemplaren zeigen, wie die beiden Taf. 36 Fig. 4 und 5 abgebildeten Stücke beweisen; beide stammen aus dem Porsangerfjord; Fig. 5 erinnert auffallend an N. decemcostata. Trotz dieser Unterschiede ist aber doch eine Trennung bei einigermassen grösserem Material unmöglich, da sich alle denkbaren Uebergänge finden.

Endlich bringe ich Taf. 36 Fig. 5 noch ein Exemplar aus dem Porsangerfjord ab, welches so genau mitten zwischen antiqua und despecta steht, dass ich die

Trennung beider Formen für unthunlich halte. Der letzte Umgang überwiegt noch mehr, als bei tornata, und die Skulptur würde ganz mit der von antiqua typica stimmen, wenn nicht auf jedem Umgang drei Leisten scharf erhaben vorsprängen. Im Uebrigen tritt bei diesem Exemplar die Spiralskulptur auffallend zurück und ist auf dem letzten Umgang kaum noch zu erkennen, während sie bei antiqua immer viel deutlicher ist.

In geographischer Beziehung sind die drei Hauptformen der N. antiqua sehr hübsch geschieden, so dass man daraus eigentlich den Hauptgrund für die Scheidung entnehmen könnte. Der Typus findet sich in der Nordsee, rings um England, am südlichen Scandinavien und in der Ostsee bis zur Kieler Bucht, südwärts bis nach der Bucht von Biscaya, doch nach Hidalgo nicht mehr an der spanischen Küste, wo er durch N. contraria ersetzt wird. N. despecta fehlt in England noch vollständig, sie tritt nach Jeffreys auch an der norwegischen Küste erst unter 63° nördlicher Breite bei Christiansund auf und herrscht im Norden ausschliesslich, während antiqua den Polarkreis nicht überschreitet, — Middendorffs bezügliche Angaben beziehen sich auf fornicata Gray. — N. tornata endlich gehört ausschliesslich dem amerikanischen Gebiete an, zu dem in diesem Falle auch Island zu rechnen ist.

Nordsibirische, grönlandische und japanische Exemplare habe ich leider nicht vergleichen können und kann darum nicht darüber urtheilen, ob die Art, insbesondere die var. despecta, wirklich circumpolar ist; die Angaben von Adams müssen mit Zweifel aufgenommen werden, da derselbe auch N. bulbacea hierherzieht, aber die von Lischke scheint sich wirklich auf despecta zu beziehen.

45. Neptunea antiqua var. striata.
Taf. 38. Fig. 1.

Differt a typo liris spiralibus distinctioribus, duabus vel tribus in anfractibus spirae magis prominentibus.

Long. 130 Mm. superans.

Murex carinatus Turton, nec Pennant, fide Jeffreys.
Fusus antiquus var. striata Jeffr. Brit. Conch. IV p. 324.

Diese prächtige Varietät zeichnet sich vor der Stammform durch die stärkere Entwicklung der Spiralskulptur aus; die Spiralreifen stehen ganz dicht aneinander und wechseln in der Stärke ganz regelmässig ab; auch die Anwachsstreifen sind sehr stark entwickelt und geben der Skulptur ein schuppiges Ansehen. Auf den oberen Umgängen springen zwei oder drei Reifen stärker vor, wie bei despecta, noch der vorletzte Umgang ist deutlich kantig und die Kante verläuft sich erst auf dem letzten Umgang.

Das abgebildete Exemplar stammt von Waterford an der Südküste von Irland.

46. Neptunea (Sipho) turgidulus Jeffreys.
Taf. 38. Fig. 2. 3.

Testa ovato-fusiformis, tenuis, spira turrita, cauda brevi, alba, epidermide lutescente nunc laevi, nunc hispida induta, apice inflatulo, suboblique contorto. Anfractus 7—8 ventricosi, ad suturam profundam, canaliculatum contracti, superi confertim sulcis impressis tenuibus sculpti, penultimus et ultimus liris nonnullis parum distinctis, distantibus muniti; striae incrementi distinctae, obliquae. Apertura ovata, ad canalem brevissimum, patulum, recurvum leviter contracta, columella curvata, callo tenui obtecta.

Long. 56, lat. 24, alt. apert. 26,5 Mm.
— 47, — 24, — — 24 Mm.

Fusus turgidulus Jeffreys mss.
— — Friele N. Mag. for Naturvid vol. XXIII tom. 3.
— — Kobelt Jahrb. Mal. Ges. IV. 1877 p. 262.

Gehäuse eispindelförmig, sehr dünnschalig, mit langem, gethürmtem Gewinde und kurzem, gekrümmtem Canal, weiss, mit einer dünnen, gelblichen, bald glatten, bald haarigen Epidermis überzogen; Apex etwas aufgetrieben und ziemlich schräg aufgewunden. Die 7—8 Umgänge sind bauchig und unten an der tiefen, rinnenförmigen Naht eingezogen; die oberen zeigen zahlreiche feine, eingeschnittene Spirallinien, welche aber schon auf dem drittletzten Umgang verschwinden und durch einige entferntstehende, wenig auffallende Spiralleisten ersetzt werden. Mündung oval, an dem Eingang des kurzen, offenen, gebogenen Canals etwas eingeschnürt, mit dünnem, scharfem Rand; die Spindel ist gebogen und mit einem dünnen Callus belegt. Deckel dünn, gelblich hornfarben.

Aufenthalt im nordatlantischen Ocean, in 290—400 Faden Tiefe sowohl von der Porcupine als von der Expedition des Voeringen gedrakt, die abgebildeten Exemplare mir von Friele zu diesem Zwecke mitgetheilt.

47. Neptunea (Sipho) turrita Sars.

Taf. 38. Fig. 4.

Ich bilde hier ein von Friele mitgetheiltes Originalexemplar ab zum Vergleich mit S. tortuosus und Lachesis. Der Unterschied von dem Originalexemplar von Fusus tortuosus Reeve, das ich oben t. 26 fig. 4 copirt habe, ist ziemlich erheblich, namentlich ist der Canal länger und nicht in derselben Weise gebogen, auch ist die Skulptur viel feiner, weder funiculata, noch lirata, sondern besteht nur aus lauter feinen, flachen Spiralreifchen, zwischen welche sich hier und da noch feinere einschieben. Doch scheint die Skulptur nicht constant, denn die beiden von Verkrüzen aus dem Porsangerfjord mitgebrachten Exemplare, welche ich Jahrb. III t. 2 fig. 2 abgebildet habe, zeigen nur gleichmässige Spiralfurchen und doch kann wenigstens das eine Exemplar nicht von turrita getrennt werden, während das andere ein mehr gethürmtes Gewinde hat.

Friele, welcher eine grosse Anzahl Exemplare vergleichen konnte, schreibt mir darüber: Von der diesjährigen Expedition habe ich eine ganze Suite erhalten von beinahe glatten und fein gestreiften bis zu grob gefurchten; der eigenthümlich gewundene Canal ist nicht in allen Exemplaren gleich stark entwickelt, doch bei einigen ganz deutlich hervortretend. Ausserdem habe ich auch viele Exemplare bei Prof. Sars, Dr. Mörch und Dr. Jeffreys gesehen. Meiner Meinung nach ist F. turritus Sars eine Mittelform zwischen F. propinquus Alder und F. tortuosus Reeve und ich sollte fast glauben, dass, je weiter man nach Norden kommt, desto gröber die Skulptur und desto aufgeblasener die Windungen werden. Reeve's Typus habe ich bei Dr. Jeffreys gesehen und finde, dass er dem typischen turritus weit näher steht, als dem propinquus, zu welchem ihn Jeffreys als Varietät ziehen möchte. Dass, wie Jeffreys will, Fusus Sabinii (togatus) und tortuosus synonym sein sollen, kann ich nicht erkennen. Ich hoffe, dass die Expedition von 1878, welche besonders das Gebiet zwischen Norwegen und Spitzbergen untersuchen soll, mehr Licht in dieser Sache geben wird."

Nach meiner Ansicht lassen sich turritus Sars und tortuosus Reeve ungezwungen vereinigen und stellen die südlichere und nördlichere Form einer Art dar, mit Fusus propinquus und togatus dagegen hat diese Form Nichts zu thun.

48. Neptunea (Sipho) lachesis Mörch.

Taf. 38. Fig. 5.

„Testa turrita, anfr. 7—8 convexis, suturis profundis, conferte spiraliter liratis; liris alternatim minoribus. Apex fractus, sed verosimiliter ut in F. propinquo. Apertura brevis vix tertiam partem longitudinis superans. Columella recta. Canalis brevissimus. Epidermis coriacea, striis incrementi laminatis, in intersectionibus lirarum ciliis praeditis. — Long. 41, apert. cum can. 15, alt. anfr. 8 Mm." Mörch.

Long. spec. dep. 35, lat. 13, alt. apert. cum can. 14 Mm.

Fusus (Siphonorbis) Lachesis Mörch Journ. Conch. XVII 1869 p. 397.
— Lachesis Petit Cat. Moll. Europe 1869 p. 274.
— terebralis Sars, nec Gould, fide Jeffreys.
Sipho Lachesis Kobelt Jahrb. V t. 9 fig. 7.

Gehäuse hochgethürmt, aus 8—9 Umgängen bestehend, welche durch eine tiefe Naht geschieden sind; sie werden dicht von abwechselnd grösseren und kleineren Spiralreifen umzogen, welche durch die deutlichen und regelmässigen Anwachsstreifen gegittert erscheinen; auf den Embryonalwindungen springen die Radialstreifen in regelmässigen Abständen lamellös vor und bilden mit den Spiralreifen eine regelmässige Gitterung. Der Apex ist sehr fein und regelmässig eingewunden, so dass man die letzte Windung nur von oben her erkennen kann. Die Umgänge nehmen sehr langsam zu, der letzte macht nur ²/₅ der Gesammtlänge aus und verschmälert sich rasch zu einem etwas gewundenen Stiel. Mündung klein, mit sehr dünnem, scharfem Mundrand und wenig gebogener, dünn belegter Spindel. Färbung röthlichweiss, mit einer dünnen, lederartigen Epidermis überzogen, welche an den Stellen, wo die Anwachsstreifen die Reifen schneiden, mit Cilien besetzt ist.

Das mir vorliegende, von Friele mitgetheilte Exemplar stimmt mit der Mörchschen Diagnose bis auf den etwas längeren Canal ziemlich überein; es ist von der Expedition des Voeringen im nordatlantischen Ocean gesammelt; Mörchs Original stammte aus Grönland.

49. Neptunea (Siphonorbis) ebur Mörch.

Taf. 38. Fig. 6.

Testa ovato-fusiformis, candida, solida. Anfractus 6—6¹/₂ modice convexi, sutura impressa, fere canaliculata; lirae spirales planae, parum expressae, alternatim saepe minores, interdum obsoletissime undulatae. Apertura piriformis, columella sigmoidea, labro candidissimo, crasso obtecta. Spira apice angigyro, impresso. Epidermis cinerea, membranacea, glabra, sed forsan detrita. Mörch.

Long. 71 Mm.; long. apert. cum can. 35 Mm., lat. 15 Mm., alt. anfr. penult. 15 Mm.

Siphonorbis Ebur Mörch Journ. Conch. XVII 1869 p. 398.
Fusus Ebur Petit Catal. Moll. test. Europe p. 275.
Sipho Ebur Kobelt Jahrb. V 1878 t. 9 fig. 1.
Non Sipho Ebur Kobelt Jahrb. III 1876 t. 3 fig. 1.

Gehäuse eispindelförmig, weiss, festschalig. 6—6¹|₂ Umgang, mässig gewölbt, durch eine tiefe, beinahe rinnenförmige Naht geschieden; sie werden von flachen, mitunter fast obsoleten Spiralreifen umzogen, welche ziemlich an Grösse abwechseln und mitunter ganz undeutlich wellig gebogen sind. Mündung birnförmig mit S-förmiger Spindel, welche mit einem glänzendweissen, dünnen Callus belegt ist. Der Apex ist enggewunden, eingedrückt. Oberhaut grau, häutig, glatt, vielleicht abgerieben.

Mörch hatte die Güte, mir eine Zeichnung seines Originalexemplares von Siphonorbis ebur zu schicken und mir dadurch ad oculos zu demonstriren, dass meine Auffassung desselben — wozu mich allerdings in erster Linie die elfenbeinweisse Färbung verführte — durchaus irrig sei. Beide Formen haben allerdings nichts mit einander zu thun. — Friele in seinem vorläufigen Bericht über die Resultate der norwegischen Expedition von 1876 in N. Mag. for Naturvidenskaberne vol. XXIII Heft 4 vereinigt ebur mit Moebii Dkr. et Metzg., was bei grösserem Material vielleicht zu erweisen ist; vorläufig erscheinen mir aber die beiden Originalexemplare — ich habe auch Friele's Original vergleichen können — verschieden genug, um sie vorläufig getrennt zu lassen. Namentlich ist S. Moebii dünnschaliger und hat eine viel schwächere Spiralskulptur; auch ist die Gestalt viel bauchiger und die Spindelplatte viel dicker. Ob man freilich mit einer so scharfen Artumgränzung bei den Neptuneen auf die Dauer durchdringen kann, wird mir immer

III. 3. b.   15

zweifelhafter, je mehr Material ich vergleichen kann. — Mörch vereinigt Moebii mit togata.

Aufenthalt im nördlichen atlantischen Ocean, durch Mörch zuerst von Grönland beschrieben, auch von der Expedition des Voeringen gefunden.

50. Neptunea (Sipho) togata Mörch.

Taf. 38. Fig. 7.

"Testa tenuis; anfr. 6 convexi, sutura parum impressa; lirae spirales et incrementi expressae, unde testa ut cancellata. Apertura piriformis, columella incurva, pariete aperturali modo polito, triangulari. Apex spiralis angigyrus. Epidermis coriacea, decidua, olivacea; striae incrementi membranaceae, in intersectionibus lirarum ciliis praeditae." Mörch.

Long. (apice fracto) 48, lat. 25, alt. apert. 27 Mm.

> Fusus Ebur var. togatus Petit Cat. Moll. Europe p. 275.
> — (Siphonorbis) togatus Mörch Journ. Conch. XVII 1869 p. 398.
> — Sabinii Friele N. Mag. Naturvid. vol. 23 Heft 3 p. (7), non Jeffreys
>   neque Kobelt, an Gray?
> Sipho togatus Kobelt Jahrb. V 1878 t. 9 fig. 4.

Gehäuse dünnschalig, aus sechs (?) Umgängen bestehend, welche bei den beiden mir vorliegenden, von Friele geliehenen Exemplaren durch Decollation bis auf vier reducirt sind; sie werden durch eine wenig tiefe Naht geschieden und sind von wenig erhabenen, an Stärke wechselnden Spiralreifen umzogen; starke Anwachsstreifen geben der Skulptur ein gegittertes Ansehen. Nach Mörch ist der Apex eng spiralgewunden und rechnet er die Art deshalb zu Siphonorbis; Mündung langeiförmig, fast birnförmig, Aussenrand dünn, scharf, regelmässig gebogen, Spindel gebogen, mit dünnem, aber deutlichem Beleg. Röthlichweiss, mit einer ziemlich starken, sich leicht ablösenden Oberhaut von olivengrüner Färbung überdeckt, welche an den Anwachsstreifen lamellös erhaben ist und, wo diese die Spiralreifen schneiden, Cilien trägt.

Aufenthalt in der kalten Zone, bis jetzt nur in erheblicher Entfernung von der norwegischen Küste angetroffen.

Anmerkung. Friele nimmt diese Art für Fusus Sabinii Gray, der von Middendorf, dem ich mich angeschlossen hatte, für N. berniciensis genommen, von Jeffreys dagegen auf S. ebur gedeutet wird. Gray hat seine Art auf ein junges Exemplar gegründet; nach Edg. A. Smith fanden sich in seiner Sammlung drei Exemplare mit der Etikette F. Sabinii vor, von denen indessen keines mit den Massangaben in der Voy. Beechey stimmte. Dagegen schreibt mir Friele, dass er im British Museum ein Exemplar gesehen habe, das vollkommen mit Grays Angaben stimme und wohl sein Original sei; dasselbe stimme aber vollständig mit jungen togatus. — Jeffreys bleibt trotzdem bei seiner Ansicht und hat vielleicht Recht, wenn er die Synonymie noch weiter ausdehnt. Mir scheint es aber zweifellos, dass man am besten thut, den Fusus Sabinii Gray vollständig fallen zu lassen. — Friele hat mir ausser dem abgebildeten noch ein in mehrfacher Beziehung abweichendes Exemplar geschickt, das ich auf einer der nächsten Tafeln zur Abbildung bringen werde.

<h3 style="text-align:center">51. Neptunea regularis Dall.</h3>

Taf. 39. Fig. 2. 3.

Testa breviter fusiformis, cauda brevissima, lata; apice mamillato. Anfractus 4½ laeves, mediocriter convexi, sutura profunda discreti, ultimus subinflatus, ³/₅ longitudinis aequans, laevis, infra suturam tantum striis incrementi rude sculpta. Apertura elongato-ovata, canali brevissimo, labro externo crasso, inferne producto, columella arcuata, callo tenui, late expanso obtecta. Alba, columella rosacea.

Long. 57, lat. 32, alt. apert. 32 Mm.

Volutopsis Beringii var. regularis Dall Proc. Acad. Calif. April 9, 1873. Occas. Papers t. 2 fig. 6.

Gehäuse kurz spindelförmig mit kurzem, breitem Stiel, festschalig, einfarbig weiss, Apex zitzenförmig. Nur 4½ Umgänge, mässig gewölbt, fast ohne alle Skulptur, durch eine tiefe, doch erst dicht hinter der Mündung rinnenförmige Naht geschieden; der letzte ist grösser als die andern zusammengenommen, unter der Naht und am Stiel durch unregelmässige Anwachsstreifen skulptirt, sonst ganz glatt. Mündung lang-eiförmig mit sehr kurzem Canal, die Aussenlippe einfach, dick, nach unten vorgezogen, Spindel gebogen, mit einem dünnen, ausgebreiteten, rosafarbenen Callus belegt.

Aufenthalt an Unalaschka und den Shumagin-Inseln, entdeckt von Dall, dem ich auch mein Exemplar verdanke.

Anmerkung. Dall hat diese Art als Varietät von N. Beringii Midd. aufgefasst, worunter er aber offenbar nicht Neptunea Behringii Midd., sondern N. antiqua var.

15 *

Behringiana versteht, welche er mit castanea Mörch identificirt. Beides scheint mir ungerechtfertigt und Dall selbst scheint jetzt auch die Vereinigung aufzugeben. N. regularis steht der europäischen norvegica ungemein nahe, ist aber doch constant kleiner und hat ein viel weniger schlankes Gewinde. Von N. castanea unterscheidet sie die dünnere Schale und die ganz andere Färbung.

52. Neptunea crebricostata Dall.

Taf. 39. Fig. 1.

Testa ovato-fusiformis, spira turrita, cauda brevi; sordide alba, epidermide lutescente-fusca membranacea adhaerente induta; anfractus 8—9, embryonales 2½ apicem cylindricum longum formantes laeves, sequentes angulati, obscure radiatim plicati, plicis in ultimo evanidis, spiratim grosse costati, costis 3 in anfractibus spirae, circa 10 in ultimo, latis, valde prominentibus, epiraliter sulcatis et plerumque sulco mediano divisis, interstitiis angustioribus; striae incrementi conspicuae. Apertura ovata, in canalem brevissimum apertum desinens, labro crasso, ad costas sinuato, faucibus profunde sulcatis, columella parum arcuata, callo crasso obtecta.

Long. 100 Mm. superans.

Neptunea crebricostata Dall in litt.

Gehäuse schlank ei-spindelförmig mit gethürmtem Gewinde und kurzem Stiel, festschalig, weisslich, mit einer fest aufsitzenden, gelblichen, häutigen Epidermis überzogen. Es sind 8—9 Umgänge vorhanden; die oberen 2½ sind glatt und bilden ein walziges, hohes Embryonalgehäuse, die späteren sind kantig, undeutlich concentrisch gefaltet und von starken, dicken Spiralrippen umzogen, welche an die von Purpura trochlea erinnern und genau in derselben Weise über die engeren Zwischenräume überhängen; die oberste Rippe läuft längs der Kante, unter ihr liegen noch zwei gleich starke, darüber eine schwächere; auf dem letzten Umgang sind zehn starke und einige schwächere Reifen. Dieselben sind meistens durch eine deutliche Mittelfurche getheilt, ausserdem durch mehrere Spiralrippen und die sehr deutlichen Anwachsstreifen gegittert. Die Mündung ist eiförmig mit sehr kurzem, offenem Canal, der Mundrand bei jungen Exemplaren papierdünn, bei älteren verdickt, aber immer noch den Spiralrippen entsprechend gebuchtet, im Gaumen tief gefurcht; die wenig gebogene Spindel zeigt bei jungen Exemplaren nur unten einen dünnen, scharf begrenzten Callus, während oben die Rippen sichtbar bleiben, bei alten ist der Callus dick und verdeckt die ganze Skulptur.

Dall hat mir von dieser prächtigen Art ein junges, prachtvoll erhaltenes Exemplar mit Deckel, und ein älteres, abgeriebenes mit abgebrochenem Embryonalende geschickt; die Figur ist aus beiden zusammengesetzt. Ausserdem hat er noch ein Bruchstück geschickt, nach welchem die Art noch erheblich grösser wird. Sie kann nach ihrer eigenthümlichen Skulptur mit keiner anderen verglichen werden.

Aufenthalt an Unalaschka, gute Exemplare nur selten.

53. Neptunea Kroyeri Möller var.
Taf. 39. Fig. 4. 5.

Differt a typo testa solidiore, costis latioribus, minus numerosis, cauda rectiuscula, longiore.

Long. (apice fracto) 84 Mm.

Von Dall erhielt ich von Unalaschka zwei leider nicht besonders erhaltene Exemplare dieser hochnordischen Art, welche von den grönländischen Exemplaren nicht unerheblich abweichen und sich gewissermassen zwischen diese und die japanische Neptunea plicata Adams einschieben. Die Schale ist dicker, die Rippenfalten sind breiter und weniger zahlreich, der Stiel ist fast gerade und länger. — Ich werde unten noch einmal auf diese noch wenig bekannte Art, zu welcher auch die oben Taf. 14a. fig. 4 copirte Neptunea (Sipho) arctica Phil. als Synonym gehört, zurückkommen und sie nach den Originalexemplaren des Kopenhagener Museums abbilden.

54. Neptunea decemcostata Say.
Taf. 40. Fig. 1.

Die reiche von Verkrüzen aus den Gewässern von Neuschottland mitgebrachte Suite dieser Art veranlasst mich, hier noch einmal ein besonders schönes, vollkommen ausgebildetes Exemplar abzubilden, welches einen bessern Begriff von der Art gibt, als die kleinen Exemplare, welche man gewöhnlich von der Küste der vereinigten Staaten erhält. Dasselbe, obschon trotz des abgebrochenen Apex über 100 Mm. hoch, zählt durchaus nicht zu den grössten der Verkrüzen'schen Ausbeute; unter derselben befinden sich vielmehr zahlreiche solche von 120 Mm. und darüber, die Art gibt also an Grösse ihrem westlichen Analogon, der N. lyrata, durchaus Nichts nach. Im Uebrigen kann ich auch nach Vergleichung des Verkrüzenschen Materials im Grossen und Ganzen nur die ausgesprochene Ansicht über die Verschiedenheit von decemcostata und lyrata aufrecht erhalten; unter den sämmtlichen, von Verkrüzen mitgebrachten Exemplaren war nur eins an der zweiten Rippe breiter, als an der ersten und hätte ohne Kenntniss des Vaterlandes zu Zweifeln bei der Bestimmung Anlass geben können. Das abgebildete Exemplar ist unter sämmtlichen mir vorliegenden das einzige, welches keine Wachsthumsstörungen zeigt und in Folge davon seinen Mundsaum normal ausgebildet hat. Derselbe ist sehr hübsch nach aussen gebogen und den Aussenrippen entsprechend gebuchtet. Die Mündung ist innen weiss, die Furchen undeutlich violett, der Mundrand ist intensiv rosa gesäumt mit lebhaft violetten Furchen, auch der Canal ist innen roth gefärbt, auch die Spindel ist röthlich überlaufen und die Rippen scheinen violett durch.

N. decemcostata scheint mehr litoral zu sein; Verkrüzen hat seine Exemplare fast sämmtlich in der Fundy-Bay und an den Küsten von Neuschottland, besonders im Becken von Anapolis gesammelt, von der Bank dagegen nur ein zerbrochenes Exemplar erhalten.

55. Neptunea (Sipho) terebralis Gould.

Taf. 40. Fig. 2. 3.

„Testa elongata, ovato-fusiformis, rufo-cornea, externe cretacea, longitudinaliter ordinatim striata, costis et fossis subaequalibus (anfr. spirae ud 8) cincta; anfr. 7 rotundatis superne tabulatis, ultimo trientem testae longitudinis adaequante. Apertura pyriformis, rostro modico, labro arcuato, intus denticulis submarginalibus instructo et strigis rufis costis respondentibus ornato. — Axis 60, diam. 25 Mm." Gld.

Long. spec. dep. 57 Mm,

Sipho Spitzbergensis Verkrüzen Jahrb. Mal. Ges. V 1878 p. 224.
Sipho terebralis Gould Otia p. 123, nec Sars.

Aus Verkrüzens Ausbeute von seiner Sammelreise in 1877 liegt mir ein Exemplar vor, welches er in seinem Bericht als Sipho Spitzbergensis gedeutet hat, welches 'aber in mehrfacher Beziehung von Reeve's Abbildung und Beschreibung abweicht und mir besser auf Sipho terebralis Gould zu passen scheint, der allerdings von Jeffreys für synonym mit der Reeve'schen Art erklärt wird. Reeve sagt von seiner Art: anfractus spiraliter costati, costis subfuniculatis, versus aperturam sulco superficiali obsolete divisis, interstitiis excavatis; seine oben t. 26 fig. 7. 8 copirte Figur zeigt entferntstehende Rippen mit breiteren, tiefen Zwischenräumen. Das vorliegende Exemplar dagegen entspricht ganz der Gould'schen Diagnose, Rippen und Zwischenräume sind gleich breit und letztere durchaus nicht besonders tief; auch werden die Rippen nach der Mündung hin nicht breiter und zeigen auch keine oberflächliche Furche. Die Naht ist deutlich rinnenförmig, während sie Reeve nur impressa nennt, unter ihr ist die Windung abgeplattet, dann aber gut gewölbt. Der Mundrand ist leider beschädigt, doch erkennt man unten dass er sich auslegte und dass er innen gefurcht war; doch zeigen die Furchen keine andere Färbung, was aber Folge eines Pagurus sein kann. Die Gesammtgestalt ist bei meinem Exemplar plumper als bei der Reeve'schen Figur.

Nach allen diesen Unterschieden hielt ich es für nützlich, das mir vorliegende Exemplar hier zur Abbildung zu bringen und überlasse es der Zukunft, ob man es mit Spitzbergensis vereinigen soll oder nicht.*)

Aufenthalt auf der Bank von Neufundland.

56. Neptunea (Sipho) togata var.

Taf. 40. Fig. 4. 5.

Differt a typo liris spiralibus distantibus, ut in S. turgidulo, cauda longiore.

Es ist diess die schon oben erwähnte Varietät, welche vom „Voeringen" bei St. 137 in 450 F. Tiefe gedrakt wurde. Das Gehäuse ist lebend gesammelt und tadellos erhalten bis auf die decollirte Spitze; die Decollation ist indess bei Lebzeiten des Thieres erfolgt und scheint bei dieser Art fast normal; es sind kaum noch vier Umgänge vorhanden. Die Skulptur ist viel weitläufiger als beim Typus, die Zwischenräume zwischen den Spiralfurchen sind mindestens dreimal so breit, wie die Rippen, und nur nach dem Stiele hin treten schwächere Zwischenräume

---

*) Nachdem Vorstehendes gedruckt, macht mich Dall darauf aufmerksam, dass N. terebralis Gould auf demselben Exemplare der Cuming'schen Sammlung beruhe, wie Spitzbergensis Reeve. Dall hält trotz der angegebenen Unterschiede das abgebildete Exemplar für eine Varietät von Spitzbergensis.

auf; die Skulptur erscheint darum durchaus nicht so gegittert, wie beim Typus. Ausserdem ist der Canal länger und die Epidermis nicht nur anders gefärbt, sondern auch in einer ganz anderen Weise gewimpert; soweit sich erkennen lässt, stehen die Wimpern einzeln und sind viel länger als beim Typus.

Unter den mehrfach erwähnten Contourzeichnungen, welche mir der leider zu früh verstorbene Mörch von seinen Originalen mittheilte, befindet sich eine, welche mit dem abgebildeten Exemplare fast vollkommen übereinstimmt und ebenfalls als Sipho togatus var. bezeichnet ist.

57. Neptunea latericea Möller.
Taf. 40. Fig. 7. 8.

Testa fusiformis, spira turrita, cauda brevi, pallide rubra, epidermide hyalina obtecta; anfractus 7—8 convexi, liris spiralibus confertim cincti costisque concentricis, in anfractu ultimo evanescentibus sculpti, sutura profunda discreti; anfr. ultimus rotundatus, dimidiam longitudinis vix superans. Apertura ovata, in canalem breviorem recurvum desinens, columella arcuata, labro simplici, levissime crenulato. — Operculum normale, acute ovatum, nucleo terminali.

Long. spec. max. 25, lat. vix 12 Mm.

Fusus latericeus Möller Index Moll. Grönl. p. 15.
—   —   Philippi Abb. vol. II p. 120 t. 3 fig. 8.
Tritonium incarnatum Sars fide Jeffreys.

Gehäuse elegant spindelförmig mit hohem, gethürmtem, schlankem Gewinde und kurzem, ziemlich starkem, zurückgekrümmtem Stiel, einfarbig blassroth, von einer dünnen, durchsichtigen Oberhaut überzogen. Die sieben bis acht Umgänge sind gut gewölbt, durch eine tiefe, aber einfache Naht geschieden; sie werden von ziemlich dichtstehenden, etwas erhabenen Spiralreifen umzogen und sind concentrisch gefaltet; die Falten nehmen nach der Mündung hin an Stärke ab und sind auf dem letzten Umgang nur noch dicht unter der Naht oder gar nicht mehr zu erkennen. Der letzte Umgang ist nur ganz wenig höher als das Gewinde. Die Mündung ist spitz-eiförmig und geht in einen kürzeren, gekrümmten, ziemlich weiten Canal über; die gebogene Spindel hat nur einen kaum erkennbaren, schmalen Beleg; der einfache, dünne Mundsaum ist nur ganz undeutlich crenulirt. Der Deckel ist der normale von Sipho mit dem Nucleus am spitzen Ende.

Aufenthalt an der grönländischen Küste, die abgebildeten Exemplare Möllersche Originale und mir vom Museum in Kopenhagen geliehen.

58. Neptunea brunnea Dall.

Taf. 40. Fig. 9.

Testa fusiformis, spira turrita, cauda brevi, unicolor rufescens, epidermide hyalina obtecta; anfractus 7 convexi, sutura mediocri discreti, liris spiralibus confertim cincti, costisque concentricis, in medio anfractu ultimo subito abruptis usque ad aperturam sculpti. Apertura ovata, in canalem breviorem, latiusculum, vix recurvum desinens, columella arcuata, labro tenui, simplici.

Long. 18, lat. 7,5 Mm.

Neptunea brunnea Dall in litt.

Diese Art, von der mir durch die Güte des Entdeckers zwei Originalexemplare vorliegen, sieht der vorigen sehr nahe, doch scheint es mir nach einer genauen Vergleichung der Originale, dass Dall Recht hat, wenn er sie für selbstständig hält. Die Gestalt und Färbung ist allerdings ziemlich gleich, aber die Rippenfalten sind viel schmäler und höher und namentlich auch auf dem letzten Umgang noch deutlich entwickelt; sie reichen hier bis auf die Mitte des Umgangs und brechen dann plötzlich ab, während bei allen Exemplaren von latericea, die ich gesehen, auf dem letzten Umgang nur noch Spuren vorhanden sind. Der Mundrand ist einfach und nicht crenulirt.

Beide Arten nehmen eine eigenthümliche Stellung unter Neptunea ein und verbinden diese Gattung mit Tritonium luridum Middend. und deren Verwandten, welche ich zu den Muriciden rechne.

Aufenthalt bei Nuniwak im Behringsmeer.

59. Neptunea (Mohnia) Mohnii Friele.

Taf. 40. Fig. 6.

Testa fusiformis, alba, subpellucida, epidermide tenui, nunc laevi, nunc hispidula induta. Anfractus 7 tumidi, non rapide crescentes, sutura profunda separati, superiores 2 regulariter reticulati, sequentes costis spiralibus elevatis subtilibus subconfertis, lineisque incrementi numerosis decussantibus sculpti, apice regulari, laevi, depresso. Apertura piriformis, medio subdilatata; columella subarcuata, callo tenui obtecta; canalis mediocris, latiusculus. — Friele.

Long. testae 22, lat. 12 Mm., alt. apert. 11, lat. 6 Mm.

III. 3. b. 16

Fusus Mohni Friele N. Mag. for Naturvidensk. vol 23 Heft 3.
— — Kobelt Jahrb. IV. 1877 p. 262.
Sipho Mohnii Kobelt Jahrb. V. 1878 p. 282 t. 9 fig. 5.
Mohnia alba Friele in litt.
Fusus tener Jeffr. mss.

Gehäuse spindelförmig, weisslich, fast durchscheinend, mit einer dünnen, bald glatten, bald behaarten Oberhaut überzogen, aus sieben stark gewölbten, nicht sehr schnell zunehmenden Windungen bestehend, welche durch eine tiefe Naht geschieden werden. Die beiden ersten sind regelmässig gegittert, die folgenden mit ziemlich dichtstehenden feinen erhabenen Spiralreifen umzogen und durch zahlreiche Anwachsstreifen etwas decussirt; der Apex ist regelmässig, glatt, niedergedrückt. Die Mündung ist birnförmig, in der Mitte etwas erweitert, die Spindel schwach gebogen und mit einem dünnen Callus belegt, der Canal mittellang und ziemlich weit.

Diese Art zeichnet sich vor allen anderen Neptuneen durch ihren eigenthümlichen, etwas spiral gewundenen Deckel aus, welcher fast an den mancher Littorinen erinnert. Friele hat sie darum zum Typus einer eigenen Untergattung Mohnia gemacht, welche sicher Anerkennung verdient; doch halte ich es nicht für nöthig, deshalb den Speciesnamen zu ändern. Das Gebiss der Art ist das typische von Sipho, mit einspitzigem Mittelzahn und zweispitzigen Seitenzähnen.

Aufenthalt im nordatlantischen Ocean, sowohl vom Voeringen als von der Porcupine gefunden, die Abbildung nach einer mir von Herrn Friele gütigst mitgetheilten Photographie.

60. Neptunea (Sipho) Kroyeri Möller.

Taf. 41. Fig. 1—3.

Testa fusiformis, spira turrita, exserta, cauda breviuscula recurva, solidula, griseoalbida, epidermide fuscescente tenuissima laevi induta; anfractus 9, superi planiusculi, sequentes rotundati, oblique costati, costis aperturam versus plus minusve obsolescentibus, spiraliter tenuissime striata, striis ad caudam tantum distinctioribus. Sutura profunda, subirregularis. Apertura angulato-ovata, labro externo superne angulato, inferne irregulariter producto, columella leviter arcuata, callo angusto, fortiter appresso obtecta.

Alt. 91, lat. max. 43 Mm,

Fusus Kroyeri Möller *) Index Moll. Grönl. p. 15.
Tritonium scalariforme Beck in Museo Hafn.
Fusus arcticus Philippi Abb. III. p. 119 t. V. fig. 5.
Neptunea arctica Kobelt Mart. Ch. II. t. 14 a fig. 4. (copia).
— **Kroyeri** Weinkauff Cat. p. 8.

Gehäuse ziemlich schlank spindelförmig mit gethürmtem hohem Gewinde und kurzem, nach links und hinten gebogenem Stiel, ziemlich festschalig, weissgrau, mit einer freilich meist nur stellenweise erhaltenen dünnen glatten Epidermis von bräunlicher oder braunrother Färbung überzogen. Das grössere Exemplar hat mindestens neun Umgänge gehabt, bei dem anderen, das ausdrücklich als Möllers Original bezeichnet ist, zähle ich noch 6^{1}|$_{2}$, doch scheinen mir mindestens zwei oben zu fehlen. Die Umgänge sind durch eine tiefe, fast rinnenförmige, etwas unregelmässige Naht geschieden, die oberen ziemlich flach, die unteren erheblich stärker gewölbt, mit starken, gebogenen Anwachsstreifen und ausserdem mit schrägen Radialfalten sculptirt, welche nicht mit den Anwachsstreifen parallel laufen, sondern von ihnen schräg geschnitten werden. Dieselben werden bei ausgewachsenen Exemplaren nach der Mündung hin schwächer und unregelmässiger. Ausserdem sind sehr feine dichtstehende Spirallinien vorhanden, welche unter der Mitte plötzlich in tiefere, schmale Furchen übergehen, besonders deutlich gefurcht ist der Stiel. Mündung eckig eirund, der Aussenrand oben mit einer Ecke, unten etwas vorgezogen, Spindel nicht sehr gebogen, cylindrisch, mit fest angedrücktem, schmalem Beleg. Der Canal ist gegen die Mündung hin ganz plötzlich abgesetzt.

Die Direction des Kopenhagener Museums hat die Güte gehabt, mir neben einigen anderen Originalen auch zwei Exemplare von Fusus Kroyeri zur Abbildung zu überlassen. Das kleinere (Fig. 2. 3) ist ausdrücklich als Möller's Original bezeichnet und stammt von Grönland; es hat die Mündung noch nicht ganz ausgebildet und ist ausserdem am Rande etwas zerbrochen, doch erkennt man, dass es zweifellos identisch ist mit Fusus arcticus Philippi, dessen Originalfigur wir oben copirt haben; dass Philippi die Identität nicht erkannte, kann ihm angesichts der ungenügenden Möller'schen Diagnose nicht übel genommen werden, ich wäre auch nicht auf den

---

*) Testa fusiformi, tereti, rufofusca, anfr. 7½/$_{2}$ convexis, inferne lineis undulatis impressis longitudinalibus cinctis; spira elongata, exserta, costulato-rugosa. Long. 25'''. — Rarissima. — Möller.

Gedanken gekommen, unter spira costulato-rugosa eine solche Sculptur zu suchen. Das andere Exemplar stammt aus dem Belsund an Spitzbergen; den eckigen Mundsaum könnte man für abnorm halten, wenn ihn nicht das oben abgebildete Exemplar aus dem Behringsmeer in derselben Weise zeigte. — Die Art ist hochnordisch und circumpolar; sie verbindet die ächten Sipho mit Neptunea plicata und durch diese mit Behringii.

Sollte nicht auch Fusus glacialis Gray Voy Beechey hierhergehören? Gray sagt von demselben p. 117: Shell ovate, elongated, subfusiform, white, solid, closely spirally striated; spire elongated, longer than the mouth, whorls rounded, convex, with rather close transverse plaits; mouth ovate; canal rather elongated, scarcely twisted; inner lip slightly thickened. — Length 4 inches. — Hab. Arctic Ocean. — Eine Abbildung ist nicht gegeben, die Beschreibung lässt sich aber ungezwungen auf ein grosses Exemplar der N. Kroyeri deuten.

61. Neptunea (Sipho) Pfaffii Mörch.

Taf. 41. Fig. 4. 5.

Testa fusiformi-turrita, spira turrita, cauda brevi; tenuis, fragilis, roseo-albida, epidermide membranacea decidua fusca regulariter ciliosa induta. Anfractus 8 teretes, sutura profunda subcanaliculata discreti, spiraliter confertim lirati, liris alternantibus, striisque incrementi arcuatis distincte decussata. Apertura ovata, superne acuminata, inferne in canalem breviorem recurvum desinens, columella valde arcuata, parum callosa, labro tenuissimo.

Long. 57, lat. 24.5, alt. apert. cum can. 27 Mm.

Fusus (Siphonorbis) Pfaffii Mörch Journ. Conch. XXIV. 1876. p. 369.

Es liegt mir von dieser Art Mörchs Originalexemplar aus dem Kopenhagener Museum vor. Dasselbe ist schlank spindelförmig mit hohem, gethürmtem Gewinde und kurzem Stiel, dünnschalig und zerbrechlich, weisslich rosa, mit einer sich leicht abreibenden, dünnen häutigen Epidermis von brauner Färbung überzogen, welche der Sculptur der Umgänge entsprechend regelmässig behaart ist. Die acht Umgänge sind sehr stark gewölbt, fast stielrund, durch eine tiefe, fast rinnenförmige Naht geschieden, von dichtstehenden, in der Grösse abwechselnden Spiralreifen umzogen und durch die starken, etwas gebogenen Anwachsstreifen sehr hübsch regelmässig gegittert; sie nehmen langsam zu. Die Mündung ist niedriger als das Gewinde, eiförmig, oben spitz, unten in einen kürzeren, zurückgebogenen Canal übergehend, Spindel stark gebogen mit einem nur ganz dünnen Callus, Mundrand ganz dünn.

Aufenthalt bei Jacobshavn in Grönland, von Pfaff 1874 lebend gedrakt.

Anmerkung. Diese Art gehört in die Gruppe von S. ebur und Moebii, ist aber weit schlanker und gethürmter. — Jeffreyss zieht sie mit diesen, togatus, tortuosus und Spitzbergensis zu seinem Fusus Sabini Gray, worin ich ihm vorläufig noch nicht folgen kann. Die Spindelbildung ist ganz wie bei S. turgidulus Jeffreys, doch die Sculptur ganz verschieden.

62. Neptunea (Sipho) producta Beck.

Taf. 41. Fig. 6. 7.

Testa ovato-fusiformis, spira turrita, solida, quoad genus ponderosa, lutescente-albida, epidermide fusca induta; anfractus 8 convexiusculi, sutura canaliculata discreti, spiraliter distincte lirati, striis incrementi irregularibus, leniter accrescentes, ultimus testae dimidiam parum superans. Apertura parva anguste ovata, utrinque acuminata, inferne in canalem angustissimum desinens, labro acuto, intus incrassato, columella arcuata vix callosa.

Long. 41, lat. max. 16,5, alt. apert. cum canal. 19 Mm.

Tritonofusus productus Beck mss. in Museo Hafniensi.

Fusus (Siphonorbis) productus Mörch Journ. Conch. XXIV. 1876. p. 371.

Gehäuse eispindelförmig mit gethürmtem Gebäude, für einen Sipho ganz ungewöhnlich schwer und dickschalig, gelbweiss mit einer glatten, braunen Oberhaut überzogen, von der aber nur noch einzelne Reste an dem einzigen vorliegenden Exemplare erhalten sind. Die acht Umgänge sind ziemlich gewölbt und werden durch eine rinnenförmige Naht geschieden, sie werden von deutlichen, durch breitere Zwischenräume geschiedenen Spiralreifen umzogen und haben unregelmässige, sehr schiefe Anwachsstreifen. Der letzte Umgang hat an dem vorliegenden Exemplare eine Wachsthumsstörung erlitten; er ist nur wenig höher, als das Gewinde. Mündung klein, schmal eiförmig, oben spitz, unten in einen sehr engen Canal übergehend, Mundrand scharf, innen mit einer callösen Verdickung, Spindel gebogen, kaum belegt.

Aufenthalt im arctischen pacifischen Ocean, am Cap North von der Beechey'-

schen Expedition gesammelt, das Exemplar vom Museum in Kopenhagen zur Abbildung mitgetheilt.

Anmerkung. Diese Art steht durch ihr schweres Gehäuse und ihre kleine Mündung bis jetzt ziemlich isolirt und kann mit keiner mir bekannten Art verwechselt werden.

63. Neptunea (Sipho) Benzoni Mörch.

Taf. 41. Fig. 8.

Testa fusiformis, crassa, pro magnitudine ponderosa, spiraliter confertim lirata, striis incrementi vix conspicuis sculpta, alba, epidermide membranacea tenui, laeviuscula, fuscescente induta; spira testae dimidiam fere aequans, sutura canaliculata; apex parvus, regulariter intortus. Anfractus 7½ modice convexi, regulariter accrescentes, superi spiraliter sulcati, sequentes lirati. Apertura ovata, utrinque attenuata, inferne in canalem obliquum, sat angustum desinens, labro simplici, acuto, columella callosa.

Alt. 32, lat. 14, alt. apert. cum canali 17 Mm.

Fusus Benzoni Mörch *) Journ. Conch. 1872. XX. p. 130 t. 5 fig. 3.

Das mir vorliegende Exemplar ist zwar kleiner und erheblich schlanker als das von Mörch l. c. leider ziemlich roh abgebildete, passt aber im übrigen ausgezeichnet zu der unten abgedruckten Originaldiagnose. Das Gehäuse ist ziemlich schlank spindelförmig, sehr dickschalig für einen Sipho und für seine Grösse ganz auffallend schwer, weiss, mit einer vollkommen erhaltenen, dünnen, häutigen, braungelben Oberhaut überzogen, welche unter der Loupe lamellös gefaltet erscheint und in frischem Zustand vielleicht gewimpert ist; die Anwachsstreifen sind ziemlich undeutlich. Das Gewinde macht fast die Hälfte des Gehäuses aus; die Naht ist rinnenförmig. Der Apex ist ganz klein, nur von oben sichtbar, die obersten von vorn sichtbaren Windungen sind schön spiralgefurcht, ebenso auch die folgenden, nur die drei letzten sind von dichtstehenden, ziemlich gleichmässigen Spiralreifen umzogen. Ich zähle fast sieben Umgänge, ohne den eingerollten Apex; Mörch hatte wohl ein

---

*) Testa ovali-fusiformi, crassa, pro magnitudine ponderosa, alba, liris obsoletis spiralibus approximatis fere ubique aequidistantibus, spira dimidium testae fere attingens; sutura canaliculata; anfr. 6½ circiter, modice convexi, apertura ovali-lanceolata, — Long. testae 39, spirae 20, apert. 22 Mm. — Mörch.

decollirtes Exemplar vor sich; sie sind mässig gewölbt und nehmen regelmässig zu. Die Mündung ist oval, an beiden Enden spitz zulaufend, unten in einen ziemlich langen, nach links gerichteten, doch nicht zurückgebogenen engen Canal übergehend; Mundrand einfach, scharf, Spindel mit einem glänzend weissen Callus überzogen.

Aufenthalt nach Mörch an der Brasilianischen Küste, das Originalexemplar wahrscheinlich in Bahia von Capt. Hoeberg gesammelt. Das abgebildete Exemplar ohne Fundort in der Löbbecke'schen Sammlung.

Anmerkung. Mit Recht macht schon Mörch auf die auffallende Analogie dieser Art mit der brasilianischen Turbinella ovoidea aufmerksam; sie stellt vollständig ein Miniaturbild derselben dar, natürlich bis auf die Falten. Trotz der Aehnlichkeit mit Sipho propinquus bin ich doch nicht ganz sicher, ob diese Art, die aus tropischen Gewässern stammt, zu Sipho gehört.

64. Neptunea (Austrofusus) Reeveana Petit?

Taf. 42. Fig. 1.

Das hier abgebildete Exemplar ist das schon oben erwähnte, welches die Figur von Fusus Reeveanus Petit beinahe vollkommen deckt, nur etwas kleiner ist. Auch die Beschreibung passt vollkommen; die Färbung ist die typische der bauchigen südpacifischen Neptuneen, für welche ich den Gruppennamen Austrofusus vorschlagen möchte, hell gelblich mit dunkleren Reifen, ausserdem noch mit undeutlichen braunen Striemen. Mein Exemplar stammt aber sicher von Südaustralien und gehört zweifellos in die nächste Verwandtschaft der N. zelandica und alternata, während nach Petit die Art von der Bank von Neufundland stammt. Ein entscheidendes Urtheil über die Identität der beiden Formen ist nur möglich durch directe Vergleichung des Petit'schen Originals. *)

---

*) Sollte das Exemplar nicht zu Fusus sulcatus Lam. zu rechnen sein? Ich gebe weiter unten genauer auf diese Frage ein.

128

65. Neptunea (Siphonalia) trochulus Reeve.

Taf. 42. Fig. 2. 3.

Testa oblongo-ovata, crassa, basi canaliculata, recurva, contorta, spira acuta. Anfractus 6 rotundati, sutura conspicua, ad aperturam ascendente juncti, undique croberrime
tenuilirati, liris inaequalibus, basin versus regulariter alternantibus; spirae anfractus subangulati, ad angulum nodosi. Apertura oblonga, fauce distincte, sed irregulariter et interrupte lirata, canali angusto, recurvo, lamella columellari inferne incrassata, subsoluta.
Luteo-spadicea, lineis albis distantibus cingulata, apertura fuscescente.

Long. 40, lat. 24 Mm.

Buccinum trochulus Reeve Conch. icon. sp. 7.

Gehäuse länglich-eiförmig, dickschalig, mit spitzem Gewinde und gedrehtem,
rückwärtsgebogenem Stiel. 6 gewölbte Umgänge, die oberen kantig und mit schwachen Knoten besetzt, der untere rein gerundet, alle dicht von nicht ganz gleichen,
nach unten hin ziemlich regelmässig an Stärke abwechselnden Spirallinien umzogen,
die deutlich bezeichnete Naht steigt dicht vor der Mündung plötzlich an. Mündung
langeiförmig, in einen engen, gedrehten, rückwärts gekrümmten Canal ausgezogen,
der Aussenrand ist regelmässig gerundet, der Gaumen stark, aber unregelmässig
und unterbrochen gerippt; Spindel stark gebogen, der Beleg oben ganz dünn, unten
stark verdickt und stellenweise lostretend. Die Färbung ist einfarbig gelbgrau, die
vorspringenderen Leisten weisslich, Mündung innen braun mit weissem Saum.

Aufenthalt: Japan (Coll. Löbbecke).

66. Neptunea (Austrofusus) alternata Philippi.

Taf. 42. Fig. 4. 5.

Testa ovato-fusiformis, ventricosa, cauda brevi, subrecurva; anfractus 8 rotundati,
transversim concentrice plicati, plicis in anfractu ultimo infra medium celeriter evanescentibus, sat numerosis — 12 in anfr. ultimo —; spiraliter conspicue lirati, liris distantibus,
lirulis 3 parvis filiformibus in quoque interstitio intercedentibus. Apertura ovata, in canalem parum breviorem, latiusculum desinens, fauce laevi, labro ad liras crenulato, columella arcuata superne vix callosa. Griseo-albida, liris majoribus vivide purpureo-nigris,
apertura alba, ad marginem et in canali fuscomaculata.

Long. 62, lat. 34, long. apert. 35 Mm.

Fusus alternatus Philippi Abb. Fusus t. 4 fig. 6.

—   —   Reeve Conch. icon. sp. 6.

Gehäuse eispindelförmig, bauchig, mit kurzem, nur wenig zurückgekrümmtem Stiel; die acht Umgänge sind gerundet, concentrisch gefaltet, die oberen deutlicher, auf dem letzten schwinden die Falten unter der Mitte plötzlich und nehmen nach der Mündung hin an Stärke ab, bleiben aber mitunter auch bis zur Mündung deutlich erkennbar. Ausserdem sind die Umgänge von entferntstehenden, starken, dunkelgefärbten Spiralreifen umzogen, zwischen die sich je 3—4 schwache, fadenförmige Reifen einschieben. Mündung oval, nicht sehr gross, in einen wenig kürzeren, ziemlich geraden, offenen Canal übergehend, der Gaumen glatt, der Mundrand gezähnelt, dahinter mit einer dünnen, glänzendweissen Lippe, die gebogene Spindel mit dünnem, oben fast verschwindendem Beleg. Die Färbung ist weissgrau, die stärkeren Rippen sind schwärzlich purpurfarben, die Mündung ist weiss, auf dem Spindelumschlag und am Ausgange des Canals stehen bräunliche Flecken. Frische Exemplare zeigen eine dünne, festsitzende, bräunliche Oberhaut. Bei jungen Exemplaren scheinen die dunklen Rippen im Canal durch.

Junge Exemplare haben eine auffallende Aehnlichkeit mit Latirus prismaticus, leuchten aber nicht.

Aufenthalt an der Westküste von Centralamerika, Mexillones (Cuming). Das abgebildete Exemplar aus dem Löbbecke'schen Museum.

Anmerkung. Diese Art ist ziemlich veränderlich, nicht nur in Beziehung auf die Falten und deren Verhalten auf dem letzten Umgang, sondern auch in Bezug auf die braunen Reifen, von denen mitunter einzelne schwächer sind oder ganz fehlen. Auch die Länge des Canals wechselt sehr und bei manchen Exemplaren ist auch der Gaumen in der Tiefe nicht glatt, sondern gerippt.

67. Neptunea (Siphonalia) hinnulus Ad. et Rve.

Taf. 42. Fig. 6. 7.

„Testa ovato-turbinata, ventricosa, basi contorta et recurva, anfractus septem celeriter accrescentes, spiraliter crebrilirati, liris convexiusculis, superne angulato-declives, ad angulum exiliter nodulosi; anfractus ultimus spirae longitudinem longe superans.

III. 3. b.   17

Apertura ovata, in canalem brevem, recurvum desinens, columella arcuata, fauce laevi. Albida, aurantio-fusca sparsim maculata et strigata." — A. Ad.

Long. 41, lat. max. 16,5, alt. apert. cum canal. 19 Mm.

Buccinum hinnulus Adams et Reeve Voy. Samarang Mollusca p. 32 t. 7 fig. 10.

Gehäuse ziemlich bauchig, ei - kreiselförmig, mit gewundenem und zurückge-bogenem kurzem Stiel; die sieben Umgänge nehmen rasch zu, sie werden von zahlreichen, ziemlich gewölbten Spiralreifen umzogen und sind oben eingedrückt, dann kantig und an der Kante mit wenig deutlichen Knoten bewaffnet. Der letzte Umgang ist erheblich grösser als das Gewinde. Die Mündung ist eiförmig und läuft in einen kurzen, gekrümmten Canal aus; die Spindel ist gebogen, der Gaumen glatt. Die Färbung ist weisslich mit orangefarbenen Striemen und Flecken.

Aufenthalt an Cagayan in der Sulu-See, wahrscheinlich der südlichste Reprä-sentant der ächten Siphonalien. Abbildung und Beschreibung nach der Voy. Sa-marang.

68. Neptunea (Siphonalia) spadicea Reeve.
Taf. 42. Fig. 8.

„Testa fusiformis, basi contorta et recurva, spira acuminata; anfractibus medio ob-tuse angulatis, ad angulum eleganter nodosis, spiraliter creberrime liratis, liris subtilibus leviter undulatis; fuscescens, hic illic fusco flammulata." Rve.

Long. 42, lat. 18 Mm. (ex icone).

Buccinum fusoides Reeve Conch. icon. sp. 64 (nec sp. 9)
Buccinum spadiceum Reeve Conch. icon. Bucc. Index.

Gehäuse spindelförmig, mit gewundenem und zurückgekrümmtem Stiel und spitzem Gewinde; die Umgänge — nach der Abbildung sieben — sind in der Mitte stumpfkantig, an der Kante mit zierlichen Knötchen besetzt, und von zahlreichen, leicht gewellten, feinen Spiralreifen umzogen. Der Gaumen ist nach der Abbildung glatt. Färbung gelbbraun mit braunen Striemen und Flecken.

Aufenthalt unbekannt, jedenfalls in den westasiatischen Gewässern. Abbildung und Beschreibung nach Reeve.

69. Neptunea (Siphonalia) modificata Reeve.

Taf. 42. Fig. 9.

„Testa suboboso-fusiformis, basi contorta et recurva, anfractibus superne subangulatis, ad angulum eleganter plicato-nodosis, spiraliter creberrime liratis, liris parvis, angustis, leviter undulatis; pallide luteo fuscescentè. Rve.

Alt. 44, diam. 24 Mm. (ex icone).

Buccinum modificatum Reeve Conch. icon. sp. 67.

Gehäuse stumpf spindelförmig mit gewundenem und zurückgekrümmtem Stiel; die Umgänge oben undeutlich kantig und mit concentrischen Faltenhöckern besetzt, von sehr zahlreichen, schmalen, feinen, leicht gewellten Spiralreifchen umzogen; die Mündung im Inneren stark gerippt. Färbung einfarbig blass gelbbraun.

Aufenthalt unbekannt, jedenfalls in den ostasiatischen Gewässern. Abbildung und Beschreibung nach Reeve.

70. Neptunea pericochlion Schrenck.

Taf. 43. Fig. 1. 2.

„Testa elongata, turrita, alba sub epidermide lutescente-seu rufescente-castanea; anfractibus 8—9 plano-convexis, ad suturam late et profunde canaliculatis, longitudinaliter lineis parcis elevatiusculis obsolete cinctis; basi spiraliter striata, apertura ovali, superne angulata, labro simplici, obtuso, labio interdum obsolete striato, supra callo munito, columella leviter arcuata, canali perbrevi, faucibus lutescentibus." Schrenck.

Long. 104, lat. 47, apert. long. 46 Mm.

Tritonium (Buccinum) pericochlion Schrenck Bull. Petersb. tome V p. 513 (1865). Moll. Amurland p. 433 t. 17 fig. 11. 12.

Gehäuse lang spindelförmig, gethürmt, weiss, aber frische Exemplare mit einer glatten, dünnen, hellkastanienbraunen oder rothbraunen Epidermis überzogen, welche nach dem Gewinde hin heller wird. Es sind 8 — 9 wenig gewölbte, an der Naht mit einer tiefen und breiten Rinne versehene Umgänge vorhanden, welche von einzelnen schwachen Spiralreifen umzogen werden; an der Basis des letzten Umganges stehen deutliche Spiralfurchen, welche gewissermassen aus vertieften Punkten zusammengesetzt sind; Anwachsstreifen deutlich, gedrängt, etwas gewellt. Mündung eiförmig, oben der Kante entsprechend eckig, mit einfachem, doch nicht

17*

scharfem Mundrand, im Gaumen mitunter undeutlich gestreift, der Mundrand oben, der Kante entsprechend, mit einer schwieligen Verdickung; Spindel leicht gebogen, der Canal sehr kurz; die Mündung ist innen gelblich gefärbt.

Aufenthalt an Japan; in der Bucht von Hakodate von Dr. Albrecht gesammelt. Abbildung und Beschreibung nach Schrenck.

Anmerkung. Diese schöne Art, welche Schrenck trotz des deutlichen Canals zu Buccinum zählt, ist meines Wissens noch nicht wiedergefunden worden. Sie könnte aber möglicherweise identisch sein mit der noch nicht abgebildeten Neptunea (Chrysodomus) tabulata Baird von Vancouver, deren Diagnose bis auf die stärker entwickelte, schuppige Spiralskulptur nicht übel passen würde. In diesem Falle müsste die Art den um zwei Jahre älteren Baird'schen Namen führen.

71. Neptunea (Austrofusus) Tasmaniensis Ad. et Angas.

Taf. 43. Fig. 1.

Testa ventricoso-fusiformis, spira aperturam aequante, luteo-aurantiaca, plus minusve rufo fasciata (fasciis tribus in anfractu ultimo); anfr. 7, in medio nodoso-plicatis, spiraliter liratis, liris majoribus cum minoribus alternantibus. Apertura trigonali-ovata, intus luteo-alba, labro simplici, arcuato, rostro brevi, ad sinistrum inclinato; labro intus sulcato, margine postice angulato. — Ad. et Angas.

Long. 60, lat. 36, alt. apert. 38 Mm.

Fusus Tasmaniensia Adams et Angas Proc. zool. Soc. 1863 p. 422 t. 37 fig. 1.

Gehäuse bauchig spindelförmig, das Gewinde ziemlich so lang wie die Spindel, orangegelb mit mehr oder weniger deutlichen rothen Binden, gewöhnlich drei auf dem letzten Umgang; die sieben Umgänge sind in der Mitte mit Faltenhöckern besetzt und von in der Stärke wechselnden Spiralreifen umzogen. Die Mündung ist dreieckig eirund, innen gelblich weiss, Spindel einfach, gebogen, Kanal kurz, nach links gewendet, Mundrand innen gefurcht, oben einen Winkel bildend.

Aufenthalt an Südaustralien und Tasmanien; Abbildung und Beschreibung nach Adams et Angas l. c.

72. Neptunea (Sipho) Hallii Dall.

Taf. 43. Fig. 2. 3.

Testa fusiformis, solida, quoad subgenus ponderosa; anfractus 5½ (apice fracto), sutura distincta, subcanaliculata, ad marginem leviter crenulata discreti, convexiusculi, infra suturam leviter appressi, tenuissime spiraliter striati lineisque incrementi undulatis sculpti. Apertura elongato-ovata, superne acuminata, in canalem longiusculum, valde recurvum desinens, labro vix incrassato, superne planato, columella callo crasso induta. Albida, epidermide luteo-fuscescente adhaerente induta.

Long. 50 Mm. superans.

Sipho Hallii Dall Proc. Acad. Calif. 9. April 1873. — Occasional papers t. 2 fig. 3.

Gehäuse spindelförmig, für einen Sipho sehr dickschalig und schwer. Das vorliegende Exemplar, an dem der Apex abgebrochen ist, zählt noch fünf Umgänge und hat deren nach meiner Ansicht mindestens sieben gehabt; Dall gibt 5½ an, aber seinem Exemplar scheint der Abbildung nach auch der Apex zu fehlen. Sie werden durch eine rinnenförmige, sehr deutliche, wenn auch nicht besonders tiefe Naht geschieden, deren Rand durch die Anwachsstreifen gekerbt erscheint. Die Umgänge sind leicht gewölbt, oben etwas abgeflacht und an den vorhergehenden fest angedrückt; sie sind von feinen Spirallinien skulptirt und zeigen deutliche, gebogene Anwachsstreifen. Mündung länglich eiförmig, oben spitz zulaufend, unten in einen ziemlich langen, sehr gekrümmten Canal auslaufend, Mundrand nur leicht verdickt, oben etwas eingedrückt, Spindel mit dickem, weissem Callus belegt. Färbung weisslich, mit einer festsitzenden, gelbbraunen Epidermis überzogen.

Aufenthalt im Sanborn Harbour an der Küste von Alaschka durch Capt. W. G. Hall entdeckt; nur drei Exemplare wurden gesammelt, sämmtlich mehr oder weniger beschädigt, eins davon mir von Dall für die Senckenberg'sche Sammlung mitgetheilt.

73. Neptunea (Austrofusus) nodosus Martyn.

Taf. 32. Fig. 1.

Testa ventricoso-fusiformis, tenuis, cauda brevi recurva; anfractus 9 medio angulato-carinati, ad carinam tuberculati, costis c tuberculis ad suturam crenulatam decurren-

134

tibus, spiraliter tenuiter lirati et striati; anfr. ultimus bicarinatus, infra carinam inferiorem lira tertia leviter tuberculata munitus. Apertura angulato-ovata, in canalem brevem latiusculum desinens, labro tenui, faucibus laevigatis, columella arcuata, callo laevi dilatato induta. Alba vel lutescente-albida, fulvo-nebulosa, apertura alba.

Long. 57, lat. 31 Mm.

Buccinum nodosum Martyn Univ. Conch. I t. 5.
Murex raphanus Chemnitz Conch. Cab. vol. X p. 163 fig. 1558.
Fusus raphanus Lamarck Anim. s. vert. IX p. 454.
— — Kiener Coq. viv. t. 21 fig. 2.
— nodosus Deshayes-Lam. IX p. 454 note.
— — Reeve Conch. icon. sp. 41.

Gehäuse bauchig spindelförmig, dünnschalig, mit gedrungenem, doch spitz zulaufendem Gewinde und kurzem, breitem, etwas zurückgekrümmtem Stiel. Neun Umgänge, die beiden ersten durchsichtig und ohne Skulptur, die folgenden stark kantig, an der Kante gewissermassen gekielt und mit spitzen, zahnartigen Höckern besetzt, von welchen aus scharfrückige Rippenfalten nach der wellig gebogenen Naht hinablaufen, während die Fortsetzung nach oben undeutlich ist; ausserdem sind sie von weitläufigen, feinen Spiralreifen umzogen, zwischen denen noch feine Linien laufen. Der letzte Umgang hat am Beginn der Verschmälerung noch eine zweite Kante und darunter meist noch einen stärkeren Spiralreif mit Andeutung von Knötchen. Die Mündung ist eckig eiförmig und geht nach unten in einen kurzen, zurückgekrümmten, offenen Canal über, die Aussenlippe ist einfach, dünn, innen glatt; die cylindrische, stark gebogene Spindel ist mit einem ziemlich starken, oben weit ausgebreiteten Callus belegt. Färbung weiss oder gelblichweiss mit braungelben oder röthlichen Striemen, das Gewinde meist dunkler, die Mündung glänzend weiss.

Aufenthalt an Neuseeland (Hutton). Nach den älteren Angaben an den Freundschaftsinseln.

74. Neptunea (Austrofusus) adusta Philippi.
Taf. 44. Fig. 4. 5.

„Testa ovato-oblonga, fusiformis; anfractibus medio angulatis, carinatis, plicato-costatis, costis demum evanescentibus; in fundo albido lineis cingulisve elevatis transversis e rufo nigrescentibus, alternis minoribus (majoribus circa 10 in anfr. superis); carina den-

tata; anfr. ultimo spiram subsuperante; apertura oblongo-ovata; cauda breviuscula, recurva, umbilicata. — Long. 41, diam. 22'''.'' — Phil.

Long. spec. dep. 77, lat. 40, alt. apert. cum can. 44 Mm.

Fusus adustus Philippi Abb. Beschr. II p. 21 t. II fig. 7.

Gehäuse ei-spindelförmig, festschalig, aus 7—8 Umgängen bestehend, von
denen die oberen undeutlich, die unteren schärfer gekielt sind; sie haben wenig
erhobene, wellenförmige, breite Rippen, welche an der Kante am stärksten sind
und nach oben hin sich verlieren, ehe sie die Naht erreichen, sie nehmen nach der
Mündung hin ab. Die Spiralskulptur besteht aus ziemlich dichten Spiralreifen von
abwechselnder Stärke, welche an der Kante und dicht darüber und darunter in einem stumpfen, breiten Höcker vorspringen; in den Zwischenräumen läuft immer
noch je eine feine, wie die Reifen braunroth gefärbte Spirallinie. Der letzte Umgang ist höher als das Gewinde und unten in einen breiten, gekrümmten Stiel verschmälert, welcher bei meinem Exemplare ungenabelt ist. Die Färbung ist gelblichweiss, die Spiralleisten braunroth. Mündung eckig eiförmig, oben zugespitzt,
unten in einen ziemlich weiten Canal übergehend, milchweiss, der Aussenrand gekerbt, in den Kerben braunroth, der Gaumen gefurcht.

Es liegt mir ein aus der Gruner'schen Sammlung stammendes Exemplar vor,
das mit Philippi's Abbildung stimmt; nur ist es etwas kleiner und die oberen Umgänge sind nicht so deutlich kantig; auch ist es nicht genabelt, doch hat dieses
Kennzeichen gerade bei unserer Gattung keinen Werth. — Mit Neptunea dilatata
Quoy, mit welcher Reeve die Philippi'sche Art vereinigt, hat sie wenig Verwandtschaft, Textur und Skulptur sind ganz anders; von N. zelandica Quoy unterscheidet
sie sich durch die kantigen Umgänge und die in der Stärke abwechselnden Spiralreifen.

Aufenthalt jedenfalls im südlichen stillen Ocean; mein Exemplar war mit Neuseeland bezeichnet, doch bin ich nicht sicher, ob diese Angabe authentisch, da ich
es als N. zelandica erhielt; der Catalog der neuseeländischen Meeresconchylien von
Hutton führt die Art nicht an.

75. Neptunea (Austrofusus) sulcata Lamarck.

Taf. 44. Fig. 1.

„F. testa subfusiformi, ventricosa, transversim sulcata, grisea; sulcis prominulis, spadiceis; anfractibus valde convexis, ultimo dempto longitudinaliter plicatis, cauda recurva, spira breviore; apertura alba." — Lam.

Long. 112 Mm. (4" 7'").

Encycl. pl. 424 fig. 3.

Fusus sulcatus Lamarck Anim. s. vert. IX p. 447.

— — Kiener Coq. viv. p. 26 t. 13 fig. 1.

Diese schönste und grösste Art der ganzen Sippschaft scheint äusserst selten zu sein, wenigstens findet sie sich in keiner der mir zugänglichen grösseren Sammlungen und auch Reeve erwähnt sie nicht. Das Gehäuse ist schlanker als bei den übrigen Austrofusus, der Stiel länger, obschon im Vergleich zu den anderen Fusus noch immer kurz, die Umgänge sind stark gewölbt, concentrisch gefaltet, von vorspringenden, dunkelbraunen, entfernt stehenden Spiralreifen umzogen, welche mit schwächeren Linien wechseln; die Grundfarbe ist grau. Der Stiel ist zurückgebogen, Kieners Figur zeigt ihn ziemlich gerade. Mundrand einfach, gekerbt und mit kurzen, nicht weit in den Gaumen eindringenden Rippen; die Spindel ist kaum belegt.

Kieners Figur ist etwas kleiner als Lamarck angibt, und zeigt einen geraden Stiel und gerippten Gaumen; doch schreibt mir Brot, dass das jetzt in Genf befindliche Originalexemplar der Lamarck'schen Sammlung der Kiener'schen Figur sehr gut entspreche.

Aufenthalt unbekannt, jedenfalls aber im südaustralischen Meer. Die Figur nach Kiener.

Anmerkung. Ich habe schon oben erwähnt, dass das oben Taf. 42 Fig. 1 abgebildete Exemplar, welches ich auf F. Reeveanus Petit gedeutet, mit Lamarck's Diagnose genügend stimmt, um es für ein Junges dieser Art zu halten. Sollte F. Reeveanus etwas anderes sein?

76. Neptunea (Austrofusus) mandarinus Duclos.
Taf. 44. Fig. 2. 3.

„Testa ovato-fusiformis, longitudinaliter subcostata, alba, transversim fusco lineata; anfractibus convexis; ultimo magno, ventricoso, canali brevi, contorto terminato; apertura alba, ovata, labro intus sulcato, fusco punctato " — Desh.

Fusus mandarinus Duclos Magas. Zool. 1831. t 8.
— Deshayes-Lam. IX p. 471.
zelandicus Quoy et Gaymard Voy. Astrol. tome 2 p. 500 t. 34 fig. 4. 5.
— — Kiener Coq. viv. t. 14 fig 1.
— mandarinus Reeve Conch. icon. sp 8.
Neptunea australis Hutton nec Quoy.

Gehäuse ei-spindelförmig, nicht kantig, die Umgänge des Gewindes concentrisch undeutlich gefaltet, der letzte kaum noch, sie alle werden von entferntstehenden purpurschwarzen Rippen umzogen, zwischen welche sich feinere dunkle Linien einschieben. Der letzte Umgang ist bauchig und endigt in einen kurzen, etwas gewundenen Canal; Mündung oval, weiss, der Mundsaum innen gefurcht und den Rippen entsprechend mit braunen Fleckchen gezeichnet.

Aufenthalt an Neuseeland; die Abbildung nach Kiener.

Anmerkung. Hutton spricht sich in seinem Catalog der Meeresmollusken von Neuseeland dahin aus, Neptunea dilatata und caudata Quoy mit dieser Art zu vereinigen. Für N. dilatata scheint mir das nicht gerechtfertigt; dagegen möchte ich Fusus caudatus Lam. als etwas längere Form mit mandarinus vereinigen, in welchem Falle natürlich der Name Lamarck's bleiben müsste.

77. Neptunea (Austrofusus) pastinaca Reeve.
Taf. 45. Fig. 4.

„Testa fusiformis, tenuis, tumidiuscula, anfractibus superne leviter concavis, deinde obsolete nodosis, undique spiraliter sulcatis, sulcis subirregulariter undulatis, binis; alba, epidermide tenui lutescente induta." — Reeve.

Long. 87, lat. 40 Mm. (ex icone).

Fusus pastinaca Reeve Conch. icon. sp. 64.

Gehäuse spindelförmig, dünnschalig, ziemlich aufgetrieben, die Umgänge oben
III. 3. b. 18

leicht eingedrückt, dann mit einer Reihe undeutlicher Knoten besetzt, von unregelmässig welligen, paarweise angeordneten Spiralreifen umzogen, weisslich, mit einer
gelblichen Epidermis überzogen.

Aufenthalt an Australien, Abbildung und Beschreibung nach Reeve.

Anmerkung. Hier würde sich vielleicht zweckmässig Fusus pyrulatus Reeve
anschliessen, doch wage ich nicht, ihn bei seiner starken Spiralsculptur hierherzuziehen, so lange nicht das Thier untersucht ist.

78. Neptunea tabulata Baird.
Taf. 45. Fig. 3.

„Testa fusiformis, aspera, confertim lirata, liris inaequalibus, minute squamatis; anfractibus 6—7 superne concavo-angulatis seu canaliculatis, ultimo magno, trientes duos
longitudinis testae adaequante, et antrorsum in canalem flexuosum desinente, suturis distinctis; labro interne super columellam inflecto, umbilicum tegente." — Baird.

Long. 3" (75 Mm.), lat. 1½" (33 Mm.).

Chrysodomus tabulatus Baird Proc. zool. Soc. 1863 p. 66.

— — Carpenter Suppl. Rep. West Coast Moll. p. 663.
— — Dall Explor. Alaska Buccinidae pl. III fig. 1.

Gehäuse plump spindelförmig, mit ziemlich gedrängten, ungleichen, fein schuppigen Spirallinien reich sculptirt, aus 6—7 kantigen, über der Kante rinnenförmig
ausgehöhlten Windungen bestehend; der letzte Umgang nimmt ungefähr zwei Drittel
der Gesammtlänge ein und geht unten in einen etwas gekrümmten Canal über. Die
Mündung ist fast birnförmig, oben eckig, der Aussenrand leicht gezähnelt, die Spindelplatte ist über den Nabelritz zurückgeschlagen.

Diese Art, von der ich durch Dall's Gefälligkeit eine Copie seiner noch nicht
veröffentlichten Abbildung geben kann, kommt der N. pericochlion sehr nahe, unterscheidet sich aber durch die schuppige Spiralsculptur und die gedrungenere, kürzere
Gestalt. Sie kann recht gut als eine Varietät derselben gelten, dann muss aber die
Art, wie schon oben bemerkt, den Baird'schen Namen tragen.

79. Neptunea (Sipho) rosea Dall.
Taf. 45. Fig. 8.

Testa parva, rosea, fere laevis; anfractus 6 bene rotundati, non inflati, sutura distincta discreti, apice bene rotundato, haud mamillato, sulcis spiralibus tenuissimis, distan-

tibus, 30—40 in anfractu ultimo, lineisque incrementi tenuibus **vix** sculpta Apertura rotundato-ovata, in canalem brevissimum, latiusculum desinens, columella arcuata, polita, haud incrassata, labro tenui. — Dall angl.

Long. 22, lat. 11 Mm.

Chrysodomus roseus Dall Proc. Acad. Calif. 19 March. 1877. — Sep. Abz.
p. 2. — Expl. Alaska Buccinidae pl. III fig. 5.

Neptunea rosea Kobelt Synopsis 1877 p. 8.

Gehäuse klein, einfarbig rosa, nur ganz schwach sculptirt, aus sechs gut gewölbten Umgängen bestehend, welche durch eine tiefe Naht geschieden sind, aber nicht aufgeblasen erscheinen. Der Apex ist gut gerundet, nicht zitzenförmig. Die Sculptur besteht aus sehr feinen, ziemlich entfernt stehenden Spiralfurchen, von denen man 30—40 auf dem letzten Umgang zählt. Die Anwachsstreifen sind nur wenig deutlich. Die Mündung ist rundeiförmig mit ganz kurzem, breitem Canal, die Spindel gebogen, ganz glatt, kaum schwielig verdickt, der Mundrand dünn, einfach.

Aufenthalt im Behringsmeer. — Abbildung und Beschreibung nach Dall.

80. Neptunea virens Dall.

Taf. 45. Fig. 1.

Testa parva, Neptuneae brunneae similis, sed epidermide virescente, interdum livido fusco maculata tecta, apertura magis rotunda, breviore, canali distinctiore, sculptura minus conspicua; apice majore, spiraliter lirato, nec laevi, costis superne arcuatis. Anfractus 6—7, costae in anfr. ultimo 9—11. — Dall. angl.

Long. 16, lat. 9 Mm. (ex icone).

Chrysodomus virens Dall Proc. Acad. Calif. 19 March 1877. — Sep. Abz.
p. 1. — Expl. Alaska Buccinidae t. 2 fig. 3.

Neptunea virens Kobelt Synopsis 1877 p. 8.

Gehäuse klein, dem der N. brunnea ähnlich, aber mit einer grünlichen, mitunter schmutzig braun gefleckten Epidermis überzogen, die Mündung rundlicher, kürzer, mit deutlicherem Canal, die Sculptur weniger scharf, der Apex grösser und nicht glatt, sondern spiral gerippt, die Rippen sind oben gebogen, man zählt auf dem letzten Umgang 9—11.

Aufenthalt: Kyska Harbour im Behringsmeer, in 10 Faden Tiefe. Abbildung und Beschreibung nach Dall.

18*

81 Neptunea callorhina Dall.

Taf. 45. Fig. 6.

Testa alba, solida, laevis, vix spiraliter striatula; spira acuta; anfractus embryonales minuti, haud mamillati; sutura distincta, haud canaliculata. Canalis brevissimus, latus, rectus; apertura rotundata, labro incrassato, superne fortiter undulato, angulo supero haud acuto. Anfractus 7 planiusculi, haud inflati. — Dall angl

Long. 48, lat. 24 Mm. (ex icone).

Volutopsis callorhinus Dall Proc. Acad. Calif. 19 March. 1877. Sep.-
Abz. p. 2.

Neptunea callorhinus Kobelt Synopsis 1877 p 7.

Strombella callorhina Dall Expl Alaska. Buccinidae Pl. 1 f. 3.

Gehäuse weisslich, festschalig, fast glatt, nur ganz undeutlich spiral gestreift; sieben fast flache, nicht aufgeblasene Umgänge, die embryonalen sehr klein und nicht zitzenförmig, ein spitz zulaufendes Gewinde bildend; die Naht deutlich, doch nicht rinnenförmig. Die Mündung ist gerundet, oben sich spitz zulaufend, unten in einen sehr kurzen, breiten, geraden Canal übergehend. Der Aussenrand dick, oben stark wellenförmig gebogen.

Die Art scheint einige Aehnlichkeit mit dem... Verkürzen? zu haben, unterscheidet sich aber sofort durch die... Mündung.

Aufenthalt an der St. Paulsinsel in B... Abbildung und Beschreibung nach Dall.

82. Neptunea rectirostra carpenter.

Taf. 45. Fig. 7.

83. Neptunea attest... all.

Taf. 45. Fig. 5.

Ich werde diese beiden Arten... zeilen nach Dall geben, sowie eine Anzahl noch... Originale ich demnächst zu erhalten hoffe, am Ende... einem Nachtrage besprechen.

Gattung **Fusus Lamarck** em.

Testa fusiformis, plus minusve gracilis, spira acuminata, cauda plerumque longa, rectiuscula, anfractibus numerosis, spiraliter liratis, saepe tuberculis et plicis armatis, evaricosis; columella laevis, arcuata, margine integro, saepe crenulato. — Operculum acutoovatum, nucleo apicali.

Gehäuse spindelförmig, mehr oder minder schlank, meist in einen langen geraden Canal ausgezogen, das Gewinde immer gethürmt und hoher als der letzte Umgang ohne den Canal, aus zahlreichen, langsam zunehmenden Umgängen bestehend, welche fast ausnahmslos spiralgerippt und häufig mit Knoten oder Falten, aber nicht mit Dornen bewaffnet sind; Varices sind nicht oder höchstens ganz rudimentär vorhanden, die mit Lamellen geschmückten, früher zu Fusus gerechneten Arten stehen sämmtlich richtiger bei Trophon. Die Mündung ist relativ klein und hat keine Falten, der Mundrand ist ohne Bucht, aber meistens crenulirt.

Der Deckel ist hornig, spitzeiförmig, mit dem Nucleus am spitzen Ende. Die Zungenbewaffnung gleicht der von Fasciolaria.

Wir nehmen, wie aus Vorstehendem erhellt, die Gattung Fusus im engsten Sinne, nach Ausscheidung von Hemifusus, Neptunea, Euthria und auch von Evarne, welche die Adams noch hierher rechnen, beschränken sie also auf die ächten Weberspindeln aus der Verwandtschaft von Fusus colus und rostratus. Leider sind unsere Kenntnisse hinsichtlich der Thiere dieser Gruppe noch mehr wie mangelhaft. Wir kennen eigentlich nur von zwei Arten das Gebiss, von Fusus syracusanus aus dem Mittelmeer und F. inconstans von Japan. Beide haben die kammförmigen Seitenplatten von Fasciolaria, und da man seither ganz allgemein die Fusus zu den Muriciden rechnete, war Troschel ganz berechtigt, nach der Zunge für F. syracusanus eine eigene Gattung Aptyxis zu errichten. Die Untersuchung von F. inconstans hat auch für diesen eine Fasciolarienzunge nachgewiesen und es wahrscheinlich gemacht, dass alle ächten Spindeln solches Gebiss haben und sich dadurch scharf von Neptunea und Murex scheiden. Doch sind für die Gränzformen noch definitivere Untersuchungen abzuwarten, denn man kann da nicht vorsichtig genug sein; haben doch erst neuerdings die norwegischen Forscher Lovén's Angabe bestätigt, dass Fusus Berniciensis King auch kammförmige Seitenplatten hat und somit zu den ächten Fusi gehört, obschon seine dem Gehäuse nach nächsten Verwandten aus der Gruppe Sipho sämmtlich die ächte Buccinenzunge haben.

Es ist also Vorsicht geboten in der Umgränzung, die besonders nach zwei Richtungen hin schwierig ist, gegen die früher zu Turbinella gerechneten spindelförmigen Latirus mit obsoleten Spindelfalten, und gegen die australischen bunten Neptuneen. Bei der Abgränzung gegen erstere hin lege ich das Hauptgewicht auf das gethürmte, spitze Gewinde, die Spiralsculptur und die eigenthümliche Zeichnung und stelle alle glatten Arten mit plumpem Gewinde zu Latirus, auch wenn sie keine Spindelfalten zeigen. Gegen Neptunea hin ist dagegen gegenwärtig noch keine scharfe Gränze zu ziehen, ich handle die kleinen, kurzschwänzigen Arten, wie Afer, Blosvillei, heptagonalis etc. hier bei Fusus ab, bis das Gegentheil bewiesen ist. —

Bedenken hinsichtlich der Stellung habe ich auch bei dem riesigen Fusus proboscidiferus, doch weiss ich denselben vorläufig nirgend sonst unterzubringen. — Die ächten Spindeln gehören vorwiegend den wärmeren Meeren an und sind in den östlichen Meeren entschieden zahlreicher, als im atlantischen Ocean. Doch hat auch Westindien mehrere schöne Arten und auch im Mittelmeer kommen noch vier Arten vor. Sie sind ziemlich lebhaft und arge Räuber, das Thier ist häufig sehr lebhaft gefärbt. Manche leben in geringer Tiefe, andere gehen tiefer hinunter. In den Sammlungen sind sie nicht allzuhäufig, namentlich nicht in guten Exemplaren, und auch in den Localcatalogen tropischer Meeresfaunen kommen sie meist stiefmütterlich weg, ein Beweis, dass sie nirgends sonderlich häufig sind.

Die Artunterscheidung wird bei den Fusus ausser durch die Schwierigkeit der Materialbeschaffung noch ganz besonders erschwert durch die Variabilität der einzelnen Species, welche mir erheblich grösser scheint, als man gewöhnlich annimmt. Besonders scheint es mir nach Beobachtungen an Reihen von Fusus rostratus Olivi, dass das Vorhandensein oder Fehlen einer Kante durchaus keinen haltbaren Scheidungsgrund abgeben kann bei Arten die zusammen vorkommen, und dass Radial- und Spiralsculptur auch durchaus nicht so constant sind, wie im Interesse der Speciesunterscheidung zu wünschen wäre.

1. Fusus aruanus Rumph.

Taf. 46. Fig. 1.

Testa fusiformis, medio ventricosa, permagna, pro magnitudine parum crassa, spira turrita, cauda rectiuscula; anfractus ad 14 spiraliter lirati, liris planis, in anfractibus spirae subaequalibus, distincte angulati, ad angulum carina rotundata, in spirae anfractibus tuberculata muniti; anfr. ultimus liris nonnullis majoribus cingulatus, ad caudam umbilicatus vel late rimatus. Apertura angulato-ovata, in canalem fere aequalem, rectiusculum, medio contractum desinens; columella parum arcuata, lamella tenui, ad canalem soluta obtecta, labio tenui, faucibus grosse sulcatis vel laevigatis. Fulvo-rufescens, epidermide sericea induta.

Long. spec. dep. 265 Mm., lat. 90 Mm. — Spec. max. 500 Mm. superant.

Buccinum aruanum Rumphius Amb. Rarit. p. 59 t. 28 fig. A.
Martini Conch. Cab. vol. IV p. 191 Vign. 39 fig. II.
Murex aruanus Born Mus. p. 313, non L.
       —   Wood Ind. test. pl. 26 fig. 87.
Fusus proboscidiferu⸳ Lamarck IX p. 449.
    —   —   Kiener Coq. viv. pl. 16, 16b.
    —   —   Swainson Exot. Conch. pl. 19.
    —   —   Kobelt Conchylienb. t. 5 fig. 8.
    —   incisus „Martyn" Mörch Cat. Yoldi p. 101.

Gehäuse sehr gross, mitunter über zwei Fuss lang. spindelförmig, in der Mitte bauchig, im Vergleich zu seiner Grösse dünnschalig, mit gethürmtem Gewinde und ziemlich geradem Stiel; Apex, wenn erhalten. zitzenförmig, einen ziemlich hohen Cylinder bildend, welcher sich scharf gegen den Rest des Gewindes absetzt; doch ist er meist abgebrochen und es sind selten über 10 Umgänge vorhanden, welche durch eine abgesetzte Naht geschieden werden. Sie sind von flachen, auf den oberen Umgängen ziemlich gleichen Spiralreifen umzogen, deutlich kantig und über der Kante eingedrückt; über die Kante läuft ein breiter, gerundeter, mitunter stark vorspringender Kiel, der auf den oberen Umgängen mit Knoten besetzt ist; der letzte Umgang hat ausserdem meistens noch mehrere stärkere Reifen, namentlich immer am Beginn der Verschmälerung einen solchen, welcher den Umgang eckig erscheinen lässt. Der Stiel zeigt zwischen sich und der lostretenden dünnen Spindellamelle meistens einen breiten Nabelritz. Mündung oval, nach aussen eckig, in einen ziemlich gleichlangen, in der Mitte etwas zusammengezogenen Canal übergehend, die Spindel wenig gebogen mit dünnem, am Rande lostretendem Beleg,

Mundsaum dünn, Gaumen glatt oder den Rippen entsprechend flach gefurcht. Färbung ein einfarbiges Braungelb.

Aufenthalt an Neuguinea, den Arruinseln und Neuholland. Port Essington (Reeve).

Anmerkung. Nach meiner Ansicht kann man trotz der von Linné angerichteten Confusion dieser Art, der ächten Trompete von Aru, ganz gut ihren alten, zuerst von Rumph gegebenen, aber auch von Born und Dillwyn beibehaltenen Namen lassen, auch wenn man, auf das Museum Ludovicae Ulricae gestützt, die Pyrula carica Gmel. als Busycon aruanum L. führt, was ich freilich für unstatthaft halte, da Linné's Namen auf einer Verwechslung der beiden Arten beruht, die doch ausser der Grösse wenig Gemeinsames haben.

2. Fusus varicosus Chemnitz.

Taf. 46. Fig. 4. 5, Taf. 29. Fig. 3. 4.

Testa subfusiformi-turrita, solidula, cauda brevi, recurva, spira turrita, aperturae longitudinem superans. Anfractus 7—8, sutura profunda subimpressa discreti, subteretes, inflati, superi superne subangulati, concentrice plicati, plicis rotundis, subdistantibus, in anfractu ultimo plerumque evanidis, spiraliter creberrime lirati, liris super angulum nec non ad caudam majoribus, sub lente lineis incrementi nitide clathratis. Apertura parva, rotundato-ovata, in canalem breviorem latiusculum recurvum desinens, columella arcuata vix callosa, faucibus laevibus, labro a varice limbato. Griseo-fuscescens, faucibus lividis, fusco-limbatis.

Alt. 46, lat. 27 Mm.

Murex varicosus Chemnitz Conch. Cab. vol. X p. 256 t. 162 fig. 1546. 1547.
Fusus varicosus Kiener Coq. viv. t. 10 fig. 2.
— — Deshayes-Lam. IX p. 477.
Buccinum varicosum Reeve Conch. icon. sp. 10.
Neptunea varicosa H. et A. Adams Genera p. 80.

Gehäuse gethürmt spindelförmig, festschalig, mit kurzem gekrümmtem Stiel und gethürmtem, die Mündung an Länge etwas übertreffendem Gewinde. Die 7—8 Umgänge sind durch eine tiefe, etwas eingedrückte Naht geschieden, aufgeblasen, fast stielrund, hoch oben etwas kantig, mit concentrischen, gerundeten, ziemlich weitläufig stehenden Rippenfalten, welche auf dem letzten Umgange meistens verkümmern, und von dichten Spirallinien umzogen, welche oben zwischen Naht und Kante sowie am Stiel stärker sind und weitläufiger stehen; das Ganze erscheint durch feine Anwachsstreifen unter der Loupe gegittert. Die Mündung ist klein, rundeiförmig, unten in einen kürzeren, etwas zurückgekrümmten Canal auslaufend, die Spindel stark gebogen, kaum belegt, die Aussenlippe häufig von einem Varix gesäumt, der Gaumen glatt. Die Färbung ist einforbig gelbgrau, der Gaumen etwas dunkler mit dunkelbraunem Saum.

Diese Art lässt sich nicht gut wo anders als bei den ächten Fusus unterbringen, obwohl sie mancherlei Aehnlichkeiten mit Siphonalia, namentlich mit S. trochulus hat, wie schon Reeve bemerkt. Ich würde sie auch mit den Adams bei Neptunea, resp. Siphonalia unterbringen, wenn das Vaterland stimmte und die regelmässigen Rippen nicht wären. Zu Buccinum kann man sie des Canals wegen unmöglich stellen.

Der Aufenthalt scheint noch nicht ganz ausser Zweifel; nach Kiener ist er an den Küsten von Peru; meine aus der Gruner'schen Sammlung stammenden Exemplare sollen aus Ostindien sein, ich glaube dagegen Stücke in Händen gehabt zu haben, die sicher aus Westindien stammten.

3. Fusus pyrulatus Reeve.
Taf. 46. Fig. 2. 3.

Testa elongato-piriformis, tenuiuscula, subventricosa, spira breviuscula, acuminata; anfractus 10 rotundati, sutura profunda subcanaliculata discreti, spiraliter lirati, liris rotundatis subdistantibus, et concentrice plicati, plicis angustis, sat distantibus, ad intersectionem lirarum tuberculatis, striis incrementi conspicuis, filiformibus; apertura piriformis, in canalem breviorem, subapertum desinens, labro simplici, columella vix callosa. Lutescens, rufo-fuscescente strigata.

Long. 60, lat. 28 Mm.

Fusus pyrulatus Reeve Conch. Icon. sp. 50.
—   —   Angas Proc. zool. Soc. 1865 p. 158.

Gehäuse lang birnförmig, ziemlich dünnschalig, doch fest, in der Mitte etwas bauchig, mit ziemlich kurzem, doch spitzem Gewinde. Die zehn Umgänge werden durch eine tiefe, fast rinnenförmige Naht geschieden; sie sind gut gewölbt, fast aufgeblasen, und werden von entferntstehenden, starken, vorspringenden Spiralreifen umzogen, zwischen welche sich erhobene Spirallinien einschieben; ausserdem sind sie concentrisch gefaltet; die Falten rücken gegen die Mündung hin immer weiter auseinander; wo sie von den Spiralreifen geschnitten werden, tragen diese kleine Höckerchen; ausserdem sind sehr deutliche, fast fadenartige Anwachsstreifen vor-

III. 3. b.   19

handen, welche der Sculptur ein gegittertes Ansehen geben. Die Mündung ist birnförmig mit kürzerem, ziemlich offenem Canal; Mundrand einfach, der Gaumen glatt, die wenig gebogene Spindel kaum belegt. Die Färbung ist gelblich mit rothbraunen Striemen, welche namentlich über die Falten laufen.

Aufenthalt an Vandiemensland und Südaustralien, das abgebildete Exemplar im Senckenbergischen Museum in Frankfurt.

Anmerkung. Diese seltene Art unterscheidet sich durch ihren Habitus weit von den ächten Fusus und stünde vielleicht besser neben F. pastinaca Reeve bei den Austrofusus, aus deren Gebiete sie ja auch stammt.

4. Fusus colus Linné sp.
Taf. 30. Fig. 3. Taf. 47. Fig. 1.

Testa fusiformis, gracilis, elongata, spira lanceolata, canali elongato, gracili, inferne subcontorto. Anfractus 12 liris spiralibus acutis undique sculpti, superi convexi et costis concentricis muniti, sequentes angulati, super angulum declives, ad angulum carinati et serie tuberculorum compressorum armati. Apertura angusta, fauce lirata; canalis angustus, elongatus. Alba, epidermide fugacissima fuscescente induta, ad apicem et caudam rufocastaneo tincta et inter nodos castaneo maculata; apertura alba, canalis plus minusve fusco tinctus.

Long. ad 180 Mm.

Murex colus Linné Syst. nat. ed. 12 p. 1221.
— Gmelin p. 3542 Nr. 61.
Fusus colus Lamarck IX p. 443.
— — Kiener Coq. viv. p. 5 pl. 4 fig. 1.
— — Reeve sp. 11.
— longirostris Schum. Nouv. syst. p. 816.

Gehäuse sehr schlank spindelförmig mit hohem, gethürmtem Gewinde und langem, dünnem, unten etwas gewundenem Stiel. Von den 12 oder mehr Umgängen sind die oberen stark gewölbt und mit starken Rippenfalten sculptirt, vom fünften oder sechsten an bildet sich ein Kiel heraus, über welchem die Umgänge abgeflacht erscheinen und gleichzeitig treten die Rippen immer mehr zurück, bis nur noch eine Reihe von oben nach unten zusammengedrückter Höcker auf der Kante übrig bleibt; bei manchen Exemplaren verschmelzen diese auf dem letzten Umgang zu einem zusammenhängenden Kiel. Alle Umgänge sind dicht von scharfen, in der Stärke ziemlich regelmässig abwechselnden Spiralrippen umzogen. Die Mündung ist

klein, Spindel bei ausgebildeten Exemplaren mit einem starken, mitunter lostretenden Beleg, welcher dann oben eine Art Canal bildet, mitunter aber auch nur so
dünn belegt, dass die Spiralreifen durchscheinen; Gaumen scharf gerippt, Mundrand
gezähnelt. Färbung weisslich, Spitze und Basis röthlich bis kastanienbraun angelaufen, zwischen den Höckern kastanienbraune Flecken in Form einer unterbrochenen Binde; Mündung innen weiss, der Canal mehr oder weniger dunkel gefärbt;
die etwas wollige Epidermis reibt sich sehr leicht ab.

Heimath im indischen Ocean. — Ceylon (Reeve). — Amboina (Rumph). —
Madras (Cat. Mus. Madras).

5. Fusus longissimus Gmelin.
Taf. 30. Fig. 1. 2. — Taf. 32. Fig. 3.

Testa perlonga, elongato-fusiformis, spira acuminato-turrita, cauda longa, rectiuscula,
vix subcontorta. Anfractus 12 undique spiraliter lirati, liris angustis, sat distantibus,
stria elevata intercurrente, superi convexi et concentrice distincte plicato-costati, sequentes
angulati, super angulum declives, ad angulum serie tuberculorum armati. Apertura
ovata, superne acuminata, labio callo ad marginem erecto, subrugoso induto, labro crenulato, faucibus liratis. — Extus intusque alba.

Long. 300 Mm. interdum superans.

Murex longissimus Gmelin p. 3556 Nr. 116.
— candidus Gmelin p. 3556 Nr. 113.
Fusus longissimus Lamarck IX. p. 443.
— — Kiener Coq. viv. p. 3 pl. 2 fig. 1.
— — Reeve sp. 4.

Gehäuse bis über 300 Mm. lang, langspindelförmig, mit gethürmtem spitzem
Gewinde und langem, fast geradem, kaum gewundenem Stiel. Die 12 Umgänge
sind überall von ziemlich weitläufigen, scharfen Spiralreifen umzogen, zwischen
denen je eine erhabene feine Linie läuft; die oberen sind gewölbt und stark concentrisch gerippt, die späteren kantig, über der Kante etwas eingedrückt und an
derselben mit einer Reihe starker Höcker besetzt, welche auf den oberen nach
beiden Seiten in kurze Rippen auslaufen. Die Naht ist deutlich, doch nicht rinnenförmig. Mündung oval, oben spitz zulaufend und mitunter eine Art Canal bildend,
unten in den weit längeren, engen, fast geraden Canal übergehend; die Spindel
mit einem dicken, am Rande lostretenden, gerunzelten Beleg, der Aussenrand ge-

19 *

zähnelt, der Gaumen scharf gerippt. Färbung aussen und innen einfarbig gelblichweiss.

Aufenthalt im ostindischen Archipel.

Anmerkung. Diese Art gleicht sehr einem riesigen Exemplar des Fusus colus und ist auch von alten Conchologen dafür genommen worden, so von Chemnitz und Dillwyn. Ausser der viel bedeutenderen Grösse unterscheidet sie aber schon das Fehlen der dunklen Färbung an Spitze und Stiel und der Fleckenbinde; auch sind die Höcker nicht so zusammengedrückt.

6. Fusus undatus Gmelin.
Taf. 32. Fig. 2. — Taf. 47. Fig. 2.

Testa magna elongato-fusiformis, crassa, ponderosa, spira acuminato-turrita, cauda longa, contortula; anfractus 12 spiraliter acute lirati, liris in parte mediana anfractus ultimi obsolescentibus, superi convexi et fortiter costati, inferi angulati, superne impressi, serie tuberculorum grandium, distantium armati, ultimus ad initium caudae angulo altero et plerumque serie altera tuberculorum, cum superis costis obtusis junctorum praeditus. Apertura ovata, superne acuminata, columella labio crasso ad marginem soluto induta, labro crasso, denticulato, faucibus liratis; intus extusque eburnea.

Long. 190, lat. 72 Mm.
— 175, lat. 56 Mm.

Murex undatus Gmelin p. 3556 Nr. 115.
Fusus longissimus etc. Martini Conch. Cab. vol. IV t. 145 fig. 1343.
— incrassatus Encycl. pl. 423 fig. 5.
— — Lamarck IX p. 446.
— undulatus Deshayes-Lam. IX p. 446 note.
— undatus Reeve sp. 12.
— glabratus „Ch." Mörch Cat. Yoldi p. 102.
Syrinx tabacarius Bolten fide Mörch.

Gehäuse gross, mehr oder weniger spindelförmig, mitunter ziemlich bauchig und ganz an Fasciolaria trapezium erinnernd, auffallend dickschalig und schwer, das Gewinde gethürmt, der Stiel ziemlich stark gedreht. Die 12 Umgänge sind spiral gereift; die Reifen stehen auf den oberen Umgängen dichter und sind schärfer, als auf den unteren, auf der Mitte des letzten sind sie meistens fast ganz verkümmert. Die oberen Umgänge sind, wie bei den anderen grösseren Spindelarten, gewölbt und stark gerippt, die folgenden kantig, über der Kante eingedrückt und an der—

selben mit starken entferntstehenden Höckern versehen, welche nicht selten nach
der Mündung hin in stumpfe, starke Rippen auslaufen; auf dem letzten Umgang
laufen dieselben bis zum Beginn der Verschmälerung und schwellen dort häufig zu
einem zweiten Knoten an oder bilden doch eine zweite Kante. Die Mündung ist
schmal eiförmig, an beiden Seiten zugespitzt, die Spindel mit einer dicken, am
Rande lostretenden Platte belegt, die Aussenlippe gezähnelt, innen verdickt und im
Gaumen scharf gerippt. Die Färbung ist rein weiss.

Aufenthalt im indopacifischen Ocean. — Tahiti (Reeve). —

Anmerkung. Diese Art zeichnet sich durch ihren eigenthümlichen Habitus aus,
der ganz an eine Fasciolaria erinnert; sie variirt ungemein in der Dicke, wie die
vorstehenden Masse der beiden mir vorliegenden Exemplare beweisen.

7. Fusus nicobaricus Chemnitz sp.
Taf. 33. Fig. 3.

Testa fusiformis solidula, cauda rectiuscula; anfr. 11—12 infra suturam impressi, angulati, ad angulum tuberculati, tuberculis in anfractibus prioribus pliciformibus, spiraliter
lirati, liris grandibus rotundatis, lira minore in interstitiis subexcavatis intercedente, liris
caudae subacutis, distantibus; sutura profunda, subirregularis. Apertura anguste ovata,
supra submarginata, infra in canalem fere duplo longiorem angustum rectiusculum desinens, labro denticulato, faucibus distincte liratis, columella parum arcuata, callo rugosius-
culo ad marginem soluto obducta. Alba, rufo et fusco-castaneo maculata et strigata,
apertura alba.

Long. ad 130 Mm.

Murex nicobaricus Chemnitz Conch. Cab. vol. X t. 160 fig. 1523.
Fusus nicobaricus Lamarck IX p. 445.
—   —   Reeve Conch. icon. sp. 37.
Non Fusus nicobaricus Kiener = oblitus Reeve.

Gehäuse lang spindelförmig, festschalig, mit ziemlich geradem Stiel; die
11—12 Umgänge sind gut gewölbt, in der Mitte deutlich kantig, an der Kante mit
vorspringenden Knoten besetzt, von starken, breiten, gerundeten Spiralreifen umzogen, in deren leicht ausgehöhlte Zwischenräume sich immer eine schwächere
Leiste einschiebt; der über die Kante laufende Reifen ist besonders stark, ebenso
auf dem letzten Umgang der am Beginn der Verschmälerung stehende, so dass
dieser Umgang doppelt kantig erscheint, was unsere aus der ersten Ausgabe ab-

gedruckte Figur nicht zeigt; auf dem Stiel stehen nur wenige weitläufige, ziemlich scharfrückige Rippen. Die Naht ist etwas abgesetzt, leicht unregelmässig. Die Mündung ist schmal eiförmig, oben durch den Eindruck des letzten Umganges und gegenüber durch einen auf der Spindel vorspringenden stärkeren Reifen verengt und gewissermassen ausgeschnitten erscheinend, unten in einen fast doppelt so langen, ziemlich geraden Canal übergehend; Mundrand stark gezähnelt, der Gaumen stark gerippt; die wenig gebogene Spindel ist mit einem ziemlich starken, unten lostretenden, leicht gerunzelten Callus belegt, welcher aber oben die Sculptur nicht ganz verdeckt. Die Farbe ist weiss mit rothen und intensiv kastanienbraunen, mitunter fast schwarzen Flecken und Striemen; die Mündung weiss.

Aufenthalt im indischen Ocean, nicht allzuhäufig. — Nicobaren (Chemnitz).

Anmerkung. Diese schöne Art ist am nächsten mit Fusus variegatus Perry == latciostatus Kiener verwandt, aber sofort durch den schlankeren Stiel zu unterscheiden; geringer ist die Verwandtschaft mit F. oblitus Reeve, mit welchem sie Kiener verwechselt hat.

8. Fusus versicolor Gmelin sp.
Taf. 31. Fig. 1—3.

Testa magna, elongato-fusiformis, longitudinaliter costata, spiraliter multisulcata, alba fulvo-nebulosa, fusco-maculata; anfractibus convexis, in medio nodoso-subcarinatis, ultimo basi convexo, cauda angusta terminato; apertura ovato-angusta, alba; labro tenui, dentato, intus sulcato, sulcis geminatis. — Deshayes.

Long. 170, lat. 45 Mm.

Martini Conch. Cab. Bd. IV t. 146 fig. 1348.
Murex versicolor Gmelin p. 3556 Nr. 119.
Fusus versicolor Deshayes-Lam. IX p. 469.

Diese Art scheint ziemlich verschollen; weder Kiener noch Reeve erwähnen sie, nur Deshayes führt sie auf, und da auch mir noch kein Exemplar vorgekommen ist, welches zu den aus der ersten Ausgabe reproducirten Figuren passt, muss ich die Beschreibung nach Deshayes geben, obwohl dieselbe ebenfalls nicht ganz zu unseren Figuren stimmt. Das Gehäuse ist lang spindelförmig, mit zwölf gewölbten Umgängen; die oberen sind quergefaltet, später schwinden die Falten nach und nach; ausserdem sind sie von zahlreichen, gleichmässigen, ziemlich vorspringenden

Spiralreifen umzogen, von welchen der mittelste da, wo er die Falten schneidet, zu schwachen Höckern vorgezogen ist. Der Stiel ist kürzer, cylindrisch, mit dichteren Reifen. Die Mündung ist oval, innen weiss, der Mundrand gezähnelt, der Gaumen mit paarweisen Rippen versehen. Die Färbung ist gelblich mit braunen Flecken und Striemen, besonders steht eine Reihe von Flecken zwischen den Höckern. Bei unseren Figuren fehlen die Höcker wie die Fleckenreihe.

Aufenthalt im indischen Ocean.

9. Fusus longicauda Bory.
Taf. 47. Fig. 4. 5.

Testa elongato-fusiformis, gracillima, canali subcontorto, spira subacuminata; anfractus 11—12 rotundati, superi valde costati, costis in anfr. antipenultimo obsolescentibus, spiraliter lirati, liris acutis, prominentibus, subdistantibus, alternatim majoribus, duabus medianis interdum noduliferis; apertura ovata, columella callo tenui, liras haud occultante tecta, labro denticulato, intus valde lirato. Nivea, inter costas anfractuum superiorum nec non ad basin castaneo tincta.

Long ad 165 Mm., spec. depicti 115 Mm.

Fusus longicauda Bory Encycl. pl. 423 fig. 2.
—   —   Reeve sp. 13.

Diese Form steht dem Fusus colus so nahe, dass sie von Deshayes unbedenklich damit vereinigt wird; die Vergleichung des mir vorliegenden Exemplares mit einer grösseren Reihe von F. colus veranlasst mich indess mich Reeve anzuschliessen und beide Formen zu trennen. Der Unterschied liegt nicht allein in den gerundeten, nicht kantigen Umgängen, sondern namentlich auch in der Spiralsculptur; die Reifen springen viel stärker hervor, stehen weiter von einander entfernt und wechseln äusserst regelmässig in der Stärke. Auch fehlen die Höcker auf den beiden letzten Umgängen und mit ihnen die für colus so characteristische Fleckenbinde; die Färbung ist überhaupt weniger lebhaft, als bei colus. An meinem Exemplar zeigen die beiden mittelsten Spiralleisten auch auf dem letzten Umgange einige schwache Höcker, welche Reeve's Figur nicht hat.

Aufenthalt im indischen Ocean, mit colus zusammen. — Vizagapatam (Cat. Mus. Madras).

10. Fusus Adamsii m.
Taf. 47. Fig. 3.

F. testa fusiformi, solidula, longitudinaliter rugose striata, costis obtusis inaequalibus, ad peripheriam majoribus, versus apicem fusco-nodosis cincta, flavido-alba; anfr. 8 convexis, prope suturam excavatis; apertura ovata; labro simplici, intus subsulcato; labio calloso, intus nodulis elongatis instructo, antice libero, late expanso, umbilicum falsum formante; rostro breviusculo, recurvato; canali aperto, sinuoso. — Adams.
Long. 130, lat. 60 Mm.
Fusus ventricosus H. Adams Proc. zool. Soc. 1870 p 110 (woodcut), non Beck, nec Gray.

Gehäuse plump spindelförmig, festschalig, rauh gestreift und mit stumpfen, ungleichen Spiralrippen umzogen, welche an der Peripherie stärker sind und nach oben hin bräunliche Knoten tragen, einfarbig gelblich weiss. Die acht Umgänge sind stark gewölbt, unter der Naht ausgehöhlt; die Mündung ist oval, der Aussenrand einfach, innen undeutlich gefurcht, die Spindel hat eine schwielige, mit länglichen Knoten sculptirte Platte, welche nach unten hin lostritt und sich über den Eingang des Canals ausbreitet, hier einen falschen Nabel bildend; der Stiel ist kurz, zurückgekrümmt und bildet einen offenen, buchtigen Canal.

Diese eigenthümliche Art wurde nur in einem Exemplare auf der Agulhasbank am Cap gedrakt; ich gebe eine Copie des verkleinerten Adams'schen Holzschnittes. Ihre Stellung scheint mir zweifelhaft, die gekörnelte Spindel erinnert an Tritonium und der Habitus hat manche Aehnlichkeit mit Tr. cingulatum. Auch an Fasciolaria könnte man denken. Die Art ist eben ein Glied der eigenthümlichen Fauna der Agulhas-Bank, deren gründliche Erforschung wohl lohnen würde. — So lange die Art bei Fusus oder Neptunea bleibt, kann sie den Adams'schen Namen wegen der älteren Arten von Gray und Beck nicht behalten und benenne ich sie darum nach ihrem Autor.

11. Fusus maroccanus Chemnitz sp.
Taf. 29. Fig. 9. 10.

Testa sinistralis, fusiformi-turrita, angusta; anfractus 7—8 convexi, spiraliter lirati, transversim plicati, plicis concentricis in anfractu ultimo interdum obsoletis; cauda breviuscula, subcontorta; labro intus sulcato, margine denticulato; albida vel ferrugineo-fusca.
Long. 30, lat. 10 Mm.

Murex maroccanus Chemnitz Conch. Cab. IV t. 105 fig. 896.
Fusus sinistralis Lamarck Anim. s. vertèbrés ed. II vol. IX p. 458.
— — Kiener Coq. viv. Fusus pl. 6 fig. 2.
— maroccanus Reeve Conch. icon. Fusus sp. 72.
Buccinum scaevulum Meuschen fide Mörch.

Gehäuse linksgewunden, klein, gethürmt spindelförmig, schlank, aus 7—8 stark gewölbten, langsam zunehmenden Umgängen bestehend, welche dicht von gleichen, schmalen Spiralreifen umzogen sind; die ausgehöhlten Zwischenräume enthalten meistens noch eine feine Spirallinie. Die oberen Umgänge zeigen sehr deutliche, concentrische Rippenfalten, welche auf dem letzten Umgange häufig obsolet werden. Der Stiel ist kurz, etwas gewunden. Mündung klein, kaum ein Drittel der Ge-sammtlänge ausmachend, Spindel ausgehöhlt, fast ohne Beleg, der Mundrand ge-zähnelt, Gaumen innen gefurcht. Färbung weisslich bis rostbraun.

Aufenthalt: an den Antillen, der Chemnitzsche Name darum nicht sehr passend.

12. Fusus elegans Reeve.
Taf. 47. Fig. 6. 7.

Testa gracili-fusiformis, sinistrorsa, anfractibus longitudinaliter costatis, superne ex-cavatis, undique — excavatione laevi excepta — elevato-striatis, alba.
Long. 30, lat. 12 Mm. (ex icone).
Fusus elegans Reeve Conch. icon. sp. 87, nec Gray.
— — Chenu Manuel I fig. 599.

Gehäuse dem vom maroccanus sehr ähnlich, aber etwas schlanker, unter der Naht eingedrückt und in diesem Raume glatt, während bei maroccanus diese Parthie gewölbt und, wie der Rest der Conchylie, spiral gerippt ist.

Diese Form, deren Vaterland unbekannt ist, ist mir nicht zugänglich geworden; sie scheint selten. Abbildung und Beschreibung nach Reeve.

13. Fusus variegatus Perry.
Taf. 48. Fig. 2. 3.

Testa fusiformis, elongata, angusta, spira turrita, cauda crassiuscula, recta; anfractus 12 convexi, superi costati, sequentes medio obtuse tuberculati, liris spiralibus latis, de-pressis, convexiusculis cingulati, lira angusta intercedente; cauda crassiuscula, spirae lon-gitudinem haud attingente, liris acutis, distantibus sculpta. Apertura anguste ovata, su-perne subcanaliculata, columella callo ruguloso, superne dentifero munita, labro subeverso,

III. 3. b.   20

denticulato, dentibus superne duplicibus, faucibus leviter liratis. — Alba, interdum aurantio-castaneo maculata et strigata.

    Long. 165, lat. 45 Mm.

      Murex variegatus Perry Conch. pl. 2 fig. 3.

      Fusus laticostatus Deshayes Encycl. meth. t. 2 p. 151. — Magas. Zool. 1831 pl. 21.

      —   — Kiener Coq. viv. p. 13 pl. 16.

      —   — Reeve sp. 33.

      — variegatus Deshayes-Lam. IX p. 468.

Gehäuse ziemlich schlank spindelförmig mit gethürmtem Gewinde und dickem, etwas plumpem Stiel. Die 12 Umgänge sind gewölbt, die oberen stark gerippt, die späteren nur in der Mitte mit einer Reihe stumpfer Höcker versehen, von breiten, niedergedrückten, leicht gewölbten Spiralreifen umzogen, in deren Zwischenräumen noch eine erhabene Linie läuft; ihre Zahl beträgt auf den oberen Umgängen 6—7; auf dem Stiel sind die Reifen scharfrückig, springen stark hervor und stehen weit getrennt. Die Mündung ist schmal eiförmig, oben mit einem Canal, die Spindel mit dickem, hier und da faltigem Beleg, oben mit einem stumpfen, zahnartigen Höcker, welcher den oberen Canal bilden hilft; Mundrand etwas nach aussen gedreht, innen mit oben doppelten Zähnchen besetzt und im Gaumen gerippt.

Das vorstehend beschriebene Exemplar ist rein weiss, wie es auch die Deshayes'sche Beschreibung verlangt; das zweite mir vorliegende Exemplar (Fig. 3) hat dagegen die schöne orangebraune Fleckung und Striemung, wie sie Perry und Reeve verlangen; es ist auch erheblich kleiner und hat schmälere, mehr erhabene Rippen, zwischen denen der feine Zwischenreifen nicht immer deutlich ist. Doch gehören beide zweifellos zu einer Art.

Aufenthalt im indischen Ocean. — Ceylon (Deshayes, Reeve).

Anmerkung. Diese Art ähnelt in den gefärbten Exemplaren dem F. nicobaricus Chemnitz (nec Kiener), ist aber viel cylindrischer und unterscheidet sich namentlich durch den dicken Stiel.

14. Fusus Löbbeckei n. sp.
Taf. 48. Fig. 1.

Testa fusiformis, solidula, subventricosa, cauda rectiuscula, breviuscula, alba, nitens, liris spiralibus parum distinctis irregulariter cingulata costisque obliquis subarcuatis rotundatis tumidis, suturam superne haud attingentibus munita; anfractus 9 leniter crescentes, sutura subcanaliculata undulata discreti, infra suturam valde impressi, dein ad initium costarum inflati, costis 16—18, in anfractu ultimo caudam versus sensim evanescentibus sculpti. Apertura ovata, in canalem latiusculum leviter sinistrorsum desinens, columella cylindrica, laevi, superne callo crasso intrante munita, labro acuto, intus labio albo crenulato lirisque brevibus parum intrantibus armato.

Long. 106, lat. max. 40, long. apert. cum canali 62 Mm.

Gehäuse etwas plump spindelförmig, bauchig, festschalig, mit ziemlich breit kegelförmigem, nicht gethürmtem Gewinde und etwas nach links gerichtetem, geradem, kurzem, dickem Stiel. Das einzige Exemplar ist glänzend weiss, offenbar stark gebeizt, lässt indess eine deutliche, feine, unregelmässige Spiralsculptur erkennen. Die Umgänge sind unter der tiefen, stark wellenförmig gebogenen Naht tief eingedrückt, dann angeschwollen und an der Anschwellung beginnen starke, runde, etwas schräg bogige Rippen, die mitunter oben zu einem Knoten anschwellen. Auf dem vorletzten Umgang zählt man 16 Rippen, auf dem letzten 18, die nach unten allmählig verlaufen ohne noch einmal anzuschwellen. Die Mündung ist regelmässig eirund, der Canal gerade, ziemlich weit, etwas nach links gerichtet, die Spindel cylindrisch mit glattem, fest angedrücktem Callus, der oben eine starke eindringende Schwiele trägt; der Aussenrand ist scharf und kaum crenulirt, etwas zurück mit einer weissen Lippe belegt, welche durch kurze Spiralreifen crenulirt erscheint.

Es liegt mir nur ein stark gebeiztes Exemplar aus Löbbecke's Sammlung vor, dessen Herkunft unbekannt ist; die eigenthümlichen Rippen lassen aber keine Vereinigung mit irgend einer bekannten Art zu.

15. Fusus rostratus Olivi sp.
Taf. 48. Fig. 4—7.

Testa fusiformi-turrita, cauda gracili, rectiuscula; anfractus 9 valde convexi, plicis subarcuatis, interdum subobsoletis, lirisque elevatis subalternantibus, interdum squamosis, lira mediana saepe magis prominula sculpti, interstitiis striatis; sutura subundulata. Apertura spiram subaequans, in canalem longiorem subrectum angustum desinens, labro leviter crenulato, intus striato, columella recta, lamina in adultis erecta, superne dentata munita.

Long. ad 60—70 Mm.

Murex rostratus Olivi Zool. Adr. p. 153.
Murex Sanctae Luciae Salis Reisen t. 7 fig. 3.

20*

156

Fusus atrigosus Lamarck IX p. 457, nec Blainv.
— — Kiener t. 3 fig. 2.
— rostratus Deshayes-Lam. IX p. 457 note.
— — Philippi Moll. Sicil. II p. 177.
— — Reeve Conch. icon. sp. 55.
— — Weinkauff Mittelmeerconch. II p. 104.
— provincialis Blainville fide Deshayes.
Varietas liris confertioribus squamulosis, costis magis prominentibus, anfractu ultimo carinato. (Fig. 5).
Fusus caelatus Reeve Conch. icon. sp. 35 *).
Specimen juvenile:
Fusus fragosus Reeve Conch. icon. sp. 71 **).

Gehäuse gethürmt spindelförmig mit mehr oder minder langem, schlankem, ziemlich geradem Stiel, weissgelb bis röthlich hornfarben, einfarbig; die neun Umgänge sind stark gewölbt, mitunter aufgeblasen, bei manchen Formen auch gekielt, und haben mehr oder minder deutliche Rippenfalten, die mitunter stark vorspringen, mitunter nach der Mündung hin verkümmern. Die immer deutliche Spiralsculptur besteht aus erhabenen, schmalen Rippen, welche mehr oder minder deutlich an Stärke abwechseln und häufig feinschuppig sind; die Zwischenräume sind bald weit und flach, wie bei dem Fig. 6 und 7 abgebildeten Exemplar, bald eng und tief, und immer quergestreift. Die Naht ist in Folge der Rippen mehr oder minder wellenförmig. Die Mündung ist ungefähr so lang, wie das Gewinde und läuft in einen längeren, engen Canal aus, welcher nicht oder nur wenig gebogen ist; der Aussenrand ist leicht gezähnelt, der Gaumen gefurcht, die gerade und nur oben wenig gebogene Spindel mit einer Platte belegt, welche bei erwachsenen Exemplaren immer lostritt und oben einen zahnartigen Höcker trägt.

Die Art ist in Sculptur und Gestalt sehr veränderlich. Auf stark und tief sculptirten Exemplaren mit gekielten Umgängen und schuppigen Reifen beruht Fusus caelatus Reeve; das abgebildete Exemplar habe ich in Tarent gesammelt. Junge Exemplare der typischen Form bilden den Fusus fragosus Reeve.

---

*) Fusus testa subelongato-fusiformi, anfr. longitudinaliter plicato-costatis, transversim subtiliter liratis, liris minute squamuloso-serratis, interstitiis profundis, anfr. medio liris alternatim valde majoribus, costas super productis; intus extusque alba. — Hab. —?
**) F. testa gracili-fusiformi, spirae suturis impressis, anfr. rotundatis, longitudinaliter plicato-costatis, carinis numerosis, costas super leviter nodulosis, cingulatis; albida. — Hab. —?

Aufenthalt un Mittelmeer, allenthalben, doch nirgends häufig; ausserhalb desselben bis jetzt nur von den Canaren bekannt.

16. Fusus oblitus Reeve.

Taf. 49. Fig. 1.

Testa elongato-fusiformis, spira turrita, cauda gracili, rectiuscula, parum crassa; anfractus 12, superi convexi, spiraliter regulariter sulcati et concentrice grosse plicati, ultimus et penultimus infra suturam impressi, medio angulati, ad angulum plicato-tuberculati, tuberculis acutis, numerosis, et liris latiusculis, planis cingulati, ultimus ad initium caudae serie altera tuberculorum munitus, lirae caudae parum conspicuae; sutura profunda, margine corrugato. Apertura ovata, supra emarginata, infra in canalem aperturae longitudinem fere sesquies aequantem, angustum, leviter contortum desinens, labro crenulato, intus sulcato, columella parum incrassata, callo crassiusculo corrugato, ad marginem soluto obducta. Albida, rufo-spadiceo varie maculata et strigata, sulcis rufo-spadiceis, apertura alba.

Long. 130 Mm.

Fusus nicobaricus Kiener Coq. viv. t. 6 fig. 1, nec Chemnitz.
— oblitus Reeve Conch. icon. sp. 29.

Gehäuse schlank spindelförmig, ziemlich dünnschalig, mit gethürmtem Gewinde und ziemlich geradem, doch leicht gewundenem, schlankem Stiel; die oberen Umgänge sind gut gewölbt, nur unter der Naht leicht eingedrückt, von dichten, tiefen Spiralfurchen umzogen und stark concentrisch gefaltet mit breiten, vorspringenden Falten; vom drittletzten Umgange an entwickelt sich ein deutlicher Kiel und die Falten schrumpfen immer mehr zu spitzen Kantenknoten zusammen, welche immer weiter auseinanderrücken; gleichzeitig rücken die Spiralfurchen weiter auseinander und lassen breite, ganz flache Zwischenräume zwischen sich; auf dem letzten Umgang trägt auch der am Beginn der Verschmälerung stehende Reifen Höcker, welche mitunter mit denen der Kante durch Wülste verbunden sind. Auf dem Stiel sind die Rippen sehr wenig vorspringend. Die Mündung ist oval, oben in Folge des Eindrucks gewissermassen ausgeschnitten; der Canal ist reichlich anderthalbmal so lang als die Mündung, eng, etwas gebogen; der Aussenrand crenulirt, der Gaumen gefurcht; die wenig gebogene Spindel ist von einem ziemlich dicken, leicht quergerunzelten, unten lostretenden Callus bedeckt. Die Färbung besteht aus mannigfachen heller und dunkler rothen bis rothbraunen Zeichnungen, Flecken und Striemen auf gelblichweissem Grunde; namentlich stehen intensivere Flecken zwischen den Knötchen; auch die Spiralfurchen sind rothbraun und namentlich der Stiel zeigt eine Anzahl rothbrauner Spiralbinden; die Mündung ist weiss.

Diese schöne und seltene Art unterscheidet sich von Fusus nicobaricus sofort durch die auffallende Verschiedenheit der Sculptur auf dem Gewinde und den letzten Umgängen; die Spiralreifen sind sehr breit, aber ganz flach und die Färbung ist eine ganz andere.

Aufenthalt nicht sicher bekannt, jedenfalls im indischen Ocean. Das abgebildete Exemplar in der Löbbecke'schen Sammlung.

17. Fusus tuberculatus Lamarck.
Taf. 49. Fig. 2. 3.

Testa elongato-fusiformis, spira acuminato-turrita, cauda longa, gracili, rectiuscula; anfractus 11—12, superi convexiusculi et concentrice costati, sequentes angulati, infra suturam impressi, dein declives, ad angulum serie tuberculorum compressorum, 10—11 in anfractu ultimo, armati, spiraliter lirati et striati, striisque incrementi leviter cancellati. Apertura angulato-ovata, columella vix callosa, labro tenui, crenulato, faucibus sulcatis. Alba, epidermide fuscescente tenuissima induta, inter nodos pulcherrime castaneo maculata; apertura alba.

Long. ad 130 Mm.

Fusus colus Encycl. pl. 424 fig. 4, nec Linné.
— tuberculatus Lamarck IX p. 444.
— Kiener Coq. viv. p. 9 t. 7 fig. 1.
— — Reeve sp. 38.
— maculiferus Tapparone Canefri Mur. mar. rosso p. 62.

Non Fusus tuberculatus „Chemnitz" Tapparone Mur. mar. rosso p. 61 = verrucosus Wood = marmoratus Vaillant.

Gehäuse schlank spindelförmig, in der Mitte etwas bauchig, mit gethürmtem Gewinde und langem, schlankem, fast geradem Stiel, ziemlich dünnschalig; die oberen Umgänge sind, wie bei den meisten Arten, gewölbt und concentrisch stark gefaltet, die späteren kantig, unter der Naht etwas eingedrückt, dann abgeflacht und an der Kante mit einer Reihe zusammengedrückter Höcker besetzt, 10—12 auf dem letzten Umgang; sie sind überall von scharfen Spiralreifen umzogen, deren Zwischenräume noch 1—3 erhabene Liuien enthalten und durch die starken Anwachsstreifen fein gegittert erscheinen. Die Mündung ist eckig eirund mit nur ganz dünnem Spindelbeleg und dünnem, gezähneltem Aussenrand; der Gaumen ist nicht gerippt, sondern den Spiralreifen entsprechend gefurcht. Färbung weiss, zwischen den Knoten mit grossen kastanienbraunen Flecken, mitunter auch hier und da mit Andeutungen von Striemen. Frische Exemplare zeigen eine dünne, gelbliche, den Anwachsstreifen entsprechend gefältelte Epidermis, die Mündung ist rein weiss.

Aufenthalt im indischen Ocean.

Anmerkung. Tapparone Canefri hat in seiner Arbeit über die Muriciden des rothen Meeres dieser Art den neuen Namen F. maculiferus beilegen zu müssen geglaubt, weil er für den sogenannten F. marmoratus aus dem rothen Meere den älteren Namen tuberculatus Chemnitz wieder aufgenommen hat. Chemnitz hat aber im vierten Bande des Conchyliencabinets die Linné'ische Nomenclatur noch nicht befolgt und kann darum für diese Art keinen Anspruch auf Priorität machen. Die Art hat viel Aehnlichkeit mit Fusus colus, ist aber viel bauchiger und an Spitze und Stiel nicht dunkel gefärbt.

18. Fusus pagoda Lesson.
Taf. 49. Fig. 4. 5.

Testa fusiformis, spira turrita, apice papillari, cauda gracili, valde elongata, leviter contorta; anfractus 8—9 angulati, super angulum concavo-impressi, ad angulum squamis erectis, planatis, tenuibus, magnis eximie armati, haud lirati, striis incrementi tantum tenuibus sculpti; anfr. ultimus spirae longitudinem duplo superans, inferne carina albida plus minusve serrata cinctus, cauda liris nonnullis squamosis sculpta; apertura parva, ovato-angulata, labro simplici, haud crenulato, faucibus laevibus, columella vix callosa. — Fulvo-spadicea, apice nigricante.

Long. 75 Mm.

Fusus pagoda Lesson Illustrations de Zool. t. 40.
—   —   Lamarck-Desh. IX p. 464.
—   pagodus Kiener Coq. viv. t. 5 fig. 2.
—   pagoda Reeve Conch. icon. sp. 32.
—   japonicus Gray Zool. Beechey p. 115.

Gehäuse spindelförmig mit gethürmtem Gewinde und langem, schlankem, etwas gedrehtem Stiel, der Apex zitzenförmig oder fast kugelig, durch dunklere Färbung ausgezeichnet. Die reichlich acht Umgänge sind gekielt und obenher eingedrückt, auf der Kante steht ein prachtvoller Kranz hoher zusammengedrückter Schuppen, welche nach der Mündung hin immer höher werden. Der letzte Umgang, welcher

das Gewinde um das Doppelte an Länge übertriff, zeigt am Beginn der Verschmälerung einen zweiten, vorspringenden, mehr oder minder gezackten Kiel, welcher
auch durch seine weissliche Färbung von dem fahlgrauen Grunde absticht. Eine
Spiralsculptur ist nicht vorhanden, nur auf dem Stiel stehen eine Anzahl schuppiger
Leisten. Die Mündung ist klein, eckig-rundlich, der Mundrand scharf, ungekerbt,
die Spindel kaum schwielig. Die Färbung ist ein fahles Braungelb.

Diese seltsame Art ist zweifellos kein ächter Fusus; die Textur und auch die
Schuppen erinnern an Trophon vaginatus, doch laufen die Schuppen nach unten
nicht in Rippen aus.

Aufenthalt an Korea und Japan, das abgebildete Exemplar in Löbbecke's
Sammlung.

Anmerkung. Fusus japonicus Gray Zool. Beechey p. 115 dürfte wohl mit
dieser Art zusammenfallen. Gray sagt von ihm: Shell elongate, fusiform; whorls
convex, two-keeled, the hinder keel elevated, acute, with a series of very compressed incurved spines; the anterior keel acute, simple. Mouth small, canal as
long as the spire, cylindrical, with three or four oblique spiral bands of small
spines in the middle. — Axis 2½ inches. Inhab. Japan. — Bei Gray's bekannter
Genauigkeit wird man das „whorls convex" nicht so genau zu nehmen brauchen,
und „two-keeled" bezieht sich offenbar nur auf den letzten Umgang.

19. Fusus clausicaudatus Hinds.
Taf. 49. Fig. 6. 7.

„Testa elongato-fusiformi, crassiuscula, spira apicem versus plicato-tuberculata, anfractibus lineis spiralibus exaratis; apertura parva, callositate superne munita, labro peculiariter incurvo, canali fere clauso; olivaceo-fusca." — Reeve.

Long. (ex icone) 59 Mm.

Fusus clausicaudatus Hinds Moll. Voy. Sulphur p. 13 t. 1 fig. 10. 11.
— — Reeve Conch. icon. sp. 54.

Gehäuse lang spindelförmig, festschalig, die oberen Umgänge quergefaltet, die
unteren gerundet und nur mit feinen Spirallinien umzogen. Die Mündung ist klein,
die Spindel trägt oben einen Callus, der Aussenrand ist eigenthümlich gekrümmt,
der Canal fast geschlossen.

Diese eigenthümliche Art, von der meines Wissens nur das eine Originalexemplar bekannt ist, bildet wieder ein Glied der eigenthümlichen Fauna der Agulhas-Bank, welche schon so viele seltsame Formen geliefert hat und einer neuen Erforschung gar nicht dringend genug empfohlen werden kann.

20. Fusus nobilis Reeve.

Taf. 50. Fig. 1.

Testa permagna, elongato-fusiformis, solida, spira turrita, cauda rectiuscula, gracili; anfractus 13 rotundati, convexiusculi, spiraliter distincte lirati, liris acutis, lineis nonnullis intercedentibus, concentrice regulariterque plicato-costati, costis supra suturam parum undulatam haud attingentibus, in anfractu ultimo terete, subinflato omnino evanescentibus. Apertura anguste ovata, superne subacuminata, inferne in canalem angustum leviter tortuosum desinens; columella cylindrica, callo nitido tecta, labrum crassiusculum regulariter crenulatum, faucibus liratis. Alba, spira pallidissime fuscescente, interdum lirarum interstitiis pallidissimo rufescentibus, apertura alba, rosaceo limbata.

Long. spec. dep. 260 Mm.

Fusus nobilis Reeve Conch. icon. sp. 60.

Gehäuse sehr gross, schlank spindelförmig, schwer und dickschalig, mit gethürmtem Gewinde und schlankem, ziemlich geradem Stiel. Die dreizehn Umgänge zeigen keine Spur eines Kieles; sie sind stark gewölbt, fast stielrund, von scharfen, erhabenen Spiralreifen umzogen, zwischen welche sich immer noch einige feinere Linien einschieben, und auf dem Gewinde stark und regelmässig concentrisch gefaltet; die Rippen erreichen nach oben die Naht nicht und werden auch nach unten hin schwächer, so dass die Naht nur wenig gewellt erscheint; auf dem vorletzten Umgange werden sie schwächer und auf dem letzten sind nur noch einige rauhe Anwachsstreifen vorhanden. Die Mündung ist schmal eiförmig, oben ziemlich spitz, nach unten in einen erheblich längeren, engen, leicht gewundenen Canal auslaufend; die Spindel ist cylindrisch, mit einem ziemlich starken, glänzenden Callus belegt, der Mundrand für einen Fusus auffallend dick, sehr regelmässig crenulirt mit schmalen Einschnitten zwischen gerundeten Zähnen, der Gaumen ist scharf gerippt, die Rippen sind zum Theil paarweise geordnet. Die Farbe ist weiss mit ganz leicht bräunlichem oberen Theile des Gewindes, nach Reeve sind die Zwischenräume der Spiralreifen mitunter ganz blassroth gefärbt; Mündung weiss, mit rosenfarbenem Saum an Mundrand und Spindel.

Eine der grössten, schönsten und seltensten Arten, deren Fundort noch nicht sicher bekannt ist, aber jedenfalls im indischen Archipel liegt. Das abgebildete Prachtstück liegt in der Löbbecke'schen Sammlung, es stimmt auch in den Dimensionen aufs Genaueste mit Reeve's Original überein.

20. Fusus tuberosus Reeve.

Taf. 50. Fig. 2. 3.

Testa fusiformis, spira turrita, cauda brevi, leviter contorta, solidula; alba, castaneofusco vel rufo profuse tincta; anfractus 9 subangulati, superne concaviusculi, ad angulum nodosi, nodis subcostiformibus, albidis, spiraliter irregulariter lirati, liris duabus ad angulum magis prominulis et ad nodos subtuberculatis, interstitiis profunde spiraliter liratis; sutura undulata, fere canaliculata; anfractus ultimus spirae longitudinem superans. Apertura ovata, in canalem breviorem sublatum desinens, labro irregulariter crenulato, faucibus laevibus, columella callo tenui appresso, superne interdum tuberculifero induta. Apertura coeruleo-albida, strigis externis translucentibus.

Long. ad 70 Mm.

Fusus tuberosus Reeve Conch. icon. sp. 7.
— — Lischke Jap. Moll. II p. 27.

Gehäuse ziemlich kurz spindelförmig mit gethürmtem Gewinde und kurzem, leicht gewundenem Stiel, ziemlich festschalig, weiss mit verschiedenartigen rothen oder kastanienbraunen Striemen und Flecken, welche meist den grössten Theil des Gehäuses einnehmen. Die neun Umgänge sind mehr oder minder kantig, über der Kante eingedrückt, an derselben mit rippenförmig verlängerten, meist weiss bleibenden Knoten besetzt; die Spiralsculptur besteht aus ziemlich entferntstehenden starken Reifen, zwischen denen immer mehrere schwächere oder auch nur einer eingeschoben sind; die beiden der Kante zunächstliegenden Reifen sind besonders stark und bilden an den Knoten vorspringende Höcker. Die Naht ist wellig und tief, fast rinnenförmig. Der letzte Umgang ist länger, als das Gewinde. Die Mündung ist ziemlich eiförmig, aussen etwas eckig, und geht in einen etwas kürzeren Canal über; der Aussenrand ist scharf, schwach crenulirt, der Gaumen glatt oder den gröseren Reifen entsprechend undeutlich gerippt; die cylindrische Spindel trägt einen fest anliegenden Callus, welcher mitunter oben einen Höcker hat. Die Mündung ist bläulich weiss, mitunter braun gesäumt, die Striemen der Aussenseite schimmern undeutlich durch.

Aufenthalt an Südjapan, das abgebildete Exemplar in Löbbecke's Sammlung.

21. Fusus Couei Petit.
Taf. 50. Fig. 4. 5.

Testa fusiformis, gracilis, cauda longa, rectiuscula, solidula, sub epidermide stra-
minea albida; anfractus 11—12 valde convexi, regulariter rotundati, liris acutis distantibus regulariter cingulati, linea unica intercedente, superi plicato-costati, inferi inermes.
Apertura ovata, in canalem multo longiorem, ad basin leviter recurvum desinens, labro
acuto, intus distincte lirato; columella vix arcuata, callo tenui, intus lirato munita.
Long. 90 Mm.

Fusus Couei Petit Journ. Conch. IV p. 249 t. 8 fig. 1.

Gehäuse schlank spindelförmig mit langem, wenig gebogenem Stiel, der dem
Gehäuse an Länge nur wenig nachgibt, festschalig, einfarbig weiss, frische Exemplare mit einer gelblichen Oberhaut überzogen. Die 11—12 Umgänge sind gut gewölbt, rein gerundet, und werden sehr regelmässig von entfernt stehenden scharfen
Spiralreifen, zwischen welche sich immer eine feine Linie einschiebt, umzogen; die
oberen Umgänge sind quergefaltet, die unteren nicht. Die Mündung ist eiförmig,
klein, der ziemlich weite, unten etwas zurückgebogene Canal fast doppelt so lang;
der dünne Aussenrand ist gekerbt, der Gaumen gerippt. Die wenig gebogene
Spindel trägt eine dünne, aber deutliche Platte mit einzelnen kurzen Rippen.

Aufenthalt im Antillenmeer, das abgebildete Exemplar in Löbbecke's Sammlung.

23. Fusus forceps Perry.
Taf. 51. Fig. 2.

Testa elongato-fusiformis, gracilis, spira acuminata, cauda gracili, parum contorta;
anfractus 11—12 valde convexi, sutura profunda separati, concentrice costati, costis magnis, rotundatis, suturas utrinque attingentibus, spiraliter undique lirati, liris prominentibus,
stria minore intercedente, interstitiis transversim striatis. Apertura ovata, superne rotundata, columella callo crasso, ruguloso, ad marginem soluto obtecta, labro denticulato, intus
valde lirato. Lutescente-albida, apertura rosaceo limbata.

Long. 130 Mm.

Murex forceps Perry Conch. pl. 2 fig. 4.
Fusus turricula Kiener Coq. viv. p. 6 t. 5 fig. 1.
— — Reeve Conch. syst. p. 232 fig. 1.
— — Reeve Conch. icon. op. 23.
— forceps Deshayes-Lamarck IX. p. 466.

21*

Gehäuse langspindelförmig schlank, mit hohem spitzem Gewinde und schlankem, nur wenig gedrehtem Stiel. Die Umgänge sind sehr gewölbt und durch eine tief eingezogene Naht geschieden, mit starken, gerundeten, concentrischen Rippenfalten versehen, welche von Naht zu Naht reichen, und von scharfen, hohen Spiralreifen umzogen, zwischen denen immer eine feine erhabene Linie läuft; die Zwischenräume sind sehr regelmässig quergestreift. Mündung oval, oben nicht zugespitzt, sondern gerundet, die Spindel hat einen dicken, gerunzelten, am Rand lostretenden Beleg; Mundrand gezähnelt, der Gaumen sehr scharf gerippt. Färbung gelblichweiss, die Mündung ringsum lebhaft rosenroth gesäumt.

Aufenthalt in den chinesischen Gewässern, nicht sehr selten. (Coll. Löbbecke).

24. Fusus craticulatus Brocchi.
Tab. 51. Fig. 4. 5.

Testa parva, fusiformis, solidula, spira turrita, cauda breviuscula, recurva, canali medio clauso; anfractus 8 ventricosi, supra angulum impressi, liris elevatis pulcherime squamosis, magnitudine alternantibus undique cingulati, radiatim plicati, plicis interdum ad angulum tuberculatis. Apertura rotundato-ovata, in canalem fere aequalem medio clausum desinens; labio columellari distincto, laevi, ad marginem soluto, labro valde crenulato intus callo plicifero munito. Lutescente-albida, intus alba.

Long. 38, lat. 20, long. apert. cum can. 23 Mm.

Var. calva, liris inermibus, testa crassiore, anfractibus fere medio angulatis, ad angulum distincte tuberculatis. (Fig. 5).

Murex craticulatus Brocchi Conch. subappen. foss. p. 406 t. 7 fig. 14, nec L.
— scaber Lamarck Anim. s. vert. VII p. 175.
— — Kiener Coq. viv. p. 101 t. 9 fig. 2.
Fusus craticulatus Blainville Faune franc. p. 87 t 4 II fig. 2.
Weinkauff Mittelm. Conch. II p. 100.
— — Reeve Conch. icon. sp.
— strigosus Blainville Faune franc. p. 361 fig. 3.
Trophon Brochii Monterosato Enumeraz. p. 41. —

Gehäuse ziemlich klein, spindelförmig, festschalig, mit gethürmtem Gewinde und kurzem gebogenem Stiel, der Canal ist in seiner Mitte für eine Strecke geschlossen. Es sind acht ziemlich bauchige Umgänge vorhanden, dieselben sind oben kantig und darüber eingedrückt und werden von prachtvoll geschuppten, in Stärke abwechselnden Spiralreifen dicht umzogen; sie sind quergefaltet, die Falten mit-

unter oben an der Kante zu einem Höcker vorgezogen. Die Mündung ist rund eiförmig, ziemlich eben so lange wie der Canal; die Spindel trägt einen deutlichen,
glatten, am Rande gelösten Callus, die Aussenlippe ist dünn, stark gezähnelt, verdickt sich aber dann rasch und trägt hier einige kurze, zahnartige Leisten. Die
Färbung ist gelblichweiss, die Mündung weiss.

Eine dickschalige fast unbeschuppte Form mit tief stehender Kante und deutlichen Höckern an derselben stellt unsere Fig. 5 dar.

Aufenthalt im Mittelmeer, nirgends häufig. Das abgebildete typische Exemplar
von mir in Taranto gesammelt, die Varietät aus Löbbecke's Sammlung.

26. Fusus toreuma Martyn.

Taf. 51. Fig. 3.

Testa elongato-fusiformis, gracilis, solidula; anfractus 11—12 spiraliter undique lirati,
superi convexi et concentrice distincte plicati, sequentes angulati et ad angulum tuberculis compressis albis, utrinque in costas vix desinentibus armati; apertura angusta ovata,
canali angusto, longo, parum contorto, labio crasso, ad marginem soluto, superne tuberculo intrante munito, faucibus liratis. Alba, strigis maculisque fusco-castaneis signata,
inter costas tuberculaque intense castanea.

Long. ad 130 Mm., spec. dep. 115 Mm.

Murex toreuma Martyn Univ. Conch. pl. 56.
Fusus toreuma Desh. Lam. Anim. sans vert. IX p. 467.
—   —   Reeve Conch. icon. sp. 27.
—   rheuma Menke Zeitschr. f. Mal. 1851 p. 19.

Gehäuse lang spindelförmig, schlank, ziemlich festschalig; die 12 Umgänge sind
von schmalen nicht sehr hohen, in Stärke abwechselnden Spiralreifen umzogen, die
oberen gerundet und sehr stark schuppenfaltig, die Rippen durch ihre weisse Färbung vor den kastanienbraunen Zwischenräumen noch mehr vortretend. Nach unten
werden die Umgänge kantig, die Rippen schrumpfen zu spitzen, beiderseits nur
wenig verlängerten Höckern zusammen, welche nach der Mündung hin immer höher
werden. Die Mündung selbst ist ziemlich schmal eiförmig, auch oben etwas zugespitzt; der Canal ist lang, etwas gewunden, ziemlich eng. Die Spindelwand trägt
einen starken, glatten, oben mit einem faltenartigen, eindringenden Höcker versehenen Callus, welcher an seinem freien Rande erheblich lostritt; der Gaumen ist
innen leicht gerippt, der Mundrand gezähnelt. — Die Färbung ist weiss mit kasta-

nienbraunen Striemen und Flecken; die Knoten und Rippen sind weiss, ihre Zwischenräume besonders intensiv kastanienbraun gefärbt.

Aufenthalt im indischen Ocean. — Pulo Condor (Deshayes). — Ceylon (Reeve). Das abgebildete Exemplar in der Löbbecke'schen Sammlung.

Anmerkung. Menke führt diese Art von Mazatlan an; wenn nicht eine Verwechslung mit einer ähnlichen Art vorliegt, dürfte sein Exemplar wohl zufällig unter die Arten von Mazatlan gerathen sein.

26. Fusus distans Lamarck.
Taf. 51. Fig. 1. Taf. 52. Fig. 1.

Testa magna fusiformis, solida, spira pyramidata, cauda sat longa, rectiuscula; anfractus 9 ventricosi, subangulati, super angulum convexi, ad angulum carina prominente plus minusve distincte tuberculata armati, spiraliter distincte lirati, liris sat distantibus, praesertim infra carinam anfractus ultimi, striis nonnullis et interdum lira minore intercedentibus; transversim plicati, plicis rotundatis, tumidis, in anfr. ultimo evanescentibus, interstitiis angustis, in spirae anfractibus fusco-maculatis; sutura profunda, subundulata. Apertura ovata, columella cylindrica, callo tenui tantum induta, liris translucentibus, labro crenulato, faucibus liratis. Alba, hic illic, praesertim inter costas castaneo maculata; carina inter nodulos maculis castaneis vivide signata.

Long. 180 Mm. superans.

Fusus distans Lamarck *) Anim. sans Vert. vol. IX p. 445.
— — Kiener Coq. viv. pl. 8 fig. 1.
— — Reeve Conch. icon. sp. 28.

Gehäuse gross, spindelförmig, festschalig, das Gewinde nicht auffallend gethürmt, sondern mehr pyramidal, der ziemlich lange starke Stiel gerade oder nur leicht gewunden. Die neun Umgänge sind bauchig und mehr oder minder deutlich kantig, über der Kante aber nicht eingedrückt, sondern convex und höchstens nach der Naht hin leicht abgeflacht. Ueber die Kante läuft ein auch auf den oberen Umgängen ziemlich deutlicher unten durch einen breiteren Spiralreifen gekennzeichneter Kiel, welcher auf den unteren Umgängen mehr oder minder deutlich mit Höckern besetzt und dazwischen intensiv braun gegliedert ist. Er schwindet indess mitunter nach

*) F. testa fusiformi, transversim sulcata, rufescente; anfractibus medio carina tuberculata cinctis; carinis inferioribus distantibus, cauda spira longiore, columella nuda, labro intus sulcato. — Hab. — ?

der Mündung hin fast ganz. Die Spiralsculptur besteht aus starken, ziemlich entferntstehenden Spiralreifen, welche namentlich unter der Kante des letzten Umganges weiter von einander abstehen; zwischen ihnen laufen feine Linien und mitunter auch ein stärkerer Reifen. Die oberen Umgänge sind deutlich quergefaltet, die Falten sind breit gerundet, die Zwischenräume schmal, aber mehr oder minder durch dunkle Färbung der Rippen ausgezeichnet; mit dem Beginn der Höckerbildung werden die Falten undeutlicher und schwinden zuletzt ganz. Die Naht ist tief und leicht gewellt. Die Mündung ist oval, die cylindrische Spindel trägt einen dünnen Beleg durch welchen hindurch die Reifen sichtbar bleiben; der Mundrand ist gezähnelt, der Gaumen gerippt, die Färbung ist wechselnd; nach Lamarck soll sie einfarbig röthlich sein; solche Exemplare sind mir nie vorgekommen. Meistens ist sie weisslich mit braunen Zeichnungen, welche mit Vorliebe als Gliederung der Spiralreifen auftreten; immer vorhanden sind intensiv kastanienbraune Flecken zwischen den Höckern der Kante.

Die Abbildung von Reeve entspricht nicht ganz der Originalbeschreibung Lamarck's; auch wenn man von der columella nuda, auf welcher Lamarck soviel Gewicht legt, absieht, da das nur von dem Entwicklungszustande des Individuums abhängt, ist es doch sehr zweifelhaft, ob der scharfbeschreibende Autor von einer carina tuberculata gesprochen hätte, wenn so starke Falten dagewesen wären, wie sie die Abbildung zeigt. Dieselbe nähert sich in dieser Hinsicht mehr der folgenden Art, welche ich unbedingt hierherziehen würde, wenn nicht das einzige mir vorliegende Exemplar ganz in Uebereinstimmung mit Reeves Abbildung oberhalb der Kante eine andere Sculptur zeigte. Jedenfalls variirt die Art in Beziehung auf die Höckerbildung sehr; das t. 51 abgebildete Exemplar bildet das eine Extrem, das Reeve'sche das andere. Das erstere ist von Fusus closter Philippi ohne Kenntniss des Vaterlandes kaum zu unterscheiden.

Deshayes zieht mit Zweifel den Murex ansatus Gmelin hierher; ich kann keinen Nutzen davon sehen, einen wohlbegründeten Lamarck'schen Namen durch einen Gmelin'schen zu ersetzen.

Aufenthalt: im mittleren indischen Ocean.

27. Fusus torulosus Lamarck.

Taf. 52. Fig. 2.

Testa fusiformis subventricosa, solida, spira pyramidata, cauda sat longa, vix recurva; anfractus 8—9, superi rotundati, ventricosi, inferi angulati, ad angulum tuberculati, spiraliter lirati, liris subdistantibus, distinctis, in anfractu ultimo tribus super angulum multo distantioribus, angulari et duabus sequentibus super nodos prominentioribus; anfractus superi transversim plicati, inferi plicis brevibus medio tantum sculpti. Apertura angulato ovata, columella vix callosa, labro crenulato, faucibus liratis. Albida, rufo-fusco et castaneo vivide strigata et articulata, interdum nodulos tantum anfractus ultimi albidos exhibens, quasi oculata.

Long. spec. dep. 150 Mm.

Fusus torulosus Lamarck*) Anim. sans vert. IX p. 446.
— — Kiener Coq. viv. t. 9 fig. 1.
— — Reeve Conch. icon. sp. 24.

Diese Art steht der vorigen ganz ungemein nahe und ich würde durchaus nicht zögern, sie als besonders stark sculptirte und reich gefärbte Varietät hierherzuziehen, wenn nicht der schon oben erwähnte Unterschied in der Sculptur bestände. Es stehen nämlich über der Kante des letzten Umganges nur vier starke Reifen, von denen die drei oberen besonders weit getrennt sind; dieser Character wird nirgends erwähnt, ist aber auf Sowerby's Abbildung bei Reeve deutlich erkennbar, also nicht individuell bei meinem Exemplare. Der über der Kante laufende Reifen und die beiden nächsten unter ihm springen auf den kurzen Rippenfalten des letzten Umganges besonders stark vor. Im Uebrigen stimmt die Art ganz mit den stärker sculptirten Formen von distans überein, ist aber viel lebhafter gefärbt; auf den oberen Umgängen sind die Zwischenrippenräume rothbraun gestriemt, die Reifen in ihnen lebhaft kastanienbraun; auf dem letzten gewinnen die Striemen und Gliederungen das Uebergewicht und bleiben mitunter nur die Höcker auf dunklem Grunde weisslich.

Aufenthalt im indischen Ocean? Die Art ist nicht eben häufig; das abgebildete Exemplar in Löbbecke's Sammlung.

---

*) F. testa fusiformi, ventricosa, transversim sulcata, tuberculifera, albo et rufo nebulosa; anfractibus convexis, medio tricarinatis, longitudinaliter plicatis, plicis apice tuberculo terminatis; apertura alba, labro intus sulcato. — Hab. — ? Long. 5½″. —

28. Fusus closter Philippi.
Taf. 53. Fig. 1. 2.

„F. testa magna, fusiformi, liris transversis acutis, costisque longitudinalibus latis rotundatis, demum evanidis sculpta, alba, lineis strigisque longitudinalibus rufis picta; anfractibus rotundatis, modice convexis, ad suturam subconcavis; apertura ovato-oblonga; labro utroque sulcato; cauda recta; canali aperturam fere sesquies aequante." — Phil.
Long. 180 Mm.
Fusus closter Philippi Abb. Beschr. III p. 115 t. V fig. 1.

„Das genau spindelförmige, ziemlich solide Gehäuse wird von etwa 12 Windungen gebildet, welche mässig gewölbt und fast gleichmässig gerundet sind, indem nur eine schwache Aushöhlung unmittelbar unter der Naht Eintrag thut. Die letzte Windung ist nicht auffallend bauchig und geht allmählig in den Schwanz über. Die oberen Umgänge zeigen breite, abgerundete, durch schmale Zwischenräume getrennte Rippen, die sich auf den beiden letzten Umgängen gänzlich verlieren. Ausserdem besteht die Sculptur aus scharfen erhobenen Querleisten, die durch halbrunde breite Furchen geschieden sind und deren man etwa sieben grössere auf den oberen Windungen zählt. Sie stehen gleich weit von einander ab, die Entfernung der obersten von der Naht beträgt aber doppelt soviel, als von der nächstfolgenden. Bisweilen steht auf den oberen Windungen die mittelste in Gestalt eines mehr oder weniger deutlichen Kieles hervor. In dem Zwischenraume zwischen diesen Leisten verlaufen noch 1—3 erhabene Querlinien. Auf dem Stiel sind die Reifen gedrängter und unregelmässiger. Ausserdem zeigt die ganze Oberfläche ein sehr feines Netzwerk erhabener Längs- und Querlinien. Die Mündung ist länglich eiförmig, die Innenlippe sehr stark entwickelt und nebst der Aussenlippe innen stark gerieffelt; die Aussenlippe ist am Rande stark gekerbt, entsprechend den Querleisten der Oberfläche. Der gerade offene Canal ist etwa anderthalbmal so lang wie die Mündung selbst. Die Färbung ist fast rein weiss, die Spitze und der Stiel hell rostbraun, blasse Wolken laufen ebenfalls auf den letzten Windungen der Länge nach herab und dunkelbraune schmale Längsstriemen stehen in den Zwischenräumen der Längsrippen. Die Mündung ist schneeweiss." — Phil.

Ich habe der Philippi'schen Beschreibung kaum etwas beizufügen. Von den beiden mir vorliegenden Exemplaren stimmt das Fig. 1 abgebildete fast wörtlich,

III.. 3. b. 22

nur sind die Rippen auf dem letzten Umgang braun gegliedert. Bei dem anderen persistirt der von Philippi erwähnte Kiel bis zur Mündung und trägt einige Höcker, zwischen denen er intensiv kastanienbraun gegliedert ist. Dieses Exemplar kommt dem F. distans sehr nahe, unterscheidet sich aber immer noch durch den Eindruck unter der Naht und das erheblich höhere Gewinde. Das verschiedene Vaterland lässt auf solche Differenzen mehr Gewicht legen.

Aufenthalt im Antillenmeer; Fig. 1 von Nicaragua, Fig. 2 (aus der Gruner'schen Sammlung) von der westindischen Insel Margarita.

29. Fusus syracusanus Linné.

Taf. 32. Fig. 4. 5. Taf. 52. Fig. 3. 4. Taf. 53. Fig. 3.

Testa fusiformis, spira turrita, cauda brevi plus minusve contorta; anfractus 10—11, superi convexi, sequentes superne plus minusve distincte angulati, ad suturam contracti, costis obliquis ad angulum subtuberculatis confertim sculpti, spiraliter lirati, liris minoribus intercedentibus lineisque incrementi subcostiformibus clathrati; anfractus ultimus ad initium caudae iterum angulatus, longitudinis dimidiam parum superans. Apertura ovata, superne subemarginata, inferne in canalem angustum recurvum breviorem desinens, labro crenulato intus sulcato. Alba, maculis et zonulis ferrugineo-fuscis ornata, epidermide fusca lamellosa plus minusve adhaerente obtecta.

Long. ad 60, apert. cum canali 32 Mm.

Murex syracusanus Linné Syst. nat. ed. XII p. 1224.
Fusus — Lamarck IX p. 456.
— — delle Chiaje-Poli III pl. 48 fig. 11. 12.
— — Kiener Coq. viv. p. 23 t. 4 fig. 2.
— — Reeve Conch. icon. sp. 10.
— — Weinkauff M. M. Conch. II. p. 102.
— — Kobelt Conchylienbuch t. 5 f. 10.
Trophon syracusanus Monterosato Enum. e. Sinon. I p. 41.
Aptyxis — Troschel Gebiss.

Gehäuse spindelförmig mit gethürmtem Gewinde und kurzem, mehr oder minder stark gekrümmtem Stiel; es sind 10—11 Umgänge vorhanden, die oberen gut gewölbt, die späteren mehr oder minder ausgesprochen kantig und über den Naht noch einmal deutlich eingeschnürt. Sie sind mit schiefen, an der Kante scharf gebrochenen und einen spitzen Höcker bildenden Falten sculptirt, welche beim Typus dicht stehen; ausserdem sind gut entwickelte, ziemlich weitläufige Spirallinien vorhanden und die Zwischenräume erscheinen durch schwächere Spiralreifen und fadenförmige Anwachsstreifen gegittert. Der letzte Umgang erscheint am Beginn der Verschmälerung noch einmal kantig, die Falten reichen aber bis über die untere Kante hinaus und zeigen daselbst häufig noch einige Höcker. Die Mündung ist fast regelmässig oval mit nahezu parallelem Aussen- und Innenrand, oben etwas ausgeschnitten, nach unten geht sie in den meist etwas kürzeren, engen, gekrümmten Canal über; die Spindel ist cylindrisch mit fest anliegendem, glattem Beleg, der Aussenrand gezähnelt, der Gaumen gefurcht. Die Färbung ist weiss mit verschieden stark entwickelten braunen Binden und Flecken, fast constant ist eine braune Binde über der Naht, resp. auf dem letzten Umgang über der Unterkante, auch die Parthieen über der Kante und der Stiel sind immer mehr oder minder braun gefärbt die Rippen bleiben von der Kante bis zum Beginn der Binde meist rein weiss, doch finden sich mitunter auch in diesem Raume rostbraune Spiralbinden. Die braune an den Anwachsstreifen lamellös vorspringende Epidermis ist meist nur in der Nähe der Naht und in den Zwischenräumen vorhanden, doch kommen auch nicht ganz selten Exemplare vor, bei denen sie ganz erhalten ist und die characteristische Färbung fast vollständig verdeckt. Die Mündung ist weiss, mitunter röthlich gesäumt und im Gaumen bräunlich angelaufen.

Eine sehr eigenthümliche Form findet sich an der Dalmatinischen Küste; Monterosato hat sie var. fasciolarioides genannt und in der That hat sie ganz den Habitus einer Fasciolaria oder eines Latirus. Das Taf. 52 Fig. 3 abgebildete Exemplar, welches allerdings ein Extrem dieser Form darstellt, könnte fast für Turbinella columbarium Ch. genommen werden, es ist auffallend dickschalig, gedrungen, die sarken Rippenfalten stehen entfernter und bilden an der Kante starke Höcker, welche durch einen stärkeren, Spiralreifen verbunden sind, die Spiralreifen stehen dicht gedrängt, der Gaumen ist nicht gefurcht, sondern scharf gerippt; unter den Höckern her läuft eine braune Binde und lässt dieselben noch schärfer hervortreten. Der Lithograph hat dies leider nicht scharf genug ausgeprägt. Das andere Extrem stellt Taf. 53 Fig. 3 dar, die Form, welche man besonders in Neapel findet; die Rippen treten ganz zurück, die Kante verschwindet und da hier auch meist die Epidermis ganz erhalten bleibt, scheidet nur noch das gethürmte Gewinde und der kürzere Stiel die Form von den Extremen des F. rostratus.

22 *

F. syracusanus ist eine Characterschnecke des Mittelmeeres, dessen Gränzen sie nicht zu überschreiten scheint. Im Hafen von Syracus findet man sie heute noch häufig in ganz besonders schönen Exemplaren.

30. Fusus Schrammi Crosse.

Taf. 53. Fig. 4.

„T. imperforata, elongato-fusiformis, parum crassa, vix subtranslucida, spiraliter subtiliter multilirata, alba, ad suturam et infra carinam anfractuum zona pallide ferruginea interdum balteata; anfractus 11 valde convexi, embryonales 2 laeves, sequentes longitudinaliter tuberculato-costati, costis validis medio subacutis et carinam mentientibus, in anfractu penultimo et in ultimo minus prominulis, carina mediana perstante; ultimus spiram superans, acute nodato-carinatus; apertura ovata, ad suturam subangulata, intus alba; columella vix arcuata, granosa, extus in lamellam albidam prominula; canali longo, subrecto". (Crosse).

Long. 60, lat. 21 Mm.

Fusus Schrammi Crosse Journ. Conch. XIII 1865 p. 31 t. 1 fig. 9.

Gehäuse lang spindelförmig, wenig dickschalig, kaum durchscheinend, von zahlreichen feinen Spiralleisten umzogen, weisslich, mitunter an der Naht und unter dem Kiel von blass rostbraunen Binden umzogen. Die elf Umgänge sind stark gewölbt, die beiden embryonalen sind glatt, die anderen mit starken Radialrippen sculptirt, welche in ihrer Mitte als spitze Höcker vorspringen und eine Art Kiel bilden; schon auf dem vorletzten Umgang beginnen sie schwächer zu werden und auf den letzten sind sie fast ganz obsolet, während der Kiel bis zur Mündung persistirt. Die Mündung ist eiförmig, nach aussen und oben etwas eckig, innen weiss. Die Spindel ist schwach gebogen, ihr Beleg gekörnelt und am Rande lostretend. Der Canal ist lang und fast gerade.

Aufenthalt an der westindischen Insel Guadaloupe. Abbildung und Beschreibung nach Crosse l. c.

Anmerkung. Crosse macht bereits darauf aufmerksam, wie ähnlich diese Art dem chinesischen F. spectrum Ad. et Reeve sieht, doch scheint die Sculptur verschieden.

31. Fusus Dupetitthouarsi Kiener.

Taf. 54. Fig. 1. 2.

Testa fusiformis vel elongato-fusiformis, solida, ponderosa, alba vel grisea, strigis singulis in anfractu ultimo ad modum varicum ornata, anfractus 10—11 convexi, infra suturam profundam impressi, spiraliter lirati liris magnis, planis, minore et lineis nonnullis plerumque intercedentibus, superi grosse plicati et lira mediana fortiore interdum subcarinati; cauda crassa, rectiuscula. Apertura ovata, in canalem vix longiorem desinens, superne plus minusve canaliculata, labro valde crenato, faucibus liratis; alba, roseo limbata.

Long. 177, lat. 65 Mm.

Fusus Dupetit-Thouarsi Kiener Coq. viv. p. 15 t. 11.
— — Deshayes-Lam. Anm. s. vert. IX. p. 468.
— — Reeve Conch. icon. sp. 9.

Gehäuse spindelförmig bis lang spindelförmig mit ziemlich kurzem, geradem, dickem Stiel und gethürmtem, spitzem, die Mündung meist an Länge übertreffendem Gewinde, festschalig und schwer, weiss oder grauweiss, nur auf dem letzten Umgang und dicht hinter dem Mundrand mit einzelnen, in der Richtung der Anwachsstreifen verlaufenden rothen Linien gezeichnet. Es sind 10—11 Umgänge vorhanden, welche unter der Naht etwas eingedrückt, dann aber schön gerundet sind; sie werden von starken, nicht allzu gedrängt stehenden Spiralreifen umzogen, welche hoch aber flach sind und zwischen welche sich wenigstens auf dem letzten Umgang eine schwache Leiste und einige Spirallinien einschieben; die oberen Umgänge zeigen starke, nicht ganz regelmässige Querfalten, welche nach dem letzten Umgang hin verschwinden; die mittelste Spiralleiste springt mehr oder minder hervor und gibt den oberen Umgängen ein gekieltes Ansehen. Die Naht wird durch einen starken Wulst bezeichnet. Auf dem auffallend starken Stiel sind die Leisten scharfrückig. Die Mündung ist eiförmig, oben eine Art Canal bildend, unten in einen kaum längeren ziemlich offenen Canal übergehend, die Spindel mit starkem, unten lostretenden Beleg, oben dem Eindruck des Aussenrandes gegenüber mit einer starken Schwiele, der Aussenrand ist stark gezähnelt, der Gaumen gereift. Die Mündung ist weiss mit einem schmalen röthlichen Saum ringsum.

Ein zweites mir vorliegendes Exemplar, wie das abgebildete aus Löbbecke's

Sammlung stammend, ist um die Hälfte länger, aber nur wenig breiter, der Canal bedeutend länger als die Mündung, die Sculptur viel schärfer, indem auf jedem Spiralreifen noch eine schwächere Leiste läuft; die Reifen des letzten Umganges sind förmlich knotig und die Anwachsstreifen springen stärker vor.

Aufenthalt an den Gallopagos.

Anmerkung. Diese stattliche Art lässt sich von allen anderen Fusus leicht durch den dicken Stiel unterscheiden, besonders auffallend ist die Dicke der Spindel. Von F. variegatus Perry, welcher ihr darin gleicht, unterscheidet sie sofort die ganz andere Sculptur.

32. Fusus afer Gmelin sp.

Taf. 43. Fig. 6. 7.

Testa abbreviato-fusiformis, subpiriformis, medio gibboso-ventricosa, cauda brevi, subcontorta; anfractus 8 angulati, super angulum concavo-declives, ad angulum nodoso-plicati, liris parvis scabris spiralibus cingulati. Apertura angulato-ovata, in canalem angustum longitudinem fere aequantem desinens, columella labio laevi superne dentifero induta, labro acuto, crenulato, dein mox incrassato, faucibus liratis. Albida, strigis et maculis aurantio fuscis varie picta, interdum pallide fusco fasciata.

Long. 28, lat. 15, long. apert. cum can. 18 Mm.

Murex afer Gmelin Syst. Nat. ed. XIII. p. 3555.

Le Lipin Adanson Voy. Senegal Coq. p. 125 t. 8 fig. 18.

Fusus afer Encycl. pl. 426 fig. 6 a. b.

  — — Lamarck Anim. s. vert. IX. p. 458.

  — — Kiener Coq. viv. p. 34 t. 10 fig. 2.

  — — Reeve Conch. icon. sp. 21.

Gehäuse kurz spindelförmig, fast pyrulaartig, in der Mitte unregelmässig bauchig, mit ziemlich kurzem Gewinde und kurzem, wenig gedrehtem, nach unten hin verschmälertem Stiel. Die acht Umgänge sind kantig, über der Kante eingedrückt, an derselben mit mehr oder minder starken Höckern besetzt, sie werden von rauhen Spiralreifen ziemlich dicht umzogen. Die Mündung ist etwas eckig eirund und geht in einen kaum gleichlangen engen Canal über. Die Spindel trägt einen deutlichen, oben mit einer Schwiele versehenen Beleg; der Mundrand ist scharf und leicht gezähnelt, verdickt sich aber rasch; der Gaumen ist gerippt. Die Färbung ist weisslich oder grau, mit orangefarbenen Striemen und Flecken verschiedenartig gezeichnet, mitunter auch bräunlich gebändert mit weissbleibenden Knoten.

Aufenthalt an der Küste von Senegambien, das abgebildete Exemplar in Löbbecke's Sammlung.

Anmerkung. Diese Art steht unter Fusus sehr eigenthümlich da, die anatomische Untersuchung wird sie vielleicht als selbstständige Gattung erkennen lassen.

33. Fusus ocelliferus Bory.

Taf. 55. Fig. 1.

Testa fusiformis, subventricosa, tenuiuscula, spira et canali mediocribus; anfractus 9—10 regulariter crescentes, sutura profunda, sed haut canaliculata discreti, infra suturam concavo-declives, liris latis planis cingulati, lira minore intercedente, lira angulari verrucosa, praecipue in anfractibus spirae. Apertura elongato-ovata, superne acuminata, inferne in canalem rectiusculum, leviter ad sinistram flexum desinens, columella vix callosa, labro tenui, faucibus geminatim liratis. Albida, aurantio-fusco strigata et maculata, verrucis conspicue aurantio-fuscis, apertura albida.

Long. 100 Mm. —

Martini Conch. Cab. IV t. 144 fig. 1341.

Fusus ocelliferus Bory Encycl. Method. p. 429 fig. 7.

— verruculatus Lamarck Anim. s. vert. IX. p. 455.

— — Kiener Coq. viv. t. 15 fig. 1.

— ocelliferus Reeve Conch. icon. sp. 3.

— parvulus „Ch., Bolt." Mörch Cat. Yoldi p. 102.

Syrinx buccinoides Bolten fide Mörch.

Neptunea minor Link fide Mörch.

Gehäuse spindelförmig, doch ziemlich bauchig, dünnschalig, das Gewinde und der Canal nur mittellang, der Körper relativ grösser, als bei anderen ächten Spindeln. Es sind 9—10 Windungen vorhanden, welche langsam zunehmen und durch eine tiefe, etwas abgesetzte, doch nicht eigentlich rinnenförmige Naht geschieden werden, unter der Naht etwas eingedrückt und dann gewölbt, doch nur ganz undeutlich kantig; sie werden von breiten, flachen Spiralreifen umzogen, welche mitunter oben durch eine Furche getheilt werden, der auf der Mitte der oberen Umgänge verlaufende Reifen trägt dunklere augenartige Warzen, von denen die Art ihre beiden Namen bekommen hat; zwischen die beiden Reifen schiebt sich ein schmälerer ein. Auf dem letzten Umgang sind meistens keine Warzen mehr entwickelt. Die Mündung ist ziemlich klein, nach oben etwas zugespitzt, nach unten geht sie in einen etwa gleichlangen, ziemlich geraden, doch etwas nach links gerichteten Canal über. Die Spindel zeigt nur unten einen deutlichen Beleg und mitunter oben noch einen kleinen Höcker; Aussenlippe dünn, der Gaumen bei guten Exemplaren nicht glatt, wie Lamarck angibt, sondern den Furchen der Aussenseite entsprechend gereift. Färbung weisslich, mit ziemlich blassen orangebraunen Striemen, die Warzen auf der Kante lebhaft orangebraun, Mündung weiss.

Diese Art steht unter den Fusus durch ihre bauchige Gestalt und das Zurücktreten des Canals ziemlich isolirt und erinnert an manche Neptuneen. Gute Exemplare sind nicht allzuhäufig; das abgebildete Exemplar in der Löbbecke'schen Sammlung.

Aufenthalt —?

34. Fusus buxeus Reeve.
Taf. 35. Fig. 2.

Testa subobeso-fusiformis, solida, ponderosa, spira subturrita, cauda rectiuscula, brevi; anfr. 10 convexi, superi costis radiantibus numerosis lirisque spiralibus subclathrati, penultimus vix et ultimus irregulariter subplicati, infra suturam impressi, liris planis numerosis et minoribus intercedentibus sculpti, ultimus spirae longitudinem superans; sutura ruditer impressa, aperturam versus subcanaliculata. Apertura ovata, in canalem breviorem latum rectiusculum leviter sinistrorsum desinens, columella callo appresso superne tenui, inferne crassiore induta, labro tenui, crenulato, faucibus sulcatis. Albida, epidermide fusco-spadicea tenui adhaerente induta, ad caudam castaneo strigata et tincta, canali ad exitum fuscescente.

Long. 100, lat. 42 Mm.

Fusus buxeus Reeve Conch. icon. sp. 18.

Gehäuse bauchig-spindelförmig, festschalig und schwer, mit ziemlich hohem Gewinde und kurzem geradem Stiel. Die zehn Umgänge sind gut gewölbt; die oberen zeigen sehr zahlreiche, dichtstehende Radialfalten und erscheinen durch die starken Spiralreifen fast regelmässig gegittert; nach unten hin rücken die Falten immer weiter auseinander, verkümmern und werden unregelmässig; auch die Spiralreifen rücken auseinander und werden breiter und flacher; zwischen sie schieben sich noch schwächere Spiralleisten und Linien ein, starke Anwachsstreifen laufen darüber hin. Die beiden letzten Umgänge sind unter der Naht etwas eingedrückt; die Naht selbst ist unregelmässig und eingedrückt, nach der Mündung hin abgesetzt und fast rinnenförmig; der letzte Umgang ist höher, als das Gewinde. Die Mündung ist eirund und geht in einen kürzeren, etwas nach links gerichteten, offenen, geraden Canal über; die Spindel ist ziemlich gebogen, oben schwach, unten dick belegt; sie bildet mit dem Canal eine Ecke. Der Aussenrand ist dünn und crenulirt, der Gaumen den Aussenrippen entsprechend gefurcht, die weisliche Oberfläche wird von einer dünnen, festsitzenden, fahl braungelben Epidermis überzogen; nach dem Stiele hin treten kastanienbraune Striemen und Flecken auf und das Ende des Stiels ist tief braun gefärbt; die Mündung ist weiss, am Ausgang des Canals schimmert die dunkle Färbung der Aussenseite durch.

Aufenthalt unbekannt, dem Habitus nach Neuholland. Das abgebildete Exemplar in der Löbbecke'schen Sammlung.

Anmerkung. Diese Art kann nur mit der folgenden verwechselt werden, doch ist die Sculptur im Detail eine ganz andere, namentlich auf den oberen Umgängen; auf das Vorhandensein oder Fehlen von Knoten kann man bei Fusus kein so grosses Gewicht legen.

35. Fusus crebriliratus Reeve.

Taf. 55. Fig. 3.

Testa fusiformis, sat ventricosa, cauda rectiuscula, brevi; anfractus 9—10 rotundati, sutura profunda undulata, versus aperturam distincte canaliculata discreti, liris acutis subdistantibus cincti, striis 2—3 elevatis intercedentibus, superi concentrice plicati, inferi medio subobsolete plicato-nodosi et infra suturam impressi. Apertura ovata, superne fere canaliculata, columella cylindrica callosa, labro dentato, faucibus vix sulcatis. Ustulatofusca, longitudinaliter indistincte flammulata, intus albida.

Long. 110, lat. 50.

Fusus crebriliratus Reeve Conch. icon. sp. 20.
— — Angas Proc. zool. Soc. 1865 p. 158.

Gehäuse ziemlich bauchig spindelförmig mit breit kegelförmigem Gewinde und ziemlich kurzem, geradem Stiel. Die 9—10 Umgänge sind durch eine wellenförmige, tiefe, nach der Mündung hin rinnenförmige Naht geschieden und werden von ziemlich entferntstehenden Spiralreifen umzogen, zwischen welche immer 2—3 erhobene Linien eingeschoben sind; die oberen Umgänge sind concentrisch gefaltet, die unteren zeigen nur noch in der Mitte Spuren von Faltenhöckern, dagegen sind

III. 3. b.   23

sie unter der Naht eigenthümlich eingedrückt. Stiel sehr scharf gerippt. Mündung oval, oben einen deutlichen Canal bildend, Spindel cylindrisch mit ziemlich glatten Beleg, Mundrand gezähnelt, Gaumen fast glatt. Die Färbung, an meinem Exemplare leider bis auf einige Spuren abgerieben, ist nach Reeve rauchbraun mit undeutlichen dunklen Flammenstriemen; die Mündung ist weiss.

Aufenthalt an Neuholland. — Spencers und S. Vincent Gulfs, auf sandigem, mit Zostera bewachsenem Boden in 4—5 Faden Tiefe, gemein. (Angas).

Anmerkung. Ein zweites Exemplar dieser Art stimmt mit dem abgebildeten in allen Einzelnheiten überein, ist aber, obschon es nach der Mundbildung für ausgewachsen angesehen werden muss, nur 85 Mm. hoch und 34 Mm. breit. Beide Exemplare gehören der Löbbecke'schen Sammlung an.

36. Fusus (?) cancellarioides Rve.
Taf. 55. Fig. 4.

„Fus. testa ovata, solidiuscula, basi contorta et recurva, spirae suturis peculiariter impressis, anfractibus transversim fortiter liratis, longitudinaliter plicato-costatis, costis latiusculis, labrum versus gradatim evanidis; albida liris rufo-fuscescentibus." — Reeve. — Long. (ex icone) 47 Mm.

Fusus cancellarioides Reeve Conch. icon. sp. 59.

Ich bezweifle sehr, ob diese Art zu den ächten Fusus zu rechnen, copire aber hier die Reeve'sche Abbildung zur Vergleichung mit der folgenden Art, welche einige Aehnlichkeiten damit bietet. Das Gehäuse ist spitzeiförmig, festschalig, mit kurzer gewundener und zurückgekrümmter Basis (was übrigens bei der Sowerby'schen Figur nicht erkennbar ist), und eigenthümlich eingedrückter Naht. Die Sculptur ist die gewöhnliche Fusussculptur, starke, breite, nach der Mündung hin verschwindende Rippenfalten und starke Spiralreifen; die Färbung weissgelb mit rothbraunen Reifen. Der Gaumen ist gerippt.

Das Exemplar könnte eventuell eine unausgewachsene Pyrula sein, doch kenne ich keine, auf welche die Beschreibung der Nahtbildung passte, auch deutet das Verschwinden der Falten nach der Mündung hin auf eine ausgewachsene Conchylie.

Aufenthalt: China? Das Original in der Hanley'schen Sammlung.

37. Fusus spadiceus n. sp.
Taf. 55. Fig. 5. 6.

Testa ovato-fusiformis, tenuiuscula sed solida, spira turrita, cauda brevi, latiuscula, vix recurva; anfractus 8—9, convexiusculi, sutura undulata, impressa discreti, spiraliter distincte lirati, liris distantibus, interstitiis lineis spiralibus 3, caudam versus etiam lirula intercedente sculptis, radiatim distincte plicati, plicis rotundatis, sat distantibus, liris ad intersectionem leviter productis. Apertura rotundato-ovata, canali brevi, aperto, columella arcuata inferne callosa, labro tenui, crenulato, intus sulcato, sulcis liris externis respondentibus. Alba, epidermide tenuissima fortiter adhaerente spadicea induta, apertura alba. Long. 50 Mm.

Gehäuse ei-spindelförmig oder bauchig-spindelförmig, dünnschalig, doch fest, mit gethürmtem Gewinde und kurzem, breitem, kaum zurückgebogenem Stiel. Die 8—9 gut gewölbten Umgänge werden durch eine wellenförmige, eingedrückte, aber durchaus nicht auffallend ausgehöhlte Naht geschieden; sie werden von starken, entferntstehenden — dieser Character ist bei unserer Figur etwas übertrieben — Spiralreifen umzogen; in den Zwischenräumen laufen drei gleichstarke Spirallinien; nach dem Stiele hin wird die mittlere stärker und bildet einen Zwischenreifen; die Radialfalten sind stark, gerundet, durch fast eben so breite Zwischenräume geschieden; auf den oberen Umgängen laufen sie von Naht zu Naht, auf dem letzten verlaufen sie sich unter der Mitte allmählig, bleiben aber bis zur Mündung deutlich; wo die Spiralreifen über sie hinlaufen, sind sie zu länglichen Knötchen vorgezogen. Die Mündung ist rundeiförmig, der Canal kürzer, weil offen und kaum zurückgebogen, die gebogene Spindel oben kaum, unten deutlich belegt, der Aussenrand dünn, gezähnelt, innen mit flachen Furchen sculptirt, welche den Spiralreifen entsprechen. Die Färbung ist weisslich, verdeckt durch eine dünne, glatte, festansitzende, fahlgelbliche Epidermis; die Mündung ist weiss.

Es liegt mir von dieser Art nur ein Exemplar unsicheren Herkommens vor und ich habe lange gezögert, eine neue Art darauf zu gründen, kann es aber bei keiner anderen unterbringen. Mit der vorigen Art kann ich F. spadiceus unmöglich vereinigen, er hat ein viel höheres Gewinde und eine ganz andere Naht. Die Sculptur und Färbung stimmen ganz mit F. pyrulatus Rve., die Gestalt dagegen erinnert sehr an Nept. alternata Phil., und ich war eine Zeit lang nicht abgeneigt, sie als farblose Varietät dazu zu stellen, doch hindert das die deutliche Epidermis

23*

und abweichende Textur der Schale. Es ist mir übrigens durchaus nicht unwahrscheinlich, dass unsere Art zu den Austrofusus zu rechnen ist.

38. Fusus ventricosus Beck.

Taf. 56. Fig. 1. 2.

Testa elongato-fusiformis, medio tumida, spira turrita, cauda gracili, contortula; anfractus 11—12 spiraliter undique acute lirati, superi convexi, fortiter costati, sequentes ad suturam impressi, dein tumidi, ad medium carinati et serie tuberculorum compressorum armati, ultimus interdum ad initium caudae serie altera tuberculorum instructus; cauda valde lirata. Apertura irregulariter ovata, superne acuminata et subcanaliculata, columella lamella crassa, ad marginem soluta, rugulosa obtecta, labro denticulato, incrassato, intus valde lirato. Intus extusque nivea.

Long. 150, lat. 55 Mm.

Fusus ventricosus Beck mss., nec Gray.
— — Reeve sp. 34 tab. VIII.
— Beckii Reeve sp. 34 tab. XVII.

Gehäuse schlank spindelförmig, in der Mitte ziemlich bauchig, mit gethürmtem Gewinde und schlankem, etwas gedrehtem Stiel. Die zwölf Umgänge sind dicht spiral gereift und durch eine tiefe, buchtige, nach der Mündung hin ziemlich rinnenförmige Naht geschieden; die oberen sind wie bei den anderen grossen Fusus, gewölbt und stark gerippt, die späteren kantig, unter der Naht etwas eingedrückt, aber dann über der Kante gewölbt, die Kante mit einer Reihe zusammengedrückter Höcker besetzt, welche durch das Vorspringen zweier Spiralreifen doppelt erscheinen, sie laufen in ganz kurze Rippen aus; auf dem letzten Umgang steht häufig am Beginn der Verschmälerung noch eine Höckerreihe, die indess mit der oberen nicht durch Rippen verbunden ist. Der Stiel ist auffallend stark gereift. Die Mündung ist ziemlich unregelmässig eiförmig, oben zugespitzt und eine Art Canal bildend, die Spindel mit einer dicken, schwach gerunzelten, am Rande lostretenden Platte belegt, der Aussenrand gezähnelt, innen verdickt und sehr stark gerippt. Die Färbung ist einfarbig weiss.

Aufenthalt nicht sicher bekannt, jedenfalls im indischen Ocean.

Anmerkung. Diese Art ähnelt einigermassen dem F. undatus Gmelin, ist aber kleiner, schärfer sculptirt und hat zahlreichere dichtstehende Höcker. — Da Fusus ventricosus Gray zu Sipho gehört, gebe ich der Art ihren ältesten Namen wieder zurück.

39. Fusus cinnamomeus Reeve.
Taf. 56. Fig. 3. 4. Taf. 57. Fig. 6.

„Fusus testa fusiformi, tenuicula, anfractibus subventricosis, rotundatis, liris alternatim latiusculis, obsolete verrucosis, cingulatis; cinnamomeo-fusca". — Reeve. —
Long. (ex icone) 56 Mm.
Fusus cinnamomeus Reeve Conch. icon. sp. 16.

Es liegen mir zwei Exemplare eines mit F. ocelliferus verwandten Fusus vor, welche ich mit der nicht eben sehr genügend beschriebenen und nur von der Rückseite abgebildeten Reeve'schen Art identificiren zu müssen glaube. Dieselben unterscheiden sich von F. ocelliferus durch geringere Abplattung unter der Naht und namentlich durch ganz auffallend schmälere Spiralreifen; während bei ocelliferus dieselben so breit sind, wie die Zwischenräume, sind sie bei beiden mir vorliegenden Exemplaren kaum über halb so breit, dafür erheblich höher und durch deutliche Spirallinien getheilt. Auch der breite Reifen mit den Augenflecken ist nirgends erkennbar. Die Färbung ist wie Reeve verlangt, bei dem kleinen Exemplare einfarbig zimmetbraun, bei dem grösseren sind die Reifen dunkler, zuweilen intensiv braun gegliedert; es kommt diess Exemplar überhaupt dem F. Rudolphi Dkr. ziemlich bedenklich nahe.

Die Herkunft beider Exemplare von denen sich das grössere in der Löbbecke'-schen, das kleinere in der Paetel'schen Sammlung befindet, ist unsicher.

40. Fusus tenuiliratus Dunker.
Taf. 57. Fig. 1—3.

„Testa crassiuscula, gracilis, fusiformis, alba, strigis flammisque nonnullis pallide fuscis picta, anfractibus 8—9 aequaliter convexis, sutura distincta sejunctis, costulis crebris rotundatis glabris inaequalibus cincta; costarum interstitia subtilissime cancellata; anfractus ultimus spira satis longior, $^3/_5$ scilicet totius testae longitudinem aequans; anfractus primordiales per longitudinem plicati; rostrum attenuatum; canalis angustus; labrum internum sulcatum, album." — Dkr.
Long. (spec. typ.) 72, diam. 24 Mm.
— (spec. adult.) 90, diam. 35 Mm.
Fusus tenuiliratus Dunker Novit. Conch. p. 98 t. 33 fig. 1. 2.

Gehäuse schlank spindelförmig, ziemlich dickschalig, weiss oder gelblichweiss mit undeutlichen braunrothen oder gelblichen Striemen; die zehn bis elf Umgänge sind gut gewölbt und ziemlich gleichmässig gerundet, nur unter der Naht leicht eingedrückt; sie werden von feinen, glatten, in der Stärke ziemlich regelmässig abwechselnden Spirallinien umzogen, deren Zwischenräume durch eine erhabene Spirallinie und feine Anwachsstreifen gegittert erscheinen; auf den oberen Umgängen springen 3—4 Leisten stärker vor. Die obersten sind quergefaltet, in den Zwischenräumen die Reifen bräunlich gefärbt. Der letzte Umgang nimmt etwas über $^1/_3$ der Gesammtlänge ein. Die Naht ist deutlich, fast abgesetzt. Die Mündung ist schmal eiförmig, die Spindel hat nur einen ganz dünnen Beleg, der Canal ist eng und am Eingang etwas gebogen; der Gaumen ist gefurcht, die Aussenlippe leider bei beiden mir vorliegenden Exemplaren beschädigt. Fig. 2. 3 stellen das Originalexemplar dar, Fig. 1 ist nach einem grösseren, ebenfalls der Paetel'schen Sammlung angehörigen Exemplar gezeichnet.

Aufenthalt unbekannt.

Anmerkung. Diese hübsche Art könnte nur mit F. Couei Petit verwechselt werden, doch ist dieser noch schlanker, hat stärkere, entferntstehende Reifen und die Umgänge sind bis zum drittletzten herab quergefaltet; auch zeigen die bisher bekannt gewordenen Exemplare keine Spur von Färbung.

41. Fusus leptorhynchus Tapparone Canefri.
Tab. 57. Fig. 4. 5.

F. testa elongato-fusiformi, gracili, solidiuscula, albida vel flammulis irregularibus rufo-fuscis plus minusve picta et liris spiralibus impressis angustissimis rufo-fuscis undique ornata; spira elata, acutissima; anfr. 12 circiter convexiusculi, ultimus superne, caeteri medio angulati, crebre spiraliter cingulati, cingulis inaequalibus, obtuse subcarinatis; longitudinaliter plicato-tuberculati, plicis ad suturas evanidis, tuberculis ad angulum prominentibus; anfr. ultimus ad initium caudae serie tuberculorum altera subirregulari plerumque cingulatus, cauda liris subsquamosis sculpta. Apertura ovata, superne acuminata et subcanaliculata, inferne in canalem fere duplo longiorem angustum subcontortum desinens, labro columellari crasso, subrugato, medio erecto, labro externo distincte crenulato, faucibus argute liratis, alba, roseo anguste limbata.

Long. 92 Mm.

Fusus leptorhynchus Tapparone Canefri Muricidi del Mar Rosso p. 63. Annal. Mus. Civ. Genova vol. VII p. 627 t. 19 fig. 5. 5 a.

Gehäuse schlank spindelförmig mit hohem, spitz zulaufendem Gewinde und schlankem, etwas gedrehten, mitunter das Gewinde an Länge übertreffendem Stiel, festschalig, weisslich mit unregelmässigen rothbraunen Striemen und Flecken und deutlichen rothbraunen schmalen Linien in den Furchen der Spiralreifen. Es sind 10—12 Umgänge vorhanden; dieselben sind gut gewölbt und in der Mitte von einer Kante umzogen, über derselben etwas eingedrückt; sie werden von dicht-stehenden, scharfrückigen Spiralreifen überall, eine kleine Strecke unter der Naht ausgenommen, umzogen; die oberen sind stark quergefaltet, auf den unteren werden die Falten kürzer und bilden spitze Höcker, welche nach oben sich rasch verlaufen und meist nur zwei Spiralreifen umfassen. Der letzte Umgang zeigt ausserdem meist noch eine ähnliche Höckerreihe am Beginn des Stieles, die mit den oberen Höckern durch schräge Wülste nicht ganz verbunden sind. Auf dem Stiel stehen einige stärkere Reifen mit einzelnen Schuppen. Die Mündung ist mittelgross, ei-förmig, oben spitz und eine Art Canal bildend; nach unten geht sie in den erheblich längeren, engen, mehr oder minder stark gedrehten Canal über. Die Spindelplatte ist dick, leicht gerunzelt, in der Mitte am Rande gelöst und abstechend, die Aussen-lippe ist stark crenulirt, der Gaumen tief gefurcht. Die Mündung ist weiss mit schmalem fleischrothem Saum.

Aufenthalt an den Dahlak-Inseln im rothen Meer von Jickeli gesammelt, auch von Rüppel mitgebracht. Das abgebildete Exemplar in Jickeli's Sammlung.

Anmerkung. Diese hübsche Art ist ganz ein F. ventricosus Beck im Kleinen; Exemplare ohne die untere Kante erinnere auch an F. toreuma Mart.; die rothbrau-nen Linien in-den Interstitien unterscheiden sie vor allen mir bekannten Fusus.

42. Fusus Meyeri Dunker.

Taf. 58. Fig. 1. 2.

„Testa magna, gracillima, tota nivea, anfractibus 10—12 valde convexis, superne paullo cavatis, sutura profunda sejunctis, fortiter nodoso-plicatis, transversim crasse acu-eque costatis instructa; costae transversae impares, costulis incrementi obsoletis decussatae;

anfractus ultimus ³/₅ totius testae aequans; rostrum longissimum latiusculum, antice atte-
nuatum; canalis late apertus; apertura oblonga; labrum intus sulcatum." — Dunker. —
Long. 167, lat. max. 46, long. apert. 98 Mm.
Fusus Meyeri Dunker Novitates p. 127 t. 43 fig. 1. 2.

Das Gehäuse ist gross, schlank, ziemlich dickschalig, einfarbig weiss und mit
10—12 sehr convexen Windungen versehen, die durch eine tiefe Naht getrennt
und unter derselben etwas ausgeschweift sind. Die oberen Umgänge tragen starke
knotenartige Längsfalten, die nach unten hin allmählig schwächer werden und auf
der letzten Windung ganz verschwinden. Erhobene scharfe Querrippen mit feineren
dazwischenliegenden Rippchen umgeben das ganze Gehäuse. Der Rüssel ist breit
und lang, vorn verschmälert, der Canal ziemlich breit.

Aufenthalt unbekannt, das Original im Hamburger Museum, unsere Figuren aus
den Novitates copirt.

43. Fusus Rudolphi Dunker.
Taf. 58. Fig. 3. 4.

„Testa ovato-fusiformis, ventricosa, solidiuscula, strigis maculisque pallide fuscis vel
ferrugineis per longitudinem picta, anfractibus 8 convexis transversim inaequaliterque costatis lineisque incrementi obscuris instructa; anfractus ultimus inflatus ³/₅ totius testae adaequans; rostrum breviusculum subcurvum, truncatum, columellae media pars parum
sinuata; canalis antice late apertus; labrum tenue, crenatum, intus sulcatum." — Dunker.
Long. 90, diam. max. 35, long. apert. 51 Mm.
Fusus Rudolphi Dunker Novitates p. 128 t. 43 Fig. 3. 4.

Gehäuse eispindelförmig, bauchig, ziemlich festschalig, weissgelblich mit blass-
braunen oder rostfarbenen Striemen und Flecken; die 8 gewölbten Umgänge sind
mit ungleichen Spiralreifen und wenig deutlichen Anwachsstreifen sculptirt, der
letzte Umgang erscheint aufgeblasen und nimmt ³/₅ der Gesammtlänge ein; der
Stiel ist kurz, etwas gekrümmt, unten abgestutzt. Die Spindel ist in der Mitte nur
wenig ausgebogen und kaum belegt, der Canal unten weit offen, der Aussenrand
dünn, gezähnelt, der Gaumen gefurcht.

Aufenthalt unbekannt, das Originalexemplar im Hamburger Museum, Abbildung
und Beschreibung aus den Novitates copirt.

Anmerkung. Dunker vergleicht diese Art mit F. pyrulatus Rve.; mir scheint
sie in Form und Sculptur viel mehr dem F. cinnamomeus nahe zu kommen und
namentlich dem Taf. 57 Fig. 6 abgebildeten Exemplare sehr nahe zu stehen.

44. Fusus toreuma Mart. var.
Taf. 59. Fig. 1.

Differt a typo anfractibus rotundatis nec carinatis; plicis in ultimo anfractu evanescentibus.

Long. 130 Mm.

Aus Löbbecke's Sammlung liegt mir ein Exemplar unbekannten Fundortes vor, in dem ich nur eine kantenlose Varietät des Fusus toreuma sehen kann, obwohl eine solche bis jetzt noch nicht beschrieben ist. Sculptur und Färbung sind annähernd dieselben, eine Kante ist nur auf den mittleren Umgängen leicht angedeutet, schon auf dem drittletzten ist keine Spur mehr zu erkennen. Die oberen Umgänge sind mit starken gerundeten Querfalten sculptirt, welche auch auf dem drittletzten Umgang noch fast von Naht zu Naht laufen, aber am Beginn des zweitletzten vollständig schwinden; die Zwischenräume sind in ihrer ganzen Ausdehnung bräunlich gefärbt. Auf dem letzten Umgang erscheinen die Spiralreifen undeutlich braun gegliedert und zahlreiche braune Striemen laufen von der Naht zum Stiel, auf demselben zusammenfliessend und ihm eine dunklere Färbung verleihend.

Nach den seitherigen Anschauungen über die Artbegränzung in der Gattung Fusus müsste man diese Form unbedingt für eine eigene Art erklären, ich verweise aber einfach auf die Formenreihe des F. rostratus.

45. Fusus gradatus Reeve.
Taf. 59. Fig. 2. 3.

Testa ventricoso-fusiformis, spira breviuscula, canali longiusculo, leviter contorto, solidula, lutescenti-albida, epidermide sublamellosa valde adhaerente ferrugineo-fusca induta; anfr. 8, sutura canaliculata discreti, infra suturam leviter impressi, medio angulati transversimque plicati, plicis brevibus, interdum tuberculatis; spiraliter lirati, liris planis, irregularibus, striis 2—3 intercedentibus et cum striis incrementi decussationem simulantibus. Apertura ovata, intus sulcata, canali leviter contorto, ad exitum brunneo-maculato, columella fere nuda, in canali brunneo-maculato. —

Long. 83 Mm.

Fusus gradatus Reeve *) Conch. icon. sp. 65.

---

*) F. testa fusiformi, canali longiusculo, anfractibus transversim undique liratis, medio ventricosis, oblique plicato-costatis, lutescente-alba, ferrugineo-fusco tincta. — Long. (ex icone) 62 Mm.

III. 3. b.　　　　　　　　　　　　　　　　　24

Gehäuse spindelförmig, in der Mitte bauchig, mit ziemlich kurzkegelförmigem Gewinde und ziemlich laugem, etwas gedrehtem Stiel, ziemlich festschalig, unter einer festanhangenden, lamellösen, rostbraunen Epidermis gelblich weiss. Die 8 Umgänge werden durch eine zwischen den unteren rinnenförmige Naht geschieden; sie sind unter der Naht etwas eingedrückt, in der Mitte kantig, und stark quergefaltet; die Falten reichen auf den oberen Umgängen fast von Naht zu Naht, auf den beiden letzten sind sie kürzer und bilden auf der Kante einen spitzen Höcker. Die Spiralsculptur besteht aus zahlreichen ungleichen, gut ausgeprägten, aber flachen, nur auf dem Stiel scharfrückigen Leisten, zwischen welche sich je 2—3 schwächere Leisten einschieben, die in Verbindung mit den lamellösen Anwachsstreifen der Oberfläche ein gegittertes Ansehen geben. Die Mündung ist oval, innen schwach gefurcht, der Canal länger und leicht gedreht, am Ausgang mit einem braunen Fleck, die Spindel fast ohne Callus, weiss, im Canal ebenfalls mit einigen braunen Flecken.

Aufenthalt nicht sicher bekannt, dem Habitus nach Neuholland. (Coll. Paetel).

Anmerkung. Reeve hat für seine ungenügende Beschreibung zweifellos ein junges Exemplar vor sich gehabt; ich zweifle auch, ob das mir vorliegende Exemplar, das mir Herr Paetel als F. ustulatus mittheilte, ausgewachsen ist und glaube, dass die Art grösser wird und dann auch ihre Mundparthie erheblich anders bildet.

46. Fusus hemifusus n. sp.

Taf. 59. Fig. 4. 5.

Testa abbreviato-fusiformis, spira turrita, cauda rectiuscula, lata, brevi. solida, alba, fusco varie maculata et fasciata, fasciis 1—2 albis persistentibus; sutura distincta, sed haud canaliculata; anfractus 9—10 angulati ad angulum plicati, liris spiralibus latiusculis, planis cingulati, lira ad angulum multo majore et super plicas tuberculatim producta, interdum duplici. Apertura angulato-ovata, in canalem vix breviorem obliquum desinens, intus lirata, columella callo tenui, inferne tantum crassiore induta, sordide albida. —
Long. 86, long. apert. cum can. 48 Mm.

Gehäuse gedrungen-spindelförmig, im Habitus an Hemifusus morio erinnernd, mit hohem, gethürmtem Gewinde und kurzem, breitem, geradem Stiel, festschalig, weisslich, aber allenthalben mit hellerem und dunklerem Braun diffus gezeichnet,

so dass nur noch 1—2 schmale weisse Binden übrig bleiben, von denen die con-
stanteste unmittelbar unter der Knotenreihe, eine zweite über die Knoten läuft.
Es sind 9—10 Umgänge vorhanden, welche durch eine deutliche doch nicht rinnenförmige Naht geschieden werden; sie sind kantig, die oberen haben kurze Querfalten, die unteren nur eine Höckerreihe, deren Knoten nach der Mündung hin an
Stärke zunehmen. Die Spiralsculptur besteht aus breiten, flachen Riefen von wech-
selnder Stärke; eine besonders starke läuft über die Kante und bildet die Höcker;
sie ist auf den oberen und mitunter auch noch auf dem letzten Umgang deutlich
doppelt; über und unter den Knoten ist die Färbung intensiver, mitunter auch auf
ihnen selbst; etwas unter der Kante läuft noch ein breiterer, stets weiss bleiben-
der Reifen. — Die Mündung ist eckig-eirund, der Canal kürzer oder höchstens
eben so lang, als die Mündung, nach links gerichtet, aber gerade, der Aussenrand
dünn, etwas nach aussen gelegt, innen gerippt, die Spindel oben fast nackt, nach
unten mit einem stärkeren, schliesslich lostretenden Callus belegt; Mündung und
Canal sind schmutzig gelblichweiss.

Aufenthalt unbekannt, die abgebildeten Exemplare in Löbbecke's Sammlung.

Anmerkung. Ich kann diese Art mit keiner anderen vereinigen und muss ihr
daher trotz ihres sehr „gewöhnlichen" Ansehens einen Namen geben. Am nächsten kommen ihr noch manche Varietäten des F. verrucosus, doch ist die Sculptur
eine ganz andere.

47. Fusus verrucosus Wood sp.
Taf. 31. Fig. 4. 5. Taf. 60. Fig. 1—5.

Testa elongato-fusiformis, solidula, sat gracilis, spira turrita, cauda recta, mediocri;
anfr. 12 convexi, inferiores plus minusve distincte angulati, spiraliter lirati, liris confertis,
inaequalibus, majoribus saepe sulco superficiali divisis, concentrice plicati, plicis in anfr.
inferioribus utrinque abbreviatis, in ultimo in nodulos mutatis. Apertura ovata, in canalem rectum desinens, cum canali spirae longitudinem superans, labro denticulato, faucibus liratis. Alba, ferrugineo et fusco maculata, faucibus albis.
Long. ad 110 Mm.

Chemnitz Conch. Cab. vol. IV. p. 148 t. 146 fig. 1349. 1350.
Savigny Descr. Egypte t. 4 fig. 18.
Murex verrucosus Wood Ind. test. p. 126 t. 26 fig. 77.
—   —   Gmelin Syst. nat. p. 3557.

Fusus marmoratus Vaillant Journ. Conch. vol. 13 p. 105.
—   —   Issel Mal. mar. rosso p. 188.
—   tuberculatus Tapparone Muric. Mar. rosso p. 61 (nec Lam.).
Var. costis in anfractu ultimo persistentibus, fusco strigatis; anfractibus rotundatis
vel ad suturam declivibus et dein convexis:
Fusus marmoratus Philippi Abbild. Fusus t. 3 fig. 7.
—   —   Reeve sp. 1.
—   multicarinatus d'Orb. Voy. Amer. merid. vol. V. p. 446.

Erst nach langem Widerstreben habe ich mich entschlossen, dem Beispiel
Tapparone-Canefri's zu folgen und die in Gestalt so variabelen Formen aus dem
atlantischen Ocean, den neuholländischen Gewässern und dem rothen Meere als
Varietäten einer Art anzuerkennen; es ist aber factisch unmöglich, ausser der
dunkleren Färbung des typischen marmoratus einen Unterschied aufrechtzuerhalten;
die beiden Reeve'schen Figuren schliessen so ziemlich den Formenkreis ein. Allen
gemeinsam ist die schlanke spindelförmige Gestalt mit ziemlich starker Schale, gethürmtem Gewinde und geradem, mittellangem Stiel. Es sind zwölf Umgänge vorhanden, die oberen ziemlich gewölbt, die späteren mehr oder weniger deutlich
kantig, meist ziemlich regelmässig in der Mitte, mitunter aber auch ziemlich hoch
oben; sie sind von mehr oder minder erhabenen, ziemlich dichten ungleichen Spiralreifen umzogen; die breiteren, welche indess nie so breit sind, wie bei laticostatus oder nicobaricus, werden durch eine oberflächliche Furche getheilt. Die
oberen Umgänge zeigen deutliche Rippenfalten, welche beim Typus nach den unteren Windungen hin immer kürzer werden und auf dem letzten Umgange zu
blossen auf der Kante sitzenden Knötchen zusammenschrumpfen. Die Mündung ist
eiförmig mit etwas eckigem Aussenrand und geht in einen geraden, etwas längeren, am Eingang etwas eingeschnürten Canal über; die Spindel hat einen dünnen,
mitunter unvollständigen, am Eingang des Canals lostretenden Beleg; der Mundrand ist gezähnelt, der Gaumen gefurcht. Die Färbung ist weiss mit braunen und
rostfarbenen Flecken und Striemen, namentlich sind die Knoten meist dunkelbraun.

Fusus marmoratus Phil. hat keine deutliche Kante, sondern ist nur an der
Naht eine Strecke weit abgeflacht und dann gewölbt, so dass eine undeutliche
Kante entsteht, an welcher die Radialfalten plötzlich abbrechen, jedoch ohne eigent-
liche Höcker zu bilden. Die Färbung ist erheblich dunkler, namentlich herrschen

die braunen Striemen vor, welche besonders über die auch auf dem letzten Umgange noch deutlich entwickelten Radialfalten laufen.

Noch weiter ab steht die Fig. 4. 5 abgebildete Form, welche indess auch
Reeve schon zu seinem F. marmoratus rechnete; sie zeichnet sich durch die viel
stärkere Reifung aus; auf den Hauptspiralreifen läuft nicht eine Furche, sondern
eine förmliche kleinere Rippe, so dass dieselbe gewissermassen aus drei Rippen
gebildet erscheinen; auch die Rippenfalten sind entsprechend stärker und persistiren
bis zur Mündung; die Interstitien der Reifen erscheinen deutlich gegittert. Die
Kante ist bald mehr, bald weniger ausgebildet, wie unsere beiden abgebildeten
Exemplare zeigen.

Aufenthalt im rothen Meere, namentlich dessen nördlichstem Ende, bei Suez
(Jickeli, Issel, Mac Andrew), Akaba (Arconati), Ras Mohammed (Löbbecke). Dann
Australien (Jukes bei Reeve), Port Lincoln (Angas). — Brasilien; Rio Janeiro
(d'Orbigny); Bahia (Nägely). —

Die abgebildeten Exemplare aus Löbbecke's Sammlung.

48. Fusus spectrum Adams et Reeve.

Taf. 60. Fig. 6.

Testa elongato-fusiformis, tenuiuscula, spira subturrita, cauda leviter recurva; anfractus 10 convexi, infra suturam leviter impressi, liris spiralibus subtilissimis sed distinctis costisque rotundatis sat distantibus sculpti; anfr. penultimus tuberculis minoribus,
ultimus carina tantum mediana tuberculata muniti. Apertura oblongo-ovata, in canalem
longiorem curvatum sat crassum desinens, labro tenui, vix crenulato, columella cylindrica
callo tenuissimo obtecta. Alba, costis in anfractibus superis lutescentibus, interstitiis pur-
purescentibus.

Long. 70—80 Mm.

Fusus spectrum Adams et Reeve *) Voy. Samarang Mollusca p. 41 t. VII.
fig. 2.

— — Reeve Conch. icon. sp. 68.

Gehäuse schlank spindelförmig, ziemlich dünnschalig, doch fest, mit etwas gethürmtem Gewinde und leicht gekrümmtem Stiel. Die zehn Umgänge sind unter

---

*) F. testa elongato-fusiformi, anfractibus convexis, transversim subtilissime striatis, longitudinaliter
tuberculatis, tuberculis apicem versus fortioribus, valde conspicuis, anfractus ultimi fere evanidis, nisi in
carinam acute compressam, alba, epidermide tenui lutescente. — Ad. et Rve.

der Naht eingedrückt, dann gut gewölbt, und werden von sehr feinen, aber deutlichen und vorspringenden Spiralreifen, zwischen denen feine Linien stehen, umzogen. Die oberen tragen sehr starke, gerundete, vorspringende, durch etwa gleichbreite flache Zwischenräume geschiedene Rippenfalten; nach unten werden diese flacher und kürzer und auf dem letzten Umgange bleibt nur noch eine Kielkante, welche mit kleinen zusammengedrückten Knötchen besetzt ist. Die Mündung ist spitzeiförmig, der Canal etwas länger und ziemlich weit, der Mundrand dünn, innen leicht gefurcht, die cylindrische Spindel mit einem dünnen Callus belegt. Die Farbe ist unten rein weiss, auf den oberen Umgängen erscheinen bei meinem Exemplar die Rippen gelblich, die Zwischenräume purpurfarben; frische Exemplare haben eine glatte, dünne, hornfarbene Epidermis.

Aufenthalt in den indochinesischen Meeren; die Abbildung nach Reeve, die Beschreibung nach einem leider erst später erhaltenen, aus der Taylor'schen Sammlung stammenden Exemplare der Löbbecke'schen Sammlung.

49. Fusus nodoso-plicatus Dunker.

Taf. 61. Fig. 1. 2.

„Testa magna, crassa, solida, alba, in apice fuscescens, inter costas interdum fusco strigata, epidermide tenui, lamellosa, pallide cornea facile dehiscente vestita, anfractibus 10—11 valde convexis, nodoso-plicatis, undique spiraliter sulcatis acuteque liratis instructa; anfractus ultimus ³/₅ totius testae longitudinem adaequans, nodis crassis 11 cinctus; rostrum longum, rectum, ad canalem interdum colore fusco tinctum; apertura ovata, alba; labrum intus sulcatum."

Long. 150—170, diam. 50—60 Mm.

Fusus nodoso-plicatus Dunker Nov. Conch. p. 99 t. 33 fig. 3. 4. —
— — Lischke Moll. Jap. I. p. 33.

Var. anfractibus ultimis rotundatis, plicis nodisque ab anfractu septimo vix crescentibus, in duobus ultimis sensim evanescentibus (cfr. tab. 61 fig. 2).

Fusus nodoso-plicatus var. Lischke Jap. Moll. I. p. 34. II. tab. 3 fig. 6.

Gehäuse gross, zu den grössten der Gattung gehörend, festschalig und dick, weisslich, die Spitze meistens etwas dunkler, an den oberen Umgängen in den Zwischenräumen der Rippenhöcker braun gestriemt, mit einer dünnen, häutigen, sich leicht abreibenden, hornfarbenen Oberhaut überzogen. 10—11 Umgänge, ohne die fast immer fehlenden Embryonalwindungen, stark gewölbt, etwas oberhalb der

Mitte mit starken knotenartigen Faltenhöckern besetzt und allenthalben mit scharfrückigen, starken Spiralreifen und dazwischen verlaufenden feinen Furchen umzogen. Der letzte Umgang nimmt etwa drei Fünftel der Gesammtlänge ein und
trägt 10—12 starke Knoten, die nach unten steiler abfallen als nach oben. Der
Stiel ist lang und meist gerade, doch mitunter auch gebogen, mit kräftigen Querrippen, längs des engen, tiefen Canales mitunter bräunlich gefärbt; Mündung eiförmig, innen weiss, mit ziemlich starkem Spindelbeleg, Mundrand innen gefurcht.
  Die auf Taf. 61 Fig. 2 abgebildete Varietät zeichnet sich durch das Verschwinden der Knoten unterhalb des siebenten Umganges aus, an ihrer Stelle bleibt
auf dem letzten Umgange nur eine etwas stärkere Spiralrippe und die Umgänge
selbst sind in ihrem oberen Theile abgeflacht. Die Senckenbergische Sammlung
hat eine schöne Reihe dieser Form von Dr. Rein erhalten.
  Aufenthalt: an Südjapan.

50. Fusus Hartvigii Shuttleworth.

Taf. 61. Fig. 3. 4.

  Testa gracilis fusiformis, solida, crassiuscula, cauda rectiuscula, mediocri; anfractus
10—12 convexi, liris spiralibus crassis acutis sat distantibus, striis subtilibus intercedentibus, et costis numerosis fortibus sculpti, liris super costas interdum ad modum tuberculorum productis; anfractus ultimus $^3/_5$ longitudinis aequans; apertura ovata, superne
acuminata, canali angusto recto, aperturae longitudinem superante, labro crenato, faucibus
liratis, columella rectiuscula, parum callosa. Alba, strigis rubro-fuscis praesertim inter
plicas picta. —
  Long. 65, diam. 22 Mm.
    Fusus Hartvigii Shuttleworth *) Journ. Conch. 1855. VI. p. 171.
      —   Paeteli Dunker Novitates Conch. p. 100 t. 33 fig. 5. 6.

  Gehäuse ziemlich schlank spindelförmig, festschalig und ziemlich derb, mit
mittellangem, fast geradem Stiel; die 10—12 Umgänge sind bis auf einen leichten
Eindruck unter der Naht gut gewölbt und werden von starken, scharfrückigen,

*) F. testa fusiformi, solida, late et grosse costata, tenuiterque remote striatula, liris spiralibus acutis,
in anfr. superioribus 4, in ultimo numerosioribus circumdata; alba, ad interstitia costarum et sub sutura
castaneo strigata, et epidermide tenui cornea induta; spira acutissima; anfr. 10—12 rotundati, ad suturam
subconcavi; apertura ovato-oblonga, intus sulcata, margine externo intus calloso-denticulato; cauda rectiuscula, canali aperturam fere sesquies aequante. — Alt. 46 Mm. — Shuttleworth.

ziemlich weitläufig stehenden Spiralreifen umzogen, deren Zwischenräume fein gestreift sind, und mit zahlreichen, starken, runden Rippenfalten sculptirt, auf denen
die Spiralreifen meist als kleine Höcker vorspringen. Die Mündung ist eirund,
oben leicht zugespitzt, nach unten geht sie in den etwas längeren Canal über, die
Aussenlippe ist crenulirt, innen gerippt, die fast gerade Spindel nur ganz dünn belegt. Die Färbung ist weiss, mit rothbraunen Striemen, welche sehr regelmässig
den Raum zwischen den Rippen und den Raum unter der Naht ausfüllen und die
Art sehr characteristisch erscheinen lassen.

Aufenthalt in Westindien.

Anmerkung. Es liegen mir das Originalexemplar Dunker's aus der Paetel'-
schen Sammlung und ein von Hartvig stammendes, mir von L. Hans geschenktes
Shuttleworth'sches Original vor, die absolut identisch sind. In der Gruner'schen
Sammlung lag die Art als Fusus fragosus Reeve; die Reeve'sche Beschreibung
erwähnt aber der characteristischen Färbung nicht und passt entschieden besser auf
einen jungen F. rostratus.

51. Fusus polygonoides Lamarck.

Taf. 62. Fig. 1–4.

Testa fusiformis, spira turrita, cauda breviuscula, recurva, solida, albida, rufo-ca-
staneo varie maculata et strigata; anfractus 9 angulati transversim plicati, plicis rotun-
datibus, sat distantibus, ad angulum tuberculatis, interstitiis latioribus, parum profundis,
spiraliter lirati, liris angustis, acutis, plerumque sat distantibus, una ad carinam majore,
vel serie tuberculorum biangulatus, in caudam breviusculam obliquam attenuatus. Apertura ovata, in canalem plerumque breviorem desinens; labro pone marginem acutum crenulatum mox incrassato, intus laevi vel sulcato, vel lirato; columella callo crasso albo, ad
marginem soluto induta; alba, faucibus fuscis, labro interdum castaneo maculato.
Long. 70–80 Mm.

Fusus polygonoides Lamarck Anim. s. vert. IX. p. 455.
— — Kiener Coq. viv. p. 20 t. 12 fig. 2.
— — Reeve Conch. icon. sp. 36.
— — Issel Malacoz. Mar. rosso p. 137.
— — Tapparone Canefri Muric mar. rosso p. 60.
— biangulatus Deshayes Voy. Laborde p. 66 t. 65 fig. 13. 14.

Gehäuse spindelförmig mit gethürmtem Gewinde und ziemlich kurzem, leicht
zurückgekrümmtem Stiel, festschalig, auf weissem Grunde verschiedenartig mit

rothbraunen Flecken und Striemen gezeichnet, der Stiel meist bräunlich. Die neun Umgänge sind kantig, über der Kante einigermassen eingedrückt, und sehr wechselnd mit Rippenfalten und Spiralreifen sculptirt. Die Rippenfalten sind meistens stark, gerundet, durch gleichbreite oder breitere fast ebene Zwischenräume getrennt, an der Kante als spitze Höcker vorspringend, nach oben hin die Naht nicht erreichend; auf dem letzten Umgang laufen sie bald ohne Unterbrechung bis zum Beginn des Stiels und bilden dort noch eine Knotenreihe, oder sie sind ganz oder fast ganz unterbrochen, oder sie schrumpfen endlich zu blosen starken Knoten auf der Kante zusammen. Auch die Spiralsculptur ist ungemein wechselnd. Bei dem Typus besteht sie aus schmalen, scharfrückigen, entferntstehenden Leisten, deren Zwischenräume nur durch die Anwachsstreifen sculptirt sind; bei anderen Formen sind sie abwechselnd breiter und schmäler und es schieben sich auch noch feine Spirallinien ein, so dass die Zwischenräume fast gegittert erscheinen. Beim Typus springt nur die der Kante entlang laufende Leiste stärker vor, bei anderen Formen auch noch 1 — 2 darunter, sowie 1 — 2 am Beginn des Stiels. Die Naht ist tief und wellenförmig. Der Stiel ist meist kurz und dick, doch kommen auch Varietäten mit längerem schlankem Stiel vor; er ist mit scharfen, starken Spiralrippen sculptirt. Die Mündung ist oval bis fast fünfseitig, meist länger als der enge, nach links gerichtete, am Eingang braun gefärbte Canal; die Aussenlippe am Rande scharf und stark gekerbt, dann aber rasch verdickt, im Gaumen bald gefurcht, bald gerippt, bald auch fast glatt, die Spindel hat einen dicken, glatten, am Rande lostretenden Beleg. Meist ist die Mündung rein weiss, nur im Gaumen bräunlich, doch kommen auch Exemplare mit bräunlich fleischfarbener kastanienbraun gesäumter Mündung vor; auch weissmündige Exemplare zeigen häufig einen lebhaft fleischrothen Saum.

Aufenthalt im rothen Meere, besonders häufig in seinem nördlichen Theile; nach Lamarck an Neuholland, nach Belcher auch im indochinesischen Meere. Die abgebildeten Exemplare in der Löbbecke'schen Sammlung meist vom Besitzer selbst bei Ras Mohamed gesammelt.

52. Fusus Cumingii Jonas.
Taf. 62. Fig. 5. 6.

„F. testa oblongo-fusiformi, medio ventricosa, anfractibus transversim sulcatis,

III. 3. b. 25

194

medio acute angulatis, ad angulum tuberculatis, tuberculis compressis, mucronatis; columella basi uniplicata; alba, hic illic rufo-fusco flammulata." — Reeve.

Long. (ex icone) 70 Mm.

Fusus Cumingii Jonas mss. — Reeve Conch. icon. sp. 67.

Gehäuse länglich spindelförmig, in der Mitte bauchig, die Umgänge spiral gefurcht, in der Mitte mit einer scharfen, mit zusammengedrückten spitzen Höckern besetzten Kante, die Spindel an der Basis mit einer Falte. Färbung weiss mit rothbraunen Striemen und Flammen.

Aufenthalt: China. — Abbildung und Beschreibung nach Reeve.

Anmerkung. Der Diagnose nach sollte man diese Art für eine Tudicla halten, die Abbildung zeigt aber, dass die Spindel durch einen Pagurus resorbirt ist und dürfte die Falte wahrscheinlich davon abhängen; ich habe F. polygonoides mit ganz ähnlicher Spindelbildung vor mir liegen.

53. Fusus Novae Hollandiae Reeve.
Taf. 63. Fig. 1.

Testa elongato-fusiformis, spira conoidea, cauda rectiuscula, solida; anfractus 10—11 sutura distincta undulata discreti, ad suturam impressi; dein valde convexi, liris spiralibus fortibus, lira minore et striis intercedentibus, costisque rotundatis crassis confertibus sculpti, striis incrementi in interstitiis distinctioribus et sculpturam clathratam exhibentibus, liris medianis in anfractu ultimo interdum majoribus et super costas angulatim productis. Apertura ovata, superne leviter acuminata, inferne in canalem angustum, rectiusculum, longiorem desinens, labro crenulato, faucibus valde liratis, columella callo parum crasso obtecta, liris translucentibus. Alba, epidermide fulva fibrosa induta.

Long. spec. dep. 130 Mm.

Fusus Novae Hollandiae Reeve *) Conch. icon. sp. 70.

Gehäuse langspindelförmig, mit kegelförmigem, nicht auffallend gethürmtem Gewinde und fast geradem Stiel, ziemlich festschalig und schwer. Die 10 — 11 Umgänge werden durch eine deutliche Naht geschieden, sie sind oben eingedrückt, dann aber stark gewölbt, und werden von starken vorspringenden, ziemlich entfernt stehenden Spiralleisten umzogen, zwischen die sich noch feine Linien und meist eine schwächere Leiste einschieben; ausserdem haben sie starke, gerundete

*) F. testa elongato-fusiformi, anfractibus rotundatis, liris fortibus transversis costisque longitudinalibus nitide clathratis; alba, epidermide fibrosa induta. — Long. (ex icon.) 155 Mm.

Rippenfalten, welche nur durch schmale Zwischenräume geschieden werden und nach der Mündung zu meist verkümmern. Häufig sind die nächst der Mitte liegenden Spiralleisten stärker und springen auf den Rippenfalten als Knötchen vor. Die Zwischenräume der Spiralleisten erscheinen durch die dort stärkeren Anwachsstreifen gegittert, eine Sculptur, welche durch die in gleicher Richtung faserige Epidermis noch mehr hervortritt. Die Mündung ist regelmässig oval, oben etwas zugespitzt, unten geht sie in den engen, fast geraden, sie an Länge übertreffenden Canal über. Die Aussenlippe ist stark gezähnelt, der Gaumen stark gerippt, die Spindel hat nur einen ganz dünnen Beleg, durch den die Reifen durchscheinen. Die Färbung ist unter einer faserigen, dünnen, gelblichen Oberhaut rein weiss.

Aufenthalt an Neuholland (Reeve). Das abgebildete Exemplar früher in der Taylor'schen, jetzt in der Löbbecke'schen Sammlung.

54. Fusus perplexus Adams.

Taf. 63. Fig. 2. 3.

Testa longe fusiformis, ferrugineo-unicolor vel albida ferrugineoque tincta, fusco strigata, spira et saepius canali fuscis, anfractus 10 convexi, sutura profunda divisi, plicis longitudinalibus 12—14 modicis lirisque acutis irregularibus, medianis crassioribus nodiferis instructi; anfractuum ultimus $3/5$ totius testae vix aequans; apertura intus alba et lirata; aperturae margo crenulatus, albo fuscoque articulatus; columella alba; canalis rectus vel paululum tortus. — Lischke.

Long. 106—124 Mm.

Fusus perplexus Adams Journ. Linn. Soc. 1864 Zool. VII. p. 106 testo Smith Proc. zool. Soc. 1879 p. 202.
— inconstans Lischke Mal. Bl. XV. 1868 p. 218. — Japan. Moll. I. p. 34 t. 2 fig. 1—6. II. t. III. fig. 1—5.
— — Schacko Jahrb. Mal. Ges. 1874 p. 115 t. VI. fig. 1 (Radula).

Gehäuse lang spindelförmig, bald einfarbig rostfarben, bald weisslich mit braunen Zeichnungen und Striemen, Spitze und Stiel meistens bräunlich. Es sind 10 Umgänge vorhanden, welche durch eine tiefe, nach unten berandete Naht geschieden werden; sie sind stark gewölbt, selbst aufgeblasen, gerundet bis undeutlich und selbst deutlich kantig, auf den oberen Umgängen deutlich, auf den unteren schwächer quergefaltet und von zahlreichen unregelmässigen scharfrückigen Spiral-

25 *

leisten umzogen, von welchen eine auf der Mitte stärker vorspringt und eine Reihe flach zusammengedrückter Höcker bildet, zwischen denen sie meist intensiv braun gefärbt ist. Durch die Anwachsstreifen erscheinen die Reifen leicht geperlt, die Naht mitunter crenulirt. Mündung und Canal nehmen zusammen drei Fünftel der Gesammtlänge ein; die Mündung ist eirund, der Gaumen scharf gerippt, der Rand gezähnelt und braun gesäumt, mitunter nur zwischen den Zähnchen braun gefärbt. Die Spindel ist bald fast nackt, bald hat sie einen dicken, selbst lostretenden Beleg; der Canal ist gerade oder leicht gewunden.

Diese Art führt den Lischke'schen Namen mit Recht, denn sie ist ganz ungemein variabel und nach verschiedenen Richtungen hin nicht leicht abzugränzen, so gegen F. marmoratus Philippi, gegen F. nodosoplicatus Dunker, ja selbst gegen F. torulosus Lam. Doch scheint es am besten, diese für Südjapan characteristische Form als eigene Art zu conserviren.

Aufenthalt an Südjapan, häufig; die abgebildeten Exemplare Lischke'sche Originale in Löbbecke's Sammlung.

55. Fusus aureus Reeve.
Taf. 63. Fig. 4. 5.

Testa fusiformis, solidiuscula, unicolor luteo-ferruginea, spira conica, cauda rectiuscula; anfractus 10 rotundati, infra suturam vix impressi, spiraliter creberrime lirati et striati, liris interdum geminatis, et plicis rotundatis, aperturam versus evanidis sculpti; apertura ovato-oblonga, in canalem vix longiorem desinens, lactea, labro crenulato, faucibus liratis, columella cylindrica, callo tenui obtecta, liris translucentibus.

Long. 60, apert. cum can. 35 Mm.

Fusus aureus Reeve *) Conch. icon. sp. 17.
— — Philippi Abb. Beschr. III. p. 116 t. V. fig. 4.

Gehäuse spindelförmig, ziemlich festschalig, einfarbig, braungelb, das Gewinde ziemlich kurz, kegelförmig, nicht gethürmt, der Stiel nicht sehr lang und gerade. Die zehn Umgänge sind gut gewölbt, nur unter der Naht leicht eingedrückt, von zahlreichen, auf dem letzten Umgang zum Theil doppelt erscheinenden, Spiralleisten

---

*) F. testa fusiformi, spirae suturis subexcavatis, anfractibus undique spiraliter sulcatis et striatis, superne rotundatis, longitudinaliter plicato-nodosis, nodis aperturam versus evanidis. Semipellucido-fusca; intus alba. — Rve.

und Linien umzogen und mit runden, nach der Mündung hin verschwindenden Faltenrippen sculptirt. Die Mündung ist eirund und geht unten in den kaum längeren
geraden Canal über; sie ist innen milchweiss; die Aussenlippe ist dünn, gezähnelt,
der Gaumen gerippt, die Spindel cylindrisch und nur mit einem ganz dünnen Callus
überzogen, welcher die Spiralreifen durchscheinen lässt.

Aufenthalt unbekannt; das abgebildete Exemplar in Löbbecke's Sammlung.

56. Fusus multangulus Philippi.
Taf. 63. Fig. 6.

„F. testa subturrito-fusiformi, lutescente, striis fuscis maculisque pallidioribus
picta, lineis elevatis transversis confertis, costisque octo angustis sculpta, anfractibus convexis; costis in anfractibus superioribus medio angulatis, in ultimo biangulatis; apertura
ovata, in canalem breviusculum terminata; angulo columellae ad initium canalis in plicam
distinctam elevato." — Phil.

Long. 27 Mm.

Fusus multangulus Philippi Abb. Beschr. III. Fusus tab. V. fig. 6. —
Zeitschr. f. Malacoz. 1848 p. 25.

„Das Gehäuse ist dünnschalig, breit spindelförmig oder wegen der Kürze der
Nase beinahe thurmförmig zu nennen, und wird aus sieben Windungen zusammengesetzt. Die anderthalb Embryonalwindungen sind vollkommen glatt; die folgenden
haben ziemlich zahlreiche abgerundete Querleisten, welche, von den Anwachsstreifen durchschnitten, rauh und beinahe schuppig erscheinen, und acht stark hervortretende schmale Rippen, welche durch drei bis viermal so breite Zwischenräume
geschieden sind. Diese Rippen zeigen in der Mitte der oberen Windungen eine
auffallende Kante, welcher oft eine stärker hervorragende Querleiste entspricht, auf
der letzten Windung aber zwei solcher Kanten, von denen die untere jedoch
schwächer ist als die obere. Die Nase ist kurz und breit. Die Mündung ist eiförmig und geht an der Aussenseite ziemlich allmählig in den weiten Canal über,
wogegen auf der Columellarseite eine stark hervorspringende, oben von einer Furche
eingefasste Kante den Anfang des Canales sehr scharf bezeichnet und den Uebergang zu Turbinella macht. Eine einfache Innenlippe als besondere Ablagerung von
Schalensubstanz ist nur auf der Nase vorhanden. Die Färbung ist verschieden.
Einige Exemplare sind fast ganz weiss, andere gelblich mit feinen unterbrochenen
braunen Querstrichelchen, andere zeigen zwei undeutliche braune Querbinden auf

der letzten Windung, von denen eine auch auf den oberen Windungen sichtbar bleibt. Die Mündung ist weiss, bisweilen tief im Schlunde violett schimmernd. Der Schlund ist bald glatt, bald geriffelt." — Phil.

Aufenthalt an Yucatan.

Anmerkung. Ich habe diese eigenthümliche Art nicht selbst gesehen und gebe Abbildung und Beschreibung nach Philippi. Die nächste Verwandte scheint mir F. varicosus zu sein, die Falte am Eingang des Canals ist nach der Beschreibung jedenfalls keine Turbinellenfalte.

57. Fusus gracillimus Adams et Reeve.

Taf. 64. Fig. 1.

F. testa gracillimo-fusiformi, undique spiraliter sulcata et lirata, anfractibus rotundatis, longitudinaliter plicato-costatis, costis latiusculis, medio unicarinatis, labrum versus evanidis; castaneo-fuscescente. — Reeve.

Long. (ex icone) 75 Mm.

Fusus gracillimus Adams et Reeve Voy. Samarang p. 41 t. 7 fig. 1.
    —   —   Reeve Conch. icon. sp. 69.

Gehäuse sehr schlank spindelförmig mit sehr langem, geradem, schlankem Stiel, die Umgänge gewölbt, mit breiten Rippenfalten und zahlreichen spiralen Reifen und Furchen sculptirt, die Rippen gegen die Mitte hin vorspringend und nach der Mündung hin verschwindend. Färbung hell kastanienbraun.

Aufenthalt im indochinesischen Meere; Abbildung und Beschreibung nach Reeve.

58. Fusus Pfeifferi Philippi.

Taf. 64. Fig. 2. 3.

„F. testa elongato-fusiformi, tenui, albida, epidermide fusco-cinerea induta, costata et transversim cingulata; anfractibus rotundatis, costis circa 8 undatis lineisque elevatis transversis 5—7 sculptis; apertura ovata, cum cauda satis abrupta gracili ⁴/₇ longitudinis aequante, canali aperturam ipsam superante. — Phil.

Long. 50, lat. 14 Mm.

Fusus Pfeifferi Philippi Abb. Beschr. II. p. 110. Fusus t. III. fig. 1 (1846).

Gehäuse langspindelförmig, schlank, dünnschalig, unter einer graubraunen Epidermis einfach weiss. Von den 10 Umgängen sind die beiden ersten ganz glatt, die folgenden sind stark gewölbt, mit 8—9 in der Mitte stark hervortretenden wellenförmigen Längsfalten und fünf schmalen, stark hervortretenden Spiralleisten versehen, zu welchen auf dem vorletzten Umgang noch ein paar schwächere kommen; die letzte Windung hat etwa 10 Spiralleisten, der schlanke, schmale, vollkommen gerade Stiel etwa 14, welche mit kleineren abwechseln. Die Mündung mit dem Canal macht etwa $^4/_7$ der Gesammtlänge aus, der Canal selbst ist etwas länger, als die Mündung.

Aufenthalt unbekannt, Abbildung und Beschreibung nach Philippi.

59. Fusus obscurus Philippi.
Taf. 64. Fig. 4. 5.

„F. testa gracili, fusiformi, nigrescente, sulcis elevatis transversis cincta; anfractibus medio carinatis, superoribus nodoso-costatis; apertura cum canali spiram subaequante, labro intus sulcato; cauda satis gracili, subrecurva." — Phil.

Long. 42, lat. 17 Mm.

Fusus obscurus Philippi Abbild. Beschr. I. p. 108. Fusus t. I. fig. 5. —
Non Euthria (Bucc.) obscura Rve. Bucc. sp. 68.

Gehäuse spindelförmig, ziemlich schlank, dunkel, fast schwärzlich, am oberen Theil der Windungen und am Stiel heller: ausserdem läuft eine hellere Binde über den Kiel und eine zweite auf der Mitte der letzten Windung; auch die Knoten sind heller. Es sind 8 Windungen vorhanden; die oberen sind quergefaltet und zeigen zwei stark hervortretende Querlinien, die vorletzte und letzte sind kantig und haben auf der Kante eine Reihe Knoten, die nach der Mündung hin verschwinden; sie sind von erhabenen Spiralreifen umzogen. Die letzte Windung ist etwas länger als das Gewinde und geht allmählig in den ziemlich schlanken, etwas gekrümmten Stiel über. Die Mündung ist etwa anderthalbmal so lang, als der Canal, die Spindel nur ganz dünn belegt, der Aussenrand dünn, innen gefurcht.

Aufenthalt unbekannt, Abbildung und Beschreibung nach Philippi l. c.

60. Fusus strigatus Philippi.
Taf. 64. Fig. 6.

Testa fusiformis, solida, spiraliter crebrilirata, longitudinaliter plicato-costata, alba, costis plerumque ferrugineis; anfractibus medio angulatis; apertura oblongo-ovata, intus lirata; canali aperturam aequante.

Long. 50, lat. 21 Mm. Phil.

Fusus strigatus Philippi Abbild. III. t. 5 fig. 3.

Gehäuse spindelförmig, festschalig, aus zehn Windungen bestehend, von denen die oberen gerundet, die unteren kantig sind; sie sind mit zahlreichen, in der Stärke abwechselnden, flachen Spiralreifen sculptirt und haben gerundete Rippenfalten, die an der Kante in Knötchen vorspringen; die Mündung ist länglich eirund, der Aussenrand stark gekerbt, im Inneren stark gerieft, die Innenlippe stark entwickelt, schwach gerieft. Die Färbung ist weisslich mit braunrothen Striemen über die Rippenfalten.

Aufenthalt an Patagonien? (Ich erhielt ein sehr schönes Exemplar von Rio Janeiro mit brasilianischen und patagonischen Arten zusammen, doch ohne sicheren Fundort. Die Angabe, dass F. strigatus im rothen Meer vorkomme, scheint mir Verwechslung, vielleicht mit marmoratus Phil.). —

61. Fusus nigrirostratus Smith.
Taf. 64. Fig. 7.

Testa fusiformis, spira turrita, cauda rectiuscula, gracili. Anfractus 9, sutura distincta undulata discreti, superi rotundati, transversim plicato-costati, inferi acute angulati, ad angulum tuberculati, superne declives et leviter concavi, spiraliter lirati, liris inaequalibus acutis, duabus ad angulum tertiaque supra suturam in anfractibus spirae, quarta quoque in ultimo ad initium caudae majoribus. Apertura ovata, cum canali vix recurvo long. dimidiam aequans, labro tenui, faucibus vix sulcatis, labio columellari parum calloso. Albida, castaneo inter costas et infra suturam profuse strigata, liris castaneo articulatis, cauda nigro-purpurea; apertura livida vel coerulea, strigis translucentibus, columella ad initium canalis purpureo maculata; epidermis tenuis, lamellosa, subhirsuta.

Long. 50, lat. 17 Mm.

Fusus nigrirostratus Edg. A. Smith Proc. zool. Soc. 1879 p. 203 t. XX. fig. 33.

Gehäuse spindelförmig mit gethürmtem Gewinde und geradem, schlankem, mittellangem Stiel. Die neun Umgänge sind durch eine wellige Naht geschieden, die oberen gerundet, die unteren scharf kantig und mit einer Reihe spitzer Höcker besetzt, oberseits leicht eingedrückt, sie werden von scharfen ungleichen Spiralreifen umzogen, von denen auf den oberen Umgängen die beiden der Kante zunächst gelegenen, sowie ein dritter dicht über der Naht besonders stark sind; auf dem letzten Umgang steht noch ein weiterer stärkerer am Beginn des Stieles; an meinem Exemplare springt auch dieser in Höckern vor, doch hängen die Höcker mit denen der Kante nicht zusammen. Die Mündung ist eckig-eirund und mit dem fast geraden Canale zusammen eben so lang oder länger als das Gewinde, der Aussenrand dünn, innen ganz leicht gefurcht, die Spindel kaum belegt. Die Grundfarbe ist weisslich, mit kastanienbraunen Striemen, welche von der Naht aus zwischen den Knoten durchlaufen und auf dem Stiel zu einer purpurschwarzen Färbung zusammenfliessen; die Spiralreifen sind hier und da, besonders auf dem Stiele, braun gegliedert; das Ganze ist von einer dünnen, hellbraungelben, fein lamellösen, unter der Loupe fast haarig erscheinenden Epidermis überzogen. Die Mündung ist bei meinem Exemplar gelblichweiss, nach Smith bläulich, mit durchscheinenden Striemen, am Eingang des Canals ein purpurschwarzer Fleck (an meinem Exemplare nicht vorhanden).

Aufenthalt an Japan. — Da mir nur ein unausgewachsenes Exemplar der Löbbecke'schen Sammlung vorliegt, copire ich die Figur aus den Proceedings.

62. Fusus Philippii Jonas.
Taf. 64. Fig. 8. 9.

„F. testa fusiformi, medio subventricosa, helva, fuscostrigata, in longitudinem plicata, transversim lirata et costata, liris et costis alternis, sulcis intermediis crispatis, anfractibus 6½ superne angulatis, supra angulum planulatis; ultimo spira paulo longiore, canali breviusculo terminato; sutura undulata; apertura alba, ovata, intus transversim obscure sulcata, sulcis liris et costis externis respondentibus; columella alba, nuda." — Jonas.

Alt. 35 Mm.

Fusus Philippii Jonas Abhandl. naturw. Verein Hamburg I. 1844.
— — Philippi Abbild. Beschr. II. p. 191. Fusus t. IV. fig. 1.

Gehäuse spindelförmig, in der Mitte etwas bauchig, gelblich mit braunen Striemen, von starken Spiralrippen mit schwächeren Streifen dazwischen umzogen, deren Zwischenräume quergerippt erscheinen, und mit dichten, starken Rippenfalten sculptirt; es sind 6½ Umgänge vorhanden, welche eine hochstehende Kante zeigen und über derselben abgeschrägt sind; der letzte Umgang ist länger als das Gewinde; die Naht ist wellenförmig. Die Mündung ist oval, innen weiss, der Canal ziemlich

kurz und offen, der Gaumen den äusseren Reifen entsprechend gefurcht. die Spindel
weiss, ohne besonderen Callus.

Aufenthalt an der Westküste von Neuholland. Abbildung und Beschreibung
nach Philippi.

Anmerkung. Diese Art ist offenbar auf ein unausgewachsenes Exemplar gegründet: sie erinnert einigermassen an unseren mittelmeerischen Fusus syracusanus. —

63. Fusus pachyrhaphe Smith.
Taf. 64. Fig. 10. 11.

Testa breviter fusiformis, biconica, fuscescens, ad angulum pallidior; anfr. 8, apicales 2 laeves. convexi, sequentes medio angulati, superne concavo-declives, dein planulati, transversim plicati, plicis 8—9 in anfractu, ultra angulum attenuatis, sed ad suturam
iterum incrassatis, spiraliter lirati, liris ad strias incrementi pulcherrime scabrosis, 2—3
ad angulum majoribus et super plicas tuberculatis. Apertura elongata, fusco-carneo plus
minusve tincta, cum canali spiram superans, liris brevibus 5—6 marginem crenulatum
haud attingentibus intus munita; columella superne rectiuscula, inferne obliqua livido
rosacea; canalis brevis, recurvus. — Smith. angl.

Long. 21, lat. 9 Mm.

Fusus pachyrhaphe Smith Proc. zool. Soc. 1879 p. 205 t. 20 fig. 37. 37a.

Gehäuse kurz spindelförmig, fast doppelt kegelförmig, mit kurzem, allmählig
verschmälertem Stiel, schmutzig hellbräunlich, an der Kante heller. Von den 8
Umgängen sind die beiden embryonalen glatt und gerundet, die anderen haben eine
Kante in der Mitte und sind über derselben eingedrückt, unterhalb flach; sie haben
8—9 starke Querfalten auf jedem Umgang, welche oberhalb der Kante in den eingedrückten Raum schwächer werden, aber an der Naht, wo zwei Spiralreifen
stärker vorspringen, wieder anschwellen; ausserdem werden sie von zahlreichen
Spiralreifen umzogen, welche meist in Stärke regelmässig abwechseln und durch
die erhabenen Anwachsstreifen prachtvoll geschuppt erscheinen; zwei oder drei
unter der Kante sind stärker und springen auf den Falten als Höcker vor. Die
Mündung ist ziemlich lang, mit dem Canal etwas länger als das Gewinde, im Gaumen mit 5—6 kurzen Leisten besetzt, welche den gekerbten Rand nicht erreichen;
die Spindel ist schmutzig rosa, oben gerade, unten schief, der Canal ist kurz und
etwas zurückgebogen.

Aufenthalt an Südjapan; Abbildung und Beschreibung nach Smith l. c. — Ein etwas schlankeres Exemplar habe ich nachträglich unter den von Rein mitgebrachten Seeconchylien gefunden.

Anmerkung. Diese Art gehört schwerlich zu Fusus im engeren Sinne; die schuppige Sculptur deutet auf Coralliophila, doch ist die Spindel nicht flach.

64. Fusus niponicus Smith.
Taf. 64. Fig. 12.

Testa fusiformis, albido-fuscescens vel sordide lutescens, superne brunneo maculata et ad medium anfr. ultimum fascia brunnea ornata. Anfr. 7, apicalis mamillatus, laevis, caeteri primum declives dein convexi, oblique plicati, plicis parum elevatis versus suturam, et infra medium anfr. ultimum attenuatis et evanescentibus, spiraliter lirati, liris subtilissimis, 2 — 5 ad medium majoribus, super plicas tuberculiferis, sutura undulata, subtus marginata; anfractus ultimus infra medium contractus et in caudam elongatam oblique costatam desinens, liris 6 — 7 tuberculiferis sculptus. Apertura cum canali ¹/₇ longit. aequans, intus alba, in canalem angustum, obliquum elongatum desinens, columella laevi, tortuosa, callo tenui obtecta. — Smith. angl.

Long. 22, lat. 7 Mm.

Fusus niponicus Smith Proc. zool. Soc. 1879 p. 203 t. 20 fig. 34.

Gehäuse spindelförmig, bräunlichweiss oder schmutzig gelb, obenher braun gefleckt, der letzte Umgang in der Mitte mit einer braunen Binde geziert. Von den sieben Windungen ist die eine embryonale glatt und zitzenförmig, die übrigen sind erst etwas eingedrückt, dann gewölbt, schräg gefaltet, die Falten wenig erhaben, nach der Naht zu und auf dem letzten Umgang auch unterhalb der Mitte verschmälert und allmählig verschwindend; die zahlreichen Spiralreifen sind meist sehr fein und fadenförmig; 2—3 in der Mitte, auf dem letzten Umgang 6—7, sind stärker und springen an den Falten in kleinen Knötchen vor. Die gewellte Naht wird durch den vorspringenden Rand des nächsten Umganges bezeichnet. Der ziemlich lange Stiel ist mit dichten, feinen, schrägen Rippen sculptirt. Die Mündung macht mit dem langen, engen, schräg gerichteten Canal etwa ⁴/₇ der Gesammtlänge aus; die Spindel ist glatt, etwas gewunden, dünn belegt.

Aufenthalt an Südjapan; Abbildung und Beschreibung nach Smith l. c.

65. Fusus simplex Smith.
Taf. 64. Fig. 13.

Testa fusiformis, sub epidermide olivaceo-cinerea laevi alba; anfractus superne leviter concavo-declives, dein tumidi, ad suturam contracti et super eam carinato-marginati, oblique nodoso-plicati, plicis 8 — 9 rotundatis, magnis, superne obsolescentibus, spiraliter lirati, liris 6 in anfr. spirae, quarum 3 inferis majoribus, lirulisque subtilissimis intercedentibus; anfr. ultimus ubique liratus, costis infra medium obsolescentibus. Apertura subovata, cum canali breviore, subrecurvo spirae longitudinem aequans; columella supra arcuata, infra tortuosa. — Smith angl.

Long. 8, diam. 5½ Mm. (an adult. ?).

Fusus simplex Smith Proc. zool. Soc. 1879 p. 204 t. 20 fig. 35.

Gehäuse spindelförmig, einfarbig weiss, mit einer glatten graugrünen Epidermis überzogen; die Umgänge sind obenher leicht eingedrückt, dann aufgetrieben, weiter unten eingezogen, über der Naht kielartig gerandet; sie sind mit 8 — 9 schrägen, starken Faltenhöckern sculptirt, welche nach oben hin verlaufen, und von 6 ungleichen Spiralreifen umzogen, von welchen die drei untersten die stärkeren sind; zwischen sie schieben sich sehr feine Spirallinien ein. Der letzte Umgang ist allenthalben von Spiralreifen umzogen; die Falten verlaufen sich unterhalb der Mitte. Die Mündung ist ziemlich eirund, und zusammen mit dem etwas kürzeren, zurückgebogenen Canal so lang wie das Gewinde. Die Spindel ist oben gebogen, unten etwas gedreht.

Aufenthalt: an Japan; Abbildung und Beschreibung nach Smith l. c.

Anmerkung. Der Autor selbst bezweifelt, ob diese Art auf ein ausgewachsenes Exemplar begründet sei, und wohl mit Recht.

66. Fusus multicarinatus Lamarck.
Taf. 65. Fig. 1.

„F. testa fusiformi, transversim sulcata et striata, albido-subflava; sulcis dorso acutis, cariniformibus; anfractibus convexis, medio plicato-nodosis, labro intus sulcato." — Lam.

Long. 100—136 Mm.

Fusus multicarinatus Lamarck Anim. sans vert. IX. p. 447.
—   —   Kiener Coq. viv. p. 17 pl. X. fig. 1; nec pl. XIV. fig. 2.
—   —   Tapparone-Canefri Muric. mar. rosso p. 62.
Non Fusus multicarinatus Reeve = F. Reeveanus Phil.

Gehäuse lang spindelförmig, gethürmt, mit langem, spitzem Gewinde; von den
9—10 gewölbten Umgängen sind die oberen regelmässig und dicht gefaltet, nach
unten schrumpfen die Rippenfalten zu kleinen Knötchen zusammen; die Spiralsculptur besteht aus starken kielförmigen Reifen, zwischen welche sich auf dem
Stiel schmälere Linien einschieben. Die Mündung ist länglich, mit cylindrischer,
meist nur schwach belegter Spindel, der Aussenrand ist kaum gezähnelt, im Inneren gefurcht. Die Färbung ist weissgelb mit unregelmässigen bräunlichen Wolken-
flecken.

Aufenthalt: im rothen Meer. Die Abbildung aus Kiener copirt.

Anmerkung. Diese Art ist, wie es scheint, verschollen; ich konnte sie wenigstens nirgends zu Gesicht bekommen und auch Tapparone-Canefri hat kein
Exemplar in Händen gehabt und bezieht sich nur auf Lamarck und Kiener. Menke
gibt sie von Neuholland an, doch ist mir seine Autorität durchaus nicht ausser
Zweifel. Reeve's F. multicarinatus ist die folgende Art.

67. Fusus Reeveanus Philippi.

Taf. 65. Fig. 2.

Testa fusiformis, solidiuscula, anfractibus transversim undique liratis et striatis,
longitudinaliter plicato-costatis, costis latis, confertis; intus extusque nivea, labro interdum ferrugineo tincta. — Rve.

Long. 100 Mm.

Fusus multicarinatus Reeve Conch. icon. sp. 22, nec Lamarck.
— Reeveanus Philippi Abb. Beschr. III. p. 119.

Gehäuse spindelförmig, festschalig, einfarbig weiss, höchstens mit einem rostbraunen Saum hinter dem Mundrand, mit breiten, dichtstehenden Rippenfalten und
zahlreichen spiralen Reifen und Linien. Rve.

Aufenthalt unbekannt; die Abbildung aus Reeve copirt.

Anmerkung. Es kann keinem Zweifel unterliegen, dass die von Reeve als
multicarinatus abgebildete Form mit der Lamarck'schen Art nichts zu thun hat; die
Unterschiede fallen sofort in die Augen. Um so zweifelhafter ist es mir aber, ob
sich die Reeve'sche Art von F. forceps trennen lässt; sie könnte recht gut eine
gedrungenere etwas schwächer sculptirte Varietät dieser Art sein. Vorgekommen
ist sie mir bis jetzt nicht.

68. Fusus ustulatus Reeve.

Taf. 65. Fig. 3.

Fusus testa subobeso-fusiformi, anfractibus superne rotundatis et ventricosis, transversim liratis, longitudinaliter subobsolete plicatis; ferrugineo-fuscescente. — Reeve.

Long. (ex icone) 66 Mm.

Fusus ustulatus Reeve Conch. icon. sp. 66.
—   —   Angas Proc. zool. Soc. 1875 p. 158.

Gehäuse bauchig spindelförmig, die Umgänge oben gerundet und bauchig, spiral gereift, undeutlich gefaltet; einfarbig rostbraun.

Nach einem aus Taylor's Sammlung in die Hand meines Freundes Löbbecke gekommenen, leider in mancher Beziehung abnormen und darum zur Abbildung nicht geeigneten Exemplar ist das Gehäuse festschalig und schwer, die Umgänge zeigen nur unter der Naht einen ganz leichten Eindruck und schwellen dann rasch an, zwischen die stärkeren, ziemlich weitläufigen Spirallinien schieben sich noch schwächere ein und 2—3 hoch oben stehende sind stärker und springen auf den Falten etwas vor. Die Rippenfalten sind auf den oberen Umgängen deutlich, auf dem vorletzten und letzten nur noch obenher sichtbar; die Naht ist deutlich, kaum gewellt. Der Mundrand ist dick, kaum gezähnelt, der Gaumen gereift, die Spindel nur wenig gebogen und nicht sehr stark belegt, der Canal gerade, offen, doch nicht sehr weit.

Aufenthalt an Neuholland, im Tiefwasser des Golfs von St. Vincent (Angas).

69. Fusus pulchellus Philippi.

Taf. 65. Fig. 4. 5.

Testa subelongato-fusiformis, parva, tenuiuscula, spira turrita, cauda brevi, recurva; anfractus 8—9 convexi, costis prominentibus, rotundatis, concentricis lirisque spiralibus acutiusculis, quarum duabus medianis majoribus, carinaeformibus, albis, sculpti. Apertura parva, ovata, in canalem angustum, curvatum vix breviorém desinens, labro intus sulcato, columella fere nuda. Fulvo-spadicea, liris medianis albis, costis supra et infra intense castaneo-rufis.

Long. 15—20 Mm.

Fusus pulchellus Philippi Enum. Moll. Siciliae II. p. 178 t. 25 fig. 28.
—   —   Reeve Conch. icon. sp. 81.
—   —   Weinkauff Mittelmeerconch. II. p. 103.

Gehäuse ziemlich schlank spindelförmig mit gethürmtem Gewinde und kurzem, gekrümmtem Stiel, ziemlich dünnschalig; die 8—9 Umgänge sind gut gewölbt, aber nicht kantig, mit vorspringenden, concentrisch gestellten Rippen sculptirt, welche durch breite, ziemlich ebene Zwischenräume geschieden werden; von den ziemlich dicht stehenden scharfen Spiralreifen sind die zwei mittelsten etwas stärker, kielförmig vorspringend, und immer weiss gefärbt. Die Mündung ist klein, oval, ziemlich ebenso lang wie der gekrümmte, enge Canal; der Gaumen ist innen schwach gefurcht, die Spindel fast ohne Beleg. Die Färbung ist characteristisch, blass braungelb mit weisser Mittelbinde, die Rippen zu beiden Seiten der Binde intensiv rothbraun.

Aufenthalt im Mittelmeer, allenthalben, doch gerade nirgends häufig; das abgebildete Exemplar von mir in Neapel gesammelt.

Anmerkung. Junge Exemplare von F. rostratus werden, besonders wenn der Canal beschädigt ist, nicht selten für unsere Art genommen; doch genügt die characteristische Färbung und die Zahl der Windungen zur Unterscheidung.

70. Fusus Dunkeri Jonas.
Taf. 65. Fig. 6. 7.

Testa parva, fusiformi-pyramidalis, spira turrita, cauda brevi, recurva; anfr. 8 angulati, distincte costato-plicati, plicis superam superam haud attingentibus, ad angulum tuberculatis, spiraliter lirati, liris inaequalibus, costis super prominentioribus; sutura distincta, subundulata. Apertura ovata, in canalem breviorem angustum recurvum desinens, labro intus sulcato, columella arcuata parum callosa. Alba, cingulo castaneo distincto supra suturam et ad initium caudae ornatus, apice caeruleo-fuscescente.

Long. 17—20 Mm.

Fusus Dunkeri Jonas*) Abhandl. naturw. Verein Hamburg I. 1844.
— — Philippi, Abbild. Beschr. II. Fusus t. 4 f. 4.
— Taylorianus Reeve Conch. icon. sp. 85.

Gehäuse klein, doch festschalig, pyramidal-spindelförmig mit gethürmtem Gewinde und ganz kurzem, gekrümmtem Stiel; die 8 Umgänge sind kantig, mit starken Querfalten, welche an der Kante zu spitzen Höckern vorspringen, aber die

*) Testa fusiformi-turrita, crassiuscula, angusta, spiraliter obscure sulcata, in longitudinem crasse costata; anfr. 7½ convexis, albis, zona fusca interrupta inferne balteatis, ultimo medio zonato, spira breviore, canali brevissimo terminato; apertura ovata, laevi; columella nuda. — Long. 20, lat. 9 Mm.

Naht nach oben hin nicht erreichen, von ungleichen Spiralreifen, die auf den Rippen stärker vorspringen, ziemlich dicht umzogen, durch eine deutliche, wellige Naht getrennt. Die ovale Mündung geht in einen kürzeren, engen, zurückgebogenen Canal über; der Aussenrand ist kaum gekerbt, der Gaumen leicht gefurcht, die Spindel fast ohne Beleg. Die Färbung ist weisslich mit einem tiefbraunen unterbrochenen Gürtel, welcher auf den oberen Umgängen dicht über der Naht, auf dem letzten über dem Anfang des Stieles verläuft; hier und da erkennt man auch noch einzelne braune Puncte, besonders zwischen den Rippen und am Stiel.

Aufenthalt an der Westküste von Neuholland, das abgebildete Exemplar in der Löbbecke'schen Sammlung, aus der Taylor'schen Sammlung stammend und jedenfalls Reeve's Original.

Anmerkung. Diese reizende kleine Art schliesst sich unmittelbar an die vorige an, ist aber mehr pyramidal und hat eine ganz andere Färbung. Nach Reeve kommt sie auch linksgewunden vor.

71. Fusus acus Adams et Reeve.

Taf. 65. Fig. 8.

F. testa lanceolato-fusiformi, gracillima, solidiuscula, anfractibus longitudinaliter plicato-costatis, spiraliter sulcatis, sulcis subtilibus, confertis, peculiariter plano-excavatis; apertura parva, canali fere clauso; rufo-ferruginea. — Rve.

Long. (ex icone) 40, lat. 9 Mm.

Fusus acus Adams et Reeve Voy. Samarang p. 41 t. 7 fig. 3.
—   — Reeve Conch. icon. sp. 75.

Gehäuse sehr schlank, fast spindelförmig, festschalig, die Umgänge mit concentrischen Rippenfalten und feinen, dichtstehenden, eigenthümlich ausgehöhlten Spiralfurchen sculptirt; die Mündung klein, der Canal fast geschlossen; die Färbung rostroth.

Aufenthalt im indischen Ocean östlich von Borneo. — Abbildung und Beschreibung nach Reeve.

Anmerkung. Diese Art ist wohl zweifellos ein Latirus und sehr nahe mit L. lancea Gmel. verwandt; da ich indess die Art bei Turbinella nicht aufgeführt habe, gebe ich hier eine Copie der Reeve'schen Figur.

72. Fusus ficula Reeve.

Taf. 65. Fig. 9.

F. testa subpyriformi, spira breviuscula, anfractibus longitudinaliter costatis, costis subdistantibus, superne obtuse carinatis, deinde concavis, infra lincis clevatis funiculatis; fuscescente, lincis rufo-fuscescentibus. — Reeve.

Long. (ex icone) 24 Mm.

Fusus ficula Reeve Conch. icon. sp. 73.

Gehäuse fast birnförmig mit kurzem Gewinde, die Umgänge oben kantig, darüber eingedrückt, mit ziemlich entferntstehenden schmalen Rippen und unterhalb der Kante mit erhabenen Spiralreifen sculptirt: bräunlich gelb, die Linien braunroth.

Aufenthalt: Manila; Abbildung und Beschreibung nach Reeve.

Anmerkung. Diese Art ist wohl kaum ein ächter Fusus, doch wage ich, ohne sie gesehen zu haben, nicht, sie einer anderen Gattung zuzuweisen.

73. Fusus coreanicus Smith.

Taf. 65. Fig. 10.

T. fusiformis, sordide carnea, super costas castaneo strigata. Anfr. $7^{1}/_{2}$—8, nucleares $1^{1}/_{2}$—2 laeves, globosi, caeteri superne concavo-declives, ad suturam marginati, medio subangulati, dein tumidi, ad basin valde contracti, plicis obliquis parum prominulis ad 12 in anfr. penultimo, lirisque numerosis regulariter alternantibus sculpti, liris 3—4 inferis majoribus et super costas prominulis. Apertura ovata, cum canali dimidiam testae haud attingens, intus fusca; columella laevis, superne arcuata, inferne valde obliqua; canalis brevis, leviter recurvus. — Smith angl.

Long. 22, diam. 8 Mm.

Fusus coreanicus Smith Proc. zool. Soc. 1879 p. 204 t. 20 fig. 36.

Gehäuse klein, spindelförmig, schmutzig fleischfarben mit kastanienbraunen Striemen über die Rippen. Es sind fast 8 Windungen vorhanden; die beiden embryonalen sind glatt und bilden einen fast kugeligen Apex, die folgenden sind obenher etwas eingedrückt, dann stumpfkantig, unter der Kante angeschwollen und an der Basis eingezogen; nach oben hin sind sie längs der Naht gerandet; sie tragen etwa 12 wenig vorspringende, etwas schräge Falten und werden von zahlreichen regelmässig an Stärke abwechselnden Spiralreifen umzogen, von denen die 3—4 unteren stärker sind und auf den Falten vorspringen. Die Mündung ist eirund, mit dem Canal zusammen die Hälfte der Länge nicht erreichend, innen bräun-

III. 3. b. 27

lich; die Spindel ist glatt, oben gebogen, unten sehr schief, der Canal kurz, leicht zurückgebogen.

Aufenthalt an Südjapan, Abbildung und Beschreibung nach Smith l. c.

74. Fusus longurio Weinkauff.

Taf. 65. Fig. 11.

Testa elongata, fusiformis, rufo-brunnea; anfr. 7 rotundatis, plicato-costatis, lineis elevatis (in anfr. sup. 3) transverse cincta, apertura cum canali spiram superante, canali aperturam aequante, labro intus plicato-dentato. — Wkff.

Long. 9, lat. 3½ Mm.

Fusus longurio Weinkauff Journ. Conch. XIV. p. 247 t. V fig. 4. — Mittelmeerconch. II. p. 103.

Gehäuse länglich spindelförmig, einfarbig braunroth, klein; die sieben Umgänge sind gerundet, quer gefaltet und von erhabenen Spirallinien, von welchen auf den Umgängen des Gewindes nur je drei stehen, umzogen. Die Mündung übertrifft mit dem etwa gleichlangen Canal zusammen die Höhe des Gewindes und ist innen mit faltenartigen Zähnen besetzt.

Aufenthalt bei Algier, in zehn Faden Tiefe von Weinkauf entdeckt, seitdem nicht wiedergefunden. Abbildung und Beschreibung aus dem Journal de Conchyl.

Anmerkung. Diese Art ist, da das Originalexemplar verloren, einigermassen zweifelhaft geworden; Monterosato hat sie für einen jungen Trophon muricatus erklärt, doch bestreitet das Weinkauff entschieden.

75. Fusus myristicus Reeve.

Taf. 65. Fig. 12.

F. testa subgloboso-ovata, anfractibus rotundatis, liris conspicuis longitudinalibus et transversis clathratis, luteo-rufescente. — Rve.

Long. (ex icone) 27, lat. 17 Mm.

Fusus myristicus Reeve Conch. icon. sp. 57.

Gehäuse eiförmig, fast kugelig, die gerundeten Umgänge mit feinen concentrischen Rippen und starken Spiralreifen gegittert, einfarbig gelbroth, die Rippen an den Kreuzungsstellen leichte Knötchen bildend.

Aufenthalt unbekannt.

Anmerkung. Diese Art hat eher den Habitus von Hindsia, als von Fusus und ist trotz des mangelnden Varix wohl eher dorthin zu stellen, als zu Fusus.

76. Fusus Blosvillei Deshayes.

Taf. 66. Fig. 2. 3.

Testa subpiriformi-fusiformis, cauda sensim attenuata, anfractus 7—8 acute angulati, supra subplanulati, transversim costati, costis ad angulum tuberculatis vel squamis erectis armatis, spiraliter lirati, liris alternantibus, striis subtilibus intercodentibus et cum striis incrementi decussationem exhibentibus; anfractus ultimus costis usque in caudam decurrentibus, subobliquis munitus. Apertura angulato-ovata, labro crasso, late crenulato, columella vix callosa, leviter contorta, canali brevi, obliquo. Fusco-brunnea, interdum albofasciata; apertura lutescens.

Long. 35—37 Mm.

Fusus Blosvillei Deshayes*) Encycl. meth. II. p. 155. — Lam. ed. II. p. 472.
    —   —   Reeve Conch. icon. sp. 25.
    —   lividus Philippi Abbild. Beschr. II. p. 21 Fusus t. II. fig. 8.

Gehäuse spindelförmig, fast pyrulaartig, manche Formen, wie Deshayes richtig bemerkt, in der Gestalt ganz ein Miniaturbild der Pyrula colossea, nach unten ganz allmählig in den breiten kurzen Stiel übergehend. Die 7—8 Umgänge sind in der Mitte scharfkantig, obenher ziemlich flach und selbst ausgehöhlt, mit starken Querfalten versehen, welche oberseits ziemlich schwach sind, an der Kante aber als Höcker und selbst als frei emporstehende Schuppen vorspringen, auf dem letzten Umgang aber leicht gebogen bis auf den Stiel herab verlaufen. Die Spiralreifen sind über der Kante nur schwach, unter ihr stärker und regelmässig wechselnd; zwischen sie schieben sich noch feine Spirallinien ein und durch die Anwachsstreifen entsteht eine feine Gittersculptur. Die Mündung ist eckig-eirund, allmählig in den kürzeren Canal übergehend, der Mundrand bei ausgewachsenen Exemplaren verdickt und gezähnelt, innen tief gefurcht; die Spindel ist etwas gedreht und nicht sehr stark, bei jüngeren Exemplaren nur unten her belegt. Die Färbung ist mehr

---

*) F. testa oblonga, fusiformi, solida, livido-cinerea, anfr. medio angulatis et carinatis, carina dentata, costulatis, lineis elevatis transversis cinctis; ultimo spiram superante, sensim in caudam recurvam producta; apertura anguste oblonga, superne excisa, alba; labro intus dentato. — Alt. 20½, diam. ¼'''. — Hab. — ?

27 *

oder minder intensiv braun oder braungrau, mitunter mit weissen Binden, die Mündung gelblich, doch nicht so intensiv, wie bei Reeve's Figur.

Aufenthalt im indischen Ocean. Ceylon (Desh.).

Anmerkung. Die beiden abgebildeten, aus der Löbbecke'schen Sammlung stammenden Exemplare lassen keine Spur des oberen Ausschnittes erkennen, den Philippi erwähnt, stimmen aber sonst ganz mit der Beschreibung, und Fig. 3 auch ganz mit der Abbildung. Die Identität von F. lividus mit Blosvillei hat Philippi selbst wenigstens stillschweigend anerkannt; Reeve's Figur würde mich davon nicht überzeugen.

77. Fusus rufus Reeve.

Taf. 66. Fig. 1.

F. testa oblongo-fusiformi, spira turrita, anfractibus superne declivibus, medio angulatis et plicato - nodosis, nodis prominulis, liris parvis decussatis; ustulato - rufa, intus alba. — Reeve.

Long. 58 Mm. (ex icone).

Fusus rufus Reeve Conch. icon. sp. 58.

Hab. Philippinen.

Diese Art ist zweifellos ein Latirus; da ich sie in meiner Monographie von Turbinella nicht aufgeführt habe, gebe ich hier eine Copie der Reeve'schen Figur.

Species nondum figuratae vel minus notae.

Fusus albus Philippi.

F. testa fusiformi, gracili, alba, immaculata, longitudinaliter confertim costata, transversim lirata; anfractibus teretibus, latitudine altitudinem suam $2^1/_2$ aequantibus; costis
circa 16—18, liris elevatis transversis 16—18; cauda satis abrupta, gracili; apertura ovata,
cauda breviore; labro intus sulcato; labio laevissimo. — Alt. 44, diam. fere $18'''$. — Phil.

Fusus albus Philippi Zeitschr. für Malacoz. VIII. 1851 p. 75.

Hab. — ?

Fusus albinus Adams.

Proc. zool. soc. 1854 p. 222.

F. testa ovato-fusiformi, subventricosa, candida, spira mediocri; anfractibus octo,
convexis, longitudinaliter costato-plicatis, plicis ad suturas obsoletis, liris transversis crebris
cinctis; apertura elongato-ovali, labio laevi; labro intus sulcato; canali mediocri, recto,
aperto.

Hab. Jchaboe, W. Africa.

Eine grosse, solide, weissliche Art mit mässig langem Schnabel und rundlichen
rippenartigen Längsfalten, die an den Nähten obsolet sind. Ad.

Fusus ambustus Gould.

T. fusiformis, subaequilateralis, dilute rufo-fusco tincta; spira elongata, acuta; anfr. 8
convexis, subangulatis, liris crebris cinctis et plicis conspicuis ad 8 ornatis, prope suturam constrictis. Apertura parva, rostro subrecto.

Axis $1^3/_5$, diam. $^3/_4''$. —

Fusus ambustus Gould Proc. Bost. Soc. VI. 1852 p. 385 t. 14 fig. 18.

Hab. Mazatlan, Guaymas.

Fusus apertus Carpenter.

„F. testa subelongata, albida, rufo-fusco irregulariter fasciata, anfractibus 2 nucleosis tumentibus irregularibus, normalibus 3 ? haud valde tumentibus, sutura impressa; costis radiantibus circiter 12 rotundatis, haud valde prominentibus, basin versus obsoletis; interstitiis parvis; lirulis spiralibus, costis superantibus, canali aperto, parum recurvato, longitudine aperturae curtiore. Long. 10, long. spir. 4,7, lat. 5,5‴.“ — (Carpenter).

Fusus apertus Carpenter Mazatl. Sh. p. 504, tablet 2414.

Habitat ad Matzatlan.

Anmerkung. Nach unausgewachsenen Exemplaren aufgestellt.

Fusus assimilis A. Adams.

Proceed. zool. soc. 1855 p. 222.

F. testa elongato-fusiformi, fulvicante, epidermide tenui, fusca induta; spira elongata, acuta; anfractibus decem, rotundatis, longitudinaliter plicato-costatis, costis latis, medio subnodulosis, transversim valde liratis, liris aequalibus, subdistantibus; apertura parva, ovali, labro producto, intus transversim rugoso; labro margine crenulato, intus sulcato; canali longiore, fere clauso, recto.

Hab. China (Mus. Cuming).

Einigermassen dem Fusus turricula Kiener ähnlich, aber die Aussenlinie der Windungen erscheint knotig-genagelt.

Fusus Bernardianus Philippi.

F. testa ovato-oblonga, fusiformi, rufa, transversim costato-lirata, et confertim striata; anfractibus superioribus longitudinaliter costatis, ultimis paullo infra medium angulatis, in angulo acute nodosis; apertura cum canali spiram superante; cauda brevi, crassa, contorta; labro distincto, laevissimo. — Alt. 15, diam. 9‴. — Phil.

Fusus Bernardianus Philippi Zeitschr. f. Malacoz. VIII. 1851 p. 76.

Hab. ad insulas Marquesas.

Obs. An F. turbinelloides Rve. var. minus aculeata? (Phil.).

Fusus cygneus Philippi.

F. testa fusiformi, lactea, transversim lirato-striata, longitudinaliter costata; costis circa 10 striisque transversis in anfractibus ultimis minus distinctis; anfractibus modice convexis, ultimis exquisite marginatis; cauda breviuscula, aliquantulum intorta; apertura ovato-oblonga canalem fere superante; labro haud distincto. — Alt. 24¹/₂, diam. 10¹/₂‴. Phil.

Fusus cygneus Philippi Zeitschr. für Malacoz. VIII. 1851 p. 77.

Hab. — ?

Fusus dilectus A. Adams.

Proc. zool. soc. 1855 p. 221.

F. testa fusiformi, subventricosa, spira mediocri; fulvicante, strigis irregularibus, fuscis longitudinalibus picta; anfractibus ad octo, convexiusculis, supremis costato-plicatis, liris elevatis, transversis, crenulatis, majoribus cum minoribus alternantibus, interstitiis longitudinaliter crebre striatis; apertura elongato-ovali, labro transversim corrugato; labro rufo-marginato, intus sulcato; canali longiore, vix testam aequante, subreflexo, ad sinistram curvato.

Hab. Venezuela. (Mus. Cuming).

Ein sehr eleganter Fusus, der in Zeichnung, Form und Sculptur einigermassen an eine langausgezogene Ficula erinnert.

Fusus exilis Menke.

F. testa fusiformi-turrita, acuminata, pallida, transversim lirata, longitudinaliter costato-plicata; anfractibus septem; spira producta, labro intus laevi; fauce rufa.

Long. 4,5, lat. 2'''.

Fusus exilis Menke Moll. Nov. Holl. Spec. p. 26.

Hab. in lit. occid. Novae Hollandiae.

Fusus gilvus Philippi.

F. testa fusiformi, unicolore, fulva, longitudinaliter costata, transversim lirata; anfractibus 8 medio acute angulatis; costis circa 10, superius et versus caudam evanescentibus; liris transversis squamosis, supra angulum circa 5, infra illum majoribus, duabus in anfractibus superioribus, circa decem in ultimo; cauda satis distincta, inferius perforata. — Alt. 11½, lat. 5⅔'''. — Phil.

Fusus gilvus Philippi Zeitschr. für Malacoz. V. p. 94.

Hab. China.

Fusus luteopictus Dall.

F. testa parva, fusiformi, tenuicula, intense fusca, ad liras interdum clarius maculata; anfr. rotundati, infra suturam leviter excavati, costis transversis, lutescentibus, lirisque numerosis spiralibus sculpti; apicales subtiliter cancellati. Apertura cum canali breviore spirae longitudinem haud aequans, rotundato-ovata, intus alba, liris ad 12 geminatis, marginem crenulatum haud attingentibus munita. — Dall angl.

Alt. 0,82, lat. 0,35''.

Fusus luteopictus Dall Proc. Calif Acad. 1877. — Sep. Abz. p. 3.
— ambustus Carpenter nec Gould.
Hab. Farallones et San Diego Californiae.

Fusus Kobelti Dall.

T. eleganter regulariterque fusiformis, anfractibus 7—8, transversim plicatis et spiraliter liratis; sub epidermide lamellosa cinerea vel viridi-olivacea albida, liris majoribus vel omnibus castaneis; lirae spirales filiformes, alternantes, ad 6 majores in anfr. spirae, ad costas parum elatas haud incrassatae. Apertura intus alba, lirata, liris externis interdum translucentibus. — Dall angl.

Long. 2″.

Fusus Kobelti Dall Proc. Acad. Calif. 1873 March. Sep. Abz. p. 4.

Hab. ad Californiam.

Fusus nodicinctus A. Ad.

Proc. zool. soc. 1855. p. 222.

F. testa elongato-fusiformi, dilute rufa, rufo-ferrugineo variegata, spira elongata, acuta; anfractibus convexis, transversim liratis, longitudinaliter nodoso-plicatis, plicis in medio anfractuum tuberculatim productis; apertura ovali, labio transversim corrugato; labro intus sulcato, canali mediocri, recto, aperto.

Hab. Australia (Mus. Cuming).

Die Windungen sind von einer Reihe deutlicher Knoten umzogen, die Schale ist „rusty brown" gescheckt und der letzte Umgang zeigt ein deutliches Band von gleicher Farbe.

Fusus rubrolineatus Sowerby.

F. testa breviuscula, pallide rubescente, castaneo bifasciata, distanter spiraliter rubro lineata, tenuiter striata; spira breviuscula; anfractibus septem, costis longitudinalibus subdistantibus rotundis spiraliter liratis ornatis, superne fascia castanea lata cinctis; apertura subovata, in canalem subelongatum terminante. — Sow.

Fusus rubrolineatus Sowerby Proc. zool. Soc. 1870 p. 252.

Hab. Agulhas Bank (Mus. Taylor).

Fusus spiralis A. Adams.

Proc. zool. soc. 1855. p. 221.

F. testa fusiformi, tenui, albida, spira elevata, anfractibus spiralibus, convexis, ad suturas contractis, transversim liratis, in medio angulatis, carina tuberculata et carina altera infima subsimplice instructis; apertura ovali, labio intus laevi; labro intus sulcato canali elongato, recto.

Hab. Neu-Seeland (Mus. Cuming).

Eine schöne, elegante Art, die stark an das Junge einer noch unbekannten Rostellaria mit spiralen Windungen und unentwickelter Aussenlippe erinnert.

Fusus tumens Carpenter.

„F. testa parva, spira acuta, marginibus rectis; anfractibus duobus nucleosis, 5 normalibus, valde tumentibus, sutura impressa; costis radiantibus 8 valde tumentibus, rotundatis, ad basim obsoletis, interstitiis concavis; lirulis spiralibus prominentibus, costas superantibus; canali aperturae longitudinem subaequante. Long. 16, long. spir. 8, lat. 7'''.“ (Carpenter).

Fusus tumens Carpenter Mazatl. Sh. p. 503 tabl. 2413.

Habitat prope Mazatlan.

Obs. Cl. Dall hanc speciem pullum F. ambusti Gould esse docet.

Fusus ventricosus Menke.

F. testa ovato-fusiformi, ventricosa, obtusa, pallide fulva, basi subfusca; transversim sulcata, longitudinaliter costato-plicata; anfractibus quatuor; spira mediocri; labro intus laevi; fauce fulva.

Long. 4''', lat. 2,7'''.

Fusus ventricosus Menke Moll. Novae Hollandiae Specimen 1843 p. 26, non Gray neque Beck, n.c Adams.

Hab. in litore occidentali Novae Hollandiae.

Zweifellos auf ein unausgewachsenes Exemplar gegründet.

Fusus virga Gray.

Zool. Beechey p. 116.

Shell fusiform, elongate, solid, white, apex yellowish, spire acute, two thirds the length of the mouth; whorls rounded, convex, regularly and strongly longitudinally

III. 3. b. 28

plaited, with alternate broad, sharp edged and very fine spiral ribs; suture distinct. Mouth ovate; throat grooved, outer lip crenulated; canal elongated, tapering, transversely striated, smooth in front.

Length 5 inches.

Inhab. China; not uncommon.

Compare with F. laticostatus Desh., but the ribs are not broad and depressed. The nucleus of this species, as in the most of the genus, is quite smooth, subcylindrical, blunt, of one whorl and a half; the periostracum thin, pale, brown, hairy.

Gattung **Euthria Gray.**

Testa fusiformis, spira turrita, cauda brevi, latiuscula, recurva, anfractibus laevibus
vel obsolete liratis, superis tantum plicato-costatis, plerumque infra suturam excavatis.
Apertura ovata, supra sinuata vel subcanaliculata, labro externo crasso, intus denticulato. — Operculum corneum, unguiforme, nucleo apicali.

Die Gattung Euthria wird gebildet von einer Anzahl mittelgrosser Arten, die
man früher bald zu Buccinum, bald zu Fusus stellte. Von Buccinum unterscheiden
sie sich durch den kurzen, aber deutlich entwickelten, zurückgekrümmten Canal
und den Fususdeckel, von Fusus durch die mangelnde Sculptur, die nur in obsoleten Spiralreifen besteht; nur die obersten Umgänge zeigen bei manchen Arten
Faltenrippen. Dagegen sind die Umgänge fast stets unter der Naht mehr oder
minder eingedrückt und der Eindruck des Aussenrandes verursacht an der Mündung
einen Ausschnitt oder oberen Canal. Der Aussenrand ist bei ausgebildeten Exemplaren dick und innen mit einer gezähnelten Lippe belegt, die Innenlippe glatt mit
nicht lostretendem, aber oft starkem Beleg, der häufig oben einen stumpfen Höcker
trägt. Die Färbung ist meist wenig auffallend, einfarbig oder scheckig.

Die Euthrien kommen manchen Sipho-Arten ziemlich nahe und der Typus ist,
wie es scheint, von Linné mit dem nordischen Sipho gracilis da Costa, zusammen-
geworfen worden; zur Unterscheidung genügt indess das dickschalige Gehäuse und
die dicke Aussenlippe.

Der Deckel ist krallenförmig mit apicalem Nucleus, wie bei Fusus. Die Zungenbewaffnung schliesst sich an die von Neptunea an. Die Radula hat drei Reihen
Platten; die Mittelplatten werden am convexen Hinterrande von einem Lappen über-
ragt, dessen Rand in Zähne getheilt ist; die Seitenplatten sind weniger breit und
greifen abwechselnd zwischen die Mittelplatten ein, sie sind mit drei Zähnen bewaffnet, von denen der äusserste am grössten ist, der mittlere am kleinsten, aber
wenig kleiner, als der innere. Das Thier der typischen Art ist lebhaft orange-

farben, mit breitem, länglichem, vorn abgestutztem, nach hinten gerundetem Fuss; die fadenförmigen Fühler stehen nahe bei einander und sind kurz und stumpf; die Augen sitzen an ihnen etwa in einem Drittel ihrer Höhe.

Die Euthrien gehören wesentlich der gemässigten Zone in beiden Hemisphären an; sie leben gesellig in geringer Tiefe. Die Arten sind vertheilt auf den mittleren atlantischen Ocean, den nördlichen stillen Ocean, und die Südspitzen von Amerika, Australien und Afrika.

Die Adams haben für Buccinum linea Martyn eine eigene Untergattung Evarne errichtet, welche sie, wohl des Canals und der dünnen Aussenlippe wegen, zu Fusus stellen, wo sie ganz fremdartig steht. Es dürfte sich empfehlen, Evarne als Untergattung von Euthria anzunehmen und auf die sämmtlichen Neuseeländer auszudehnen, welche sich alle durch relativ dünnen Aussenrand und bunte Zeichnung mit zahlreichen schmalen Binden auszeichnen und gewissermassen den Uebergang zu Cominella bilden.

1. Euthria cornea Linné.

Taf. 66. Fig. 4—9.

Testa fusiformis, spira turrita, cauda brevi, recurva, crassa, solida, glabra, interdum spiraliter obsolete lirata, anfractibus supremis 3—4 plicatis vel nodulosis. Anfractus 9—10 sutura marginata discreti, primum appressi et concavi, dein ventricosi, bene rotundati, ultimus dimidiam testae longitudinem superans, in caudam recurvam, quoad genus sat longam attenuatus. Apertura ovata, supra subcanaliculata, in canalem angustum, obliquum abrupte terminata, labrum crassum, intus callo dentato munitum; columella arcuata callosa, supra tuberculata. — Color pervariabilis, albida, vel cinerea, vel livido-coerulescens, fusco et albo variegata vel interrupte fasciata, faucibus interdum intense purpureofuscis, albo limbatis.

Long. 60—70, lat. 24—27 Mm.

Murex corneus Linné Syst. Nat. Ed. XII. p. 1224.
— — Hanley, Ipsa Linn. Conch. p. 305.
Fusus lignarius Lamarck Anim. s. vert. IX. p. 455.
— — delle Chiaje-Poli III. t. 48 fig. 16. 17.
— — Blainville Faune Franc. p. 82 t. 4 A. fig. 1.
— — Kiener Coq. viv. p. 43 t. 22 fig. 11.
— — Reeve Conch. icon. sp. 5.
— corneus Philippi in Wiegm. Arch. 1841 p. 628.

Euthria cornea Adams Genera I. p. 86.
 —   —   Chenu Manuel I. fig. 632. 633.
 —   —   Weinkauff Mittelmeerconch. II. p. 109.
 —   —   Kobelt Conchylienb. t. 7 fig. 7.

Gehäuse spindelförmig, mit gethürmtem Gewinde und kurzem, zurückgekrümmtem Stiel, glatt oder nur mit undeutlichen Spirallinien sculptirt, nur die oberen Umgänge mit länglichen Knoten versehen, festschalig, mitunter auffallend schwer für die Grösse. Die Umgänge springen unter der Naht wulstig vor und sind dann stark eingedrückt, nachher aufgetrieben; der letzte ist stets, mitunter sehr erheblich länger als das Gewinde und läuft in einen kurzen, stark gekrümmten Stiel aus. Die Mündung ist eirund, oben in Folge der Einbuchtung des Aussenrandes gewissermassen einen kurzen Canal bildend, nach unten plötzlich in einen, bei ausgebildeten Exemplaren engen und ziemlich langen Canal übergehend, der Mundrand von dem scharfen, ungezähnelten Rand aus rasch verdickt, gewissermassen mit einer schwieligen Lippe belegt, die fast immer gezähnelt ist, die Spindel stark gebogen, mit einem glatten Callus belegt, der am Rande nicht lostritt und oben häufig einen Höcker trägt.

Gestalt und Färbung sind, wie die abgebildeten Exemplare aus meiner Sammlung zeigen, ungemein veränderlich. Namentlich häufig findet man Exemplare, welche bei bedeutender Grösse doch relativ dünnschalig sind und besonders die Verdickung des Mundrandes vermissen lassen; trotzdem kann man sie nicht als unausgewachsen betrachten, denn anstatt der Verdickung zeigen sie eine Anzahl kurzer paralleler weisser Rippen in der Mündung an Stelle der Lippe; auch der Spindelcallus ist dann meist nur schwach entwickelt, aber der Höcker oben an der Mündungswand dennoch ausgeprägt. — Nicht selten sind auch kurze gedrungene Formen, wie unsere Fig. 7, bei denen der letzte Umgang das Gewinde auffallend überwiegt. Die Dicke des Gehäuses hängt möglicherweise mit der Bodenbeschaffenheit des Aufenthaltsortes zusammen, wenigstens habe ich bis jetzt aus Dalmatien stets dickschalige, von den Tuff-Felsen bei Neapel dünnschalige, aber intensiver gefärbte erhalten.

Die Färbung ist noch verschiedenartiger, als die Gestalt. Meine Dalmatiner Exemplare sind bald einfarbig weissgelb, bald mit rothbraunen Striemen und rothbraun und weiss gegliederten schmalen Binden umzogen, die Mündung bald rein weiss, bald innen braunviolett angelaufen. Bei anderen Exemplaren tritt stellenweise, besonders auf den oberen Umgängen, eine livid-blaugraue Färbung hervor. Neapolitaner Exemplare sind dagegen zum Theil einfarbig violettgrau, zum Theil, wie Fig. 8, mit braunroth und weiss gegliederten Fleckenbinden sehr hübsch gezeichnet, die Mündung innen braunviolett mit breiterem oder schmälerem gelbbraunem oder weissem Saum.

Eine reizende kleine, sehr constante Varietät, zu welcher das Fig. 9 abgebildete Exemplar gehört, sammelte ich im Porto piccolo von Syracus; dieselbe ist trotz ihrer Kleinheit auffallend dickschalig, die Höcker sind nicht auf das Gewinde beschränkt, sondern reichen bis auf den vorletzten Umgang herab, die Mündung ist durch einen breiten, dicken Callus von hellerer Färbung gesäumt; die Färbung ist hell grüngelb, in der Einschnürung unter der Naht dunkler, sonstige Zeichnungen sind nicht zu erkennen; die Mündung ist rosa, nur tief im Gaumen braunviolett, der Mundrand sehr verdickt und mit länglichen Knötchen regelmässig besetzt, die Spindel hat oben einen starken Höcker und meist auch noch einige Knötchen am Eingange des Canals. Das abgebildete Exemplar ist mit 35 Mm. keines der kleinsten.

Aufenthalt: im Mittelmeer, weit verbreitet und ziemlich überall gemein, in der Strandlinie auf bewachsenen Felsen, auch weit in die Tertiärformation zurückreichend.

2. Euthria ferrea Reeve sp.

Taf. 67. Fig. 10. 11.

Testa fusiformis, spira acuminata, cauda breviuscula, solidula, viridescenti-coerulea, strigis undulatis fuscis plus minusve distinctis picta, ad suturam albido-lutescens. Anfractus 9 infra suturam leviter excavati, dein aequaliter rotundati, striis incrementi tenuissimis spiralibusque sub lente tantum conspicuis, in anfractu ultimo distinctioribus et ad basin liriformibus sculpti. Apertura ovata, quam spira brevior, in canalem brevissimum latiusculum vix recurvum desinens, columella aequaliter sinuata, labro simplici, intus costato et plerumque incrassato, faucibus violaceis, late nigrolimbatis.

Long. 43 Mm.

Buccinum ferreum Reeve Conch. icon. sp. 102 (1847).
Fusus viridulus Dunker Moll. japon. p. 3 t. I fig. 16.
Euthria viridula Lischke Jap. Moll. I. p. 39 t. 5 fig. 5. 6.
— ferrea Smith Proc. zool. Soc. 1879 p. 206 t. 20 fig. 39. 39a.

Gehäuse spindelförmig mit ganz spitzem, hohem Gewinde und kurzem, wenig gekrümmtem Stiel, mehr oder minder festschalig, blaugrün mit mehr oder minder deutlichen braunen oder braungelben Zickzackstriemen und einer weissgelben Zone unter der Naht. Von den neun Umgängen sind die oberen rein gerundet und mit Knoten besetzt, die späteren zeigen den charakteristischen Eindruck unter der Naht und nur ganz feine Anwachsstreifen; auf den unteren Umgängen erkennt man unter der Loupe auch feine Spirallinien, die nach der Basis des letzten Umganges zu mehr hervortreten und schliesslich zu Leisten werden. Die Mündung ist kürzer, als das Gewinde, spitzeiförmig, oben mit nur undeutlicher Rinne, nach unten in einen kurzen, offenen, kaum gekrümmten Canal übergehend; der Mundrand ist meist dünn und einfach mit einer Anzahl Rippen im Gaumen, doch kommen auch Exemplare mit verdicktem, innen gezähneltem Mundrand vor; die Spindel ist gleichmässig gebogen und gegen den Canal nicht scharf abgesetzt. Der Gaumen ist violett mit breitem schwarzem Saum.

Diese Art ist nicht minder veränderlich, als ihre Schwester im Mittelmeer. Ausser der schon erwähnten dickschaligeren Form mit verdickter Mündung (Fig. 3), welche meist auch stärker sculptirt ist und keine Zickzackstriemen zeigt, findet sich ziemlich häufig, und constant eine kurze gedrungene Form (Fig. 4), welche auch Smith l. c. erwähnt und als Fig. 39 abbildet, und welche man wohl als eigene Art abtrennen könnte. Sie zeichnet sich durch starke, durch dunkle Färbung noch mehr hervorgehobene Spiralleisten aus und zeigt in der Mündung drei breite dunkle Bänder mit dazwischenliegenden helleren. Der letzte Umgang ist erheblich höher als das Gewinde. Trotz dieser Differenzen glaube ich, dass Smith mit Recht diese Form als Varietät zu E. ferrea zieht; eine ähnliche Formenreihe findet sich auch bei den neuseeländischen Euthrien. Da die Varietät aber constant und häufig scheint, verdient sie doch wohl einen eigenen Namen und nenne ich sie var. Smithii.

Aufenthalt an Südjapan, die abgebildeten Exemplare in Löbbecke's Sammlung.

3. Euthria dira Reeve.

Taf. 67. Fig. 10. 11.

Testa solida, fusiformis, spira turrita, cauda brevi, vix recurva, sordide fusca, liris nigricanti-brunneis; anfractus 8—9 rotundati, superne perparum impressi, liris rugosis

conspicuis undique cingulati, superi concentrice plicati, plicis in anfractu antepenultimo
evanidis. Apertura ovata, in canalem brevem vix recurvum desinens, superne haud canaliculata, labro simplici, crenulato, faucibus sulcatis, columella arcuata, callosa; pallide
fuscescens, nigro-castaneo limbata, columella castaneo-maculata, denticulis labri pallidioribus.

Long. ad 50 Mm.

Buccinum dirum Reeve Conch. icon. sp. 92 (1846).
Fusus incisus Gould Proc. Boston Soc. p. 124 (1849) Otga p. 64.
Tritonium Sitchense Middendorf Beitr. Mal. Ross. II. 1849 p. 149 t. 2
      fig. 5—8.
Chrysodomus dirus Carpenter Rep. Brit. Associat. II. 1863 p. 664.

Gehäuse festschalig, spindelförmig, mit gethürmtem Gewinde und kurzem Stiel,
meist schmutzig bräunlich mit dunkleren Reifen, und mit einem festsitzenden weisslichen Niederschlag überzogen. Die 8—9 Umgänge sind gerundet, unter der Naht
nur ganz wenig eingedrückt und werden von dichtstehenden, rauhen Spirallinien
umzogen, zwischen die sich auf dem letzten Umgang noch feine Linien einschieben.
Die oberen Umgänge haben starke Faltenrippen, welche meist auf dem drittletzten,
mitunter aber erst auf dem letzten Umgang schwinden. Die Mündung ist eirund,
oben nicht zu einem Canal zusammengedrückt, da der Eindruck unter der Naht auf
dem letzten Umgang kaum noch erkennbar ist; nach unten geht sie in einem weiten, kurzen, kaum zurückgebogenen Canal über; der Aussenrand ist gezähnelt,
innen gefurcht, nicht verdickt, die Spindel wenig concav, mit einem dünnen, deutlichen Callus belegt. Die Mündung ist meist innen hellbraun mit einem dunkleren
Saum, die Spindel hellbraun mit einem grossen schwarzen Flecken; die Zähnchen
des Mundrandes treten meistens heller hervor. Doch kommen auch hellere Exemplare vor und nach Dall zeichnen sich die Exemplare vom Puget-Sund durch gläu-
zend orangefarbene Mündung aus.

Aufenthalt an der Westküste Nordamerika's von Monterey an nördlich, am
häufigsten zwischen Sitka und Oregon.

Anmerkung. Diese Art ist im System sehr schwer zu placiren; sie passt auch
zu Euthria nicht recht, sieht aber immer noch den stärker sculptirten Exemplaren
von Euthria viridula am ähnlichsten.

4. Euthria linea Martyn sp.

Taf. 67. Fig. 7—9.

Testa fusiformis, spira turrita, apice acuminata, cauda sat longa sinistrorsa, solida, laevis vel liris parum elevatis cingulata; anfractus 8 regulariter crescentes, superi transversim plicato-costati, sequentes striis incrementi tantum et liris spiralibus saepe omnino obsoletis sculpti; apertura ovata, superne acuminata, infra in canalem quoad genus sat longum desinens, labro simplici, acuto, intus sulcato, columella callo appresso induta. Color pervariabilis, plerumque lutescenti-albida, fasciolis castaneis vel purpureis cingulata, apertura alba, fasciolis translucentibus.

Long. 42, lat. 21 Mm.

Buccinum linea Martyn Univers. Conchol. pl. 48.
Murex lineatus Chemnitz Conch. Cab. X. t. 164 fig. 1572.
— — Gmelin Syst. nat. ed. XIII. p. 3559.
Fusus lineatus Quoy Voy. Astrol. II. p. 501 t. 34 fig. 6—8.
— — Kiener Coq. viv. p. 48 t. 30 fig. 2.
— — Reeve Conch. icon. sp. 31.
— linea Desh. Lam. IX. p. 476.
— (Evarne) linea Adams Genera I. p. 79.
Euthria lineata Hutton Man. New Zeal. p. 51.
Pollia lineolata Gray in Dieffenbach New Zealand II. p. 230.
Fusus (Evarne) linea Chenu Manuel I. Fig. 600.

Gehäuse spindelförmig mit gethürmtem, spitz zulaufendem Gewinde und relativ langem, nach links gerichtetem Stiel, ziemlich festschalig, glatt oder mehr oder minder ausgesprochen spiralgereift. Die acht Umgänge nehmen nur langsam zu und sind bald glatt, bald mehr oder minder deutlich spiralgereift und gestreift; die oberen Umgänge sind undeutlich gefaltet; ein Eindruck unter der Naht ist kaum vorhanden. Die Mündung ist oval, oben spitz, unten geht sie in den ziemlich langen, nach links gerichteten Canal über; der Mundrand ist einfach, dünn, scharf, innen den Aussenreifen entsprechend gefurcht, die Spindel trägt einen glatten, fest angedrückten, scharf begränzten Beleg. Die Färbung ist sehr wechselnd, meist gelblich mit braunen oder purpurfarbenen Binden auf den Reifen, die auch innen durchscheinen, mitunter auch mit zusammenhängenden breiten purpurfarbenen Binden, oder auch mit nur gegliedert purpurbraunen Reifen. Hutton erwähnt auch eine orangegelbe Varietät mit dunkler orangefarbenen Binden.

Fig. 8 u. 9 stellen eine Varietät dar mit bauchigeren Windungen, welche zu

III. 3. b. 29

dem Typus ungefähr in demselben Verhältnisse steht, wie var. Smithii zu ferrea Rve. Sie ist vielleicht eine der neuerdings von Hutton beschriebenen Arten.

Aufenthalt an Neuseeland und den benachbarten Inseln, nicht selten; die abgebildeten Exemplare in der Löbbecke'schen Sammlung.

5. Euthria littorinoides Reeve sp.

Taf. 66. Fig. 1—4.

Testa fusiformis, spira turrita, apice acuminata, basi subrecurva; anfractus 8 regulariter crescentes, sutura distincte impressa discreti, infra suturam subimpressi, dein convexiusculi, superi transversim plicati, sequentes fere laeves, striis incrementi tantum sculpti, sed fasciolis fuscis, liras simulantibus, cingulati; apertura ovata, superne acuminata, labro tenui, acuto, integro, canali brevi, subrecurvo, columella arcuata callo tenui appresso induta. Lutescens vel olivaceo-fusca, obscure fasciolata; apertura carnea, fasciis translucentibus.

Long. 32, lat. 14, alt. apert. 15,5 Mm.

Buccinum littorinoides Reeve Conchol. icon. p. 94.
Euthria   —   Chenu Manuel II. fig. 631.
      —   —   Hutton Man. New Zealand p. 52.

Gehäuse spindelförmig mit gethürmtem, spitz zulaufendem Gewinde und zurückgebogener Basis, aus 8 regelmässig zunehmenden Windungen bestehend, welche durch eine deutlich eingedrückte, doch nicht rinnenförmige Naht geschieden werden; sie sind unter der Naht leicht eingedrückt, dann gewölbt, die oberen mehr oder minder deutlich quergefaltet, die folgenden glatt, nur mit den Anwachsstreifen sculptirt; die dunklen Binden geben ihnen zwar ein geripptes Ansehen, doch ist das nur scheinbar. Die Mündung ist eiförmig, oben spitz, unten geht sie in einen kurzen, breiten, zurückgebogenen Canal über; der Aussenrand ist einfach, schneidend, ungekerbt, die gebogene Spindel trägt einen festangedrückten, dünnen Callus. Die Färbung ist gelblich bis olivenbraun mit zahlreichen schmalen, dunklen, wenig deutlichen Binden, welche auch im Inneren der fleischfarbenen Mündung durchscheinen.

Aufenthalt an Neuseeland. Die beiden abgebildeten Exemplare, aus der Taylor'schen Sammlung stammend, jetzt im Besitz von Löbbecke.

Anmerkung. Diese Art ist jedenfalls die nächste Verwandte der vorigen, nach Hutton vielleicht nur eine verkümmerte Varietät davon. Trotzdem rechnen sie die Adams nicht zu Evarne, sondern zu Euthria.

6. Euthria Simoniana Petit sp.

Taf. 68. Fig. 5.

„Testa fusiformi, albicante; spira acuta; anfractibus 7 convexis, superne depressiusculis, spiraliter liratis, liris plano-convexiusculis; apertura ovato-acuta, intus albicante luteo-vel fusco tincta; columella superne subcanaliculata; labro intus dentato; canali brevi subobliquo." (Petit).

Long. 48, lat. 20 Mm.

Fusus Simonianus Petit Journ. Conch. III. 1852 p. 164 t. 7 fig. 7.
? Euthria lacertina Martens Jahrb. Mal. Ges. I. p. 133 t. 6 fig. 2, an Gould?

Gehäuse spindelförmig, weisslich, mit spitzem Gewinde, aus sieben gewölbten, oben eingedrückten Umgängen bestehend, welche von ziemlich entferntstehenden flachen Spiralreifen umzogen werden; die Mündung ist spitzeiförmig, innen weisslich, bald gelb, bald bräunlich überlaufen, die Spindel oben mit einer Verdickung, welche mit dem Eindruck des Aussenrandes eine Art Canal bildet; der Aussenrand ist innen mehr oder minder gezähnelt, der Canal offen, kurz, etwas nach links gerichtet.

Aufenthalt am Cap; Abbildung und Beschreibung nach Petit l. c.

Anmerkung. Diese Art zeigt manche Annäherung an Cominella, steht aber doch zweifellos der folgenden Art am nächsten. — Euthr. lacertina Martens l. c. gehört nach der Beschreibung, allerdings nicht nach der ziemlich mangelhaften Figur, mit grosser Wahrscheinlichkeit hierher, während ich E. lacertina Gould eher auf E. capensis Dkr. deuten möchte.

7. Euthria capensis Dunker sp.

Taf. 68. Fig. 6. 7.

Testa fusiformis, solidula, sordide flava, strigis seriebusque macularum fuscarum subregulariter dispositis picta, anfractus 7 infra suturam impressi, dein convexi, spiraliter late sulcati, superi transversim plicati, plicis in penultimo evanescentibus, ultimus dimidiae testae major, subtus in caudam breviusculam, recurvam attenuatus; apertura ovato-oblonga, superne acuminata, infra in canalem distinctum desinens, labro simplici intus sulcato, pone marginem albidum striga fusca ornato, columella callosa, laevi.

Long. 25, diam. 12 Mm.

29 *

Fusus capensis Dunker *) in Philippi Abbild. vol. I. t. 1 fig. 7.
— — Krauss Südafr. Moll. p. 110.

Gehäuse ziemlich schlank spindelförmig, festschalig, schmutzig gelblich mit braunen Striemen und Flecken, welche meistens in drei Zonen ziemlich regelmässig angeordnet sind; die sieben Umgänge sind unter der Naht etwas eingedrückt, dann gut gewölbt und werden von breiten Spiralfurchen mit flachen Rücken dazwischen umzogen; die oberen Umgänge sind quergefaltet, auf dem vorletzten ist bereits jede Spur davon verschwunden. Der letzte Umgang nimmt über die Hälfte der Gesammtlänge ein und ist in einen kurzen, zurückgebogenen Canal verschmälert. Die Mündung ist länglich eiförmig, oben spitz, unten mit einem deutlichen Canal, die gebogene Spindel trägt einen deutlichen Callus, der Aussenrand ist einfach, innen gefurcht, am Rande weisslich, dahinter mit einem braunen Saum.

Aufenthalt am Cap, das abgebildete Exemplar in dem Senckenbergischen Museum in Frankfurt, von Hartwig mitgetheilt.

Anmerkung. Dunker hat diese Art nach einem jungen Exemplare beschrieben und seine Abbildung lässt die Gattungskennzeichen sehr wenig hervortreten.

8. Euthria plumbea Philippi sp.

Taf. 68. Fig. 8. 9.

Testa fusiformis, cauda brevissima, leviter recurva, fusco-grisea, laevis, ad caudam tantum leviter lirata; anfractus 7—8 convexi, infra suturam leviter impressi, superi plus minusve plicato-costati; apertura ovata, spirae longitudinem haud attingens, superne subcanaliculata, inferne in canalem brevissimum apertum desinens, fusco-purpurea, ad marginem albido-limbata, faucibus haud liratis.

Long. 25—32 Mm.

Fusus plumbeus Philippi **) Abbild. Beschr. I. p. 108. Fusus t. 1 fig. 3.

Gehäuse ziemlich klein, spindelförmig mit ganz kurzem, zurückgekrümmtem Stiel, matt schmutzig grau oder bräunlich gelb, meist mit einem bleigrauen Nieder-

---

*) F. testa ovato-fusiformi, longitud. plicata (plicis 12 — 14), transversimque striata, sordide flava, fusco variegata, anfr. subconvexis 5 — 6; cauda breviuscula; apertura ovato-oblonga; labro intus sulcato. — Dkr.

**) T. minuta, fusiformis, fusco-grisea, laevis; anfractus 7 — 8 convexi, supremi costulati, ultimus ad caudam brevissimam leviter spiraliter sulcatus; apertura ovata, spiram aequans, in canalem brevissimum apertum desinens, fauce fusco-purpurea. — Long. 25, lat. 11 Mm. — Phil.

schlag überzogen, glatt, nur die Basis mit einigen Spiralfurchen. Die 7—8 Windungen sind stark gewölbt, die oberen mit Knoten besetzt, die unteren unter der Naht deutlich eingedrückt. Die Mündung ist eirund, bei ausgewachsenen Exemplaren stets kürzer, als das Gewinde, oben einen undeutlichen Canal bildend, unten in einen kurzen, offenen, kaum zurückgebogenen Canal übergehend; der Aussenrand ist einfach, scharf, nach innen rasch verdickt, doch ungezähnelt. Die ganze Mündung inclusive des Spindelcallus ist bis auf einen ziemlich breiten weissen Saum purpurbraun.

Philippi hat diese Art nach einem unausgewachsenen Exemplare beschrieben, das den Eindruck unter der Naht noch nicht zeigte. Mir liegen drei Exemplare aus der Löbbecke'schen Sammlung vor, das kleinste, der Mundbildung nach ausgewachsene, nur 21 Mm. lang. Das Fig. 9 abgebildete Stück zeigt deutliche Faltenknoten bis zum vorletzten Umgang.

Aufenthalt an der südamerikanischen Westküste, besonders an Chile.

9. Euthria antarctica Reeve sp.
Taf. 68. Fig. 11.

Testa ovato-fusiformis, basi truncata, anfractibus apicem versus fortiter plicato-costatis, costis in anfractu ultimo evanidis; extus epidermide olivacea induta, intus purpureofusca, columella labrique margine interno albis. — Reeve.

Long. 33, lat. 16,5, alt. apert. 16 Mm.

Buccinum antarcticum Reeve Conch. icon. sp. 30.

Gehäuse eispindelförmig, mit abgestutzter Basis, die oberen Umgänge mit starken, nach dem letzten Umgang hin verschwindenden Rippenfalten sculptirt, aussen mit einer olivenbraunen Epidermis überzogen, innen purpurfarben mit weisser Spindel und weissem Randsaum. — Die Reeve'sche, von uns copirte Abbildung zeigt einen deutlichen Eindruck unter der Naht und eine vorspringende Ecke am Aussenrand. Ohne die Rippensculptur der oberen Umgänge würde ich diese Art entschieden eher zu Buccinum, als zu Euthria stellen.

Aufenthalt an den Falkland-Inseln.

10. Euthria obscura Reeve sp.

Taf. 68. Fig. 12.

Testa pyramidali-ovata, anfractibus superne depressiusculis, laevigatis aut spiraliter obscure liratis; plumbeo-albicans, aperturae fauce purpureo-fusca. — Reeve.

Long. 35, lat. 17, alt. apert. 16 Mm. (ex icon.).

Buccinum obscurum Reeve Conch. icon. sp. 68.

Gehäuse pyramidal eiförmig, glatt oder undeutlich spiral gereift, die Umgänge oben leicht eingedrückt; weisslich bleifarben, der Gaumen purpurbraun. Rve.

Aufenthalt unbekannt, vermuthlich an Neuseeland oder Südaustralien; die Abbildung nach Reeve.

Anmerkung. Diese und die drei folgenden Arten bilden den Uebergang zu Cominella und könnten auch zu dieser Gattung gerechnet werden; doch scheint mir die Aehnlichkeit mit E. linea grösser.

11. Euthria cingulata Reeve sp.

Taf. 68. Fig. 13.

Testa acuminato-ovata, basi leviter recurva, laevigata, apertura parva, labro subeffuso; plumbeo-fusca, lineis nigris undique cingulata. — Reeve.

Long. 35, lat. 18, alt. apert. 20 Mm.

Buccinum cingulatum Reeve Conch. icon. sp. 75.

Gehäuse eiförmig mit hohem, spitz zulaufendem Gewinde und leicht zurückgekrümmter Basis, glatt, die Mündung klein mit etwas nach aussen gedrehtem Mundrand; bräunlich mit bleifarbenem Ueberzuge, von schwarzen Spirallinien ziemlich dicht umzogen.

Aufenthalt unbekannt; Abbildung und Beschreibung nach Reeve.

12. Euthria linearis Reeve sp.

Taf. 68. Fig. 14.

Testa ovata, crassiuscula, laevigata, spira brevi, acuta; anfractibus superne subcompressis; columella arcuata, superne callosa; cinereo-aut viridescente-fusca, lineis nigris inaequalibus undique conspicue cingulata; columella albida, aperturae fauce purpureocinerea. — Reeve.

Long. 33, lat. 18, alt. apert. 18 Mm. (ex icone).

Buccinum lineare Reeve Conch. icon. sp. 116.

Gehäuse eiförmig mit kurzem, spitzem Gewinde, festschalig, glatt, die Umgänge oben etwas zusammengedrückt, die Spindel gebogen, oben mit einem schwieligen Beleg. Die Färbung ist bräunlich aschfarben oder grünlich, mit ungleichen schwarzen Spirallinien, die Spindel weisslich, der Gaumen purpurfarben überlaufen.

Aufenthalt unbekannt; Abbildung und Beschreibung nach Reeve.

13. Euthria lactea Reeve sp.

Taf. 68. Fig. 15.

Testa oblongo-ovata, spira acuta, anfractibus superne concavo-impressis; columella arcuata, aperturae fauce radiatim lirata; lacteo-caerulea, lineis nigricantibus obscure notata, aperturae fauce lutea, purpureo-fusco tincta, liris radiantibus albis. — Reeve.

Long. 34, lat. 17, alt. apert. 17 Mm. (ex icone).

Buccinum lacteum Reeve Conch. icon. sp. 117.

Cominella lactea Hutton Man. New Zeal. p. 55.

Gehäuse länglich eiförmig, mit spitzem Gewinde, die Umgänge obenher eingedrückt, die Spindel gebogen, der Gaumen mit strahlenförmigen Rippen; Färbung bläulich mit einem milchartigen Schimmer, von dunklen Spiralbinden undeutlich umzogen, der Gaumen gelb mit weissen Rippen und purpurbraunen Striemen. Rve.

Aufenthalt an Neuseeland, Südaustralien und Vandiemensland: die Abbildung und Beschreibung nach Reeve.

14. Euthria vittata Quoy sp.

Taf. 68. Fig. 10.

Testa ovato-conica, apice acuta, obscure transversim lirata, lutea, vitta decurente violacea cincta; anfractibus convexiusculis superne plicatis, basi sulcatis, apertura ovato-angustata; labro dextro intus plicato. — Kiener.

Long. 22 Mm.

Fusus vittatus Quoy Voy. Astrol. pl. 34 fig. 18. 19.

— — Kiener Coq. viv. p. 49 t. 20 fig. 2.

Euthria vittata Hutton Man. New Zeal. p. 51.

Gehäuse eiförmig-kegelförmig mit sehr scharfer Spitze, aus 8 wenig geschiedenen Umgängen bestehend, die kaum gewölbt und nur bei den oberen quergefaltet sind und von feinen Spiralreifen, an der Basis auch von einigen stärkeren Furchen umzogen werden. Die Mündung ist oval, mitten etwas ausgebogen, unten

geht sie in einen kurzen, engen, leicht zurückgebogenen Canal über; der Aussenrand ist dünn, scharf, innen gefurcht, die Spindel fast gerade, mit einer Schwiele
belegt, welche oben einen eindringenden Wulst, unten drei kleine Fältchen trägt.
Die Färbung ist strohgelb; ein breites violettes Band läuft längs der Naht her-
unter; auf dem letzten Umgang kommt noch ein zweites tieferstehendes hinzu; beide
sind in der weisslichen Mündung bis zum Rande sichtbar.

Aufenthalt an Neuholland, nach Hutton richtiger an Neuseeland; Abbildung
und Beschreibung nach Kiener.

15. Euthria bicincta Hutton.

Testa fusiformis, laevigata, in anfractibus supremis tantum radiatim costulata; anfractibus planulatis, leviter striatulis. Apertura ovata, in canalem brevissimum, leviter
ad sinistram inclinatum desinens, labro laevi. Alba, fascia purpurea suprasuturali in
anfractibus spirae, duabus in ultimo ornata. — Long. 1,10, lat. 0,55". Hutton gall.

    Euthria bicincta Hutton Cat. Mar. Moll. New Zealand 1873 p. 10. —
              Journ. Conch. 1878 p. 15. — Man. New Zealand p. 52.

Hab ad Novam Zealandiam, Ins. Chatham et Auckland dictas.

16. Euthria Martensiana Hutton.

Testa parva, fusiformis, spira turrita, acuminata; anfractibus liris spiralibus sat
distantibus, striis subtilibus intercedentibus, cingulati, superi transversim costati; apertura
ovata, labro tenui, intus leviter sulcato, canali brevi, fere recto; purpureo-fusca vel pallide fusca. — Hutton angl.

    Long. 0,7, lat. 0.3".

    Euthria Martensiana Hutton Journ. Conch. 1878 p. 16. — Man. New
              Zeal. p. 52.

Hab. ad Novam Seelandiam.

17. Euthria lacertina Gould sp.

Testa ovato-fusiformis, longitudinaliter undulata et strigis rufis ornata, ad peripheriam pallide zonata; anfr. 6 convexis prope suturam constrictis et filis confertis cinctis.
Apertura dimidiam testae adaequans, lunata, postice acuta; labro arcuato, crenulato,
intus sulcato, sulcis fuscotinctis; columella tortuosa, rostro brevi, lato. — Gould.

    Axis 25, diam. 10 Mm.

    Fusus lacertinus Gould Proc. Bost. Soc. Nat. Hist. VII. 1859 p. 327.

Hab. Simons Bay.

Anmerkung. Die Beschreibung passt so genau auf F. capensis Dkr., dass mir die Identität beider Arten ausser allem Zweifel ist.

18. Euthria fuscolabiata Smith.

„Testa fusiformis, saturate purpureo-fusca; anfractus 8 - 9, primi duo laeves, caeteri convexi, plicis longitudinalibus circiter 12 (in anfractu ultimo prope medium obsoletis) instructi, sutura undulata sejuncti, spiraliter liris tenuibus (quarum paucae quam caeteris crassiores sunt) ubique cincti, et incrementi lineis distincte striati; apertura longitudinis totius dimidiam aequans, superne ovata, infra in canalem obliquum, aliquanto elongatum et recurvum producta, intus albida, liris intrantibus ad 12 labri marginem haud attingentibus munita; labrum tenue, intus saturate fuscum; columella medio arcuata, basi obliqua, fusca, tenuiter callosa, cauda obsolete rimata; operculum elongate ovatum nucleo apicali." — (Smith).

Long. 29, lat. 10½ Mm.; apert. 15 Mm. longa, 5½ lata.

Euthria fuscolabiata Edg. Smith Ann. Mag. IV. vol. XV. p. 421.

Habitat ad Japoniam. — Cap Blunt, 35 Faden (St. John).

19. Euthria badia A. Adams.

E. testa fusiformi, badia, spira aperturam aequante, anfractibus 6½ convexiusculis, prope suturas excavatis, longitudinaliter plicatis, plicis undulosis, convexis, distantibus, transversim liratis, liris granulosis inaequalibus; apertura acuminato-ovata, intus livida; labro postice transversim rugoso, canali mediocri, ad sinistram inclinato recurvato; labro intus valdo sulcato, margine postice sinuato et coarctato.

Euthria badia A. Adams Journal of the Proceedings of the Linnean Society, Zoology VII. p. 108.

Hab. Tsu-Sima, Japan.

20. Euthria lirata A. Adams.

E. testa fusiformi, rubro-castanea, spira apertura longiore, nucleo permagno; anfractibus 6 convexiusculis, cingulis transversis planis aequidistantibus aequalibus succinctis, interstitiis valde impressis, longitudinaliter crebro striatis; apertura acuminato-ovata, labro laevi, rotundato, canali producto, ad dextram inclinato, subtortuoso, vix reflexo; labro simplici.

Euthria lirata A. Adams Journal Proc. Linn. Soc., Zoology VII. p. 108.

Hab. Tsus-Sima, Japan.

III. 3. b.　　　　　　　　　　　　　　　　　　　　30

Zusätze und Berichtigungen.

Gattung Ficula Swainson.

F. gracilis Philippi.

Nach Mörch ist F. gracilis Sowerby Tankerv. Cat. App. p. 18 Nr. 1615 = Dussumieri Val. und nicht = gracilis Phil. — Diese Art dagegen ist bereits 1822 von Say in Journ. Phil. Acad. I. Ser. 2 p. 238 als Pyrula papyratia beschrieben und muss diesen älteren Namen führen.

Ficula fortior Mörch.

In der Synopsis molluscorum marinorum Indiarum occidentalium (Mal. Bl. XXIV. 1877 p. 43) führt Mörch eine zweite westindische Ficula unter dem Namen Pyrula fortior Mörch an, ohne sie zu beschreiben. Er sagt von ihr nur: Differt a sequente (F. papyratia Say) testa ventricosiore, liris incrementi fortioribus; und ausserdem: canali ferrugineo, vivide maculata. — Von älteren Figuren citirt er dazu: Encycl. méthod. t. 432 fig. 2. — Kiener t. 12 fig. 1. — Pyrula clathrata Rousseau, Illustr. Conch. tab. 2 non Lam.

Gattung Bulbus Humphr.

Bulbus tubulosus Chenu Manuel I. fig. 836.

Diese durch ihren langen röhrenförmigen Stiel ausgezeichnete Art scheint zweifellos hierherzugehören, ich habe aber nirgends eine nähere Angabe über sie auffinden können.

Bulbus bulbiformis Sowerby (Rapa) Proc. zool. Soc. 1870 p. 252.

Gattung Pyrula Lam.

Pyrula versicolor Gray ist nach Nevill synonym mit Pinaxia coronata Adams und gehört jedenfalls in eine ganz andere Familie.

Gattung Tudicla Bolten.

Tudicla (Tudicula) inermis Angas.

Shell globosely turbinate, solid, white, ornamented with a broad band and descending flames of an orange-chestnut colour, sculptured throughout with numerous elevated concentric ridges alternating with smaller ones, the interstices crossed by very fine close set descending striae; whorls 6½ flattened above and angulated at the periphery, suture impressed, apex papillary; aperture acuminately-ovate; outer lip simple, arcuate, strongly grooved within; inner lip with a broad white callus spreading over the pillar, and with three transverse plaits at the lower portion of the columella; canal long, straight, somewhat longer than the entire body of the shell.

Long. 1″8‴; lat. 10‴.

Tudicula inermis Angas Proc. zool, Soc. London 1878 p. 610 (woodcut).

Hab. Singapore?

Diese Art sieht ganz wie eine Turbinella en miniature aus; die Falten sind durchaus nicht wie bei Tudicla.

Tudicla recurva A. Ad.

Diese Art ist wohl synonym mit T. porphyrostoma Reeve. — Reeve bezieht sich auf die Voy. Samarang, aber in dieser ist keine T. porphyrostoma angeführt, der Fundort China wird dadurch sehr zweifelhaft und damit fällt jeder Grund für die Trennung weg.

Gattung Neptunea Bolten.

Seit Abschluss der Gattung sind noch folgende Arten beschrieben worden:

84. Neptunea Danielseni Friele.

T. tenuis, albida, fusiformi-turrita, anfr. 7 valde tumidis, sat crescentibus, sutura profunda, fere canaliculata, apice depresso, regulari, apert. piriformi, ³/₇ long. aequante, columella leviter flexuosa, canali brevi et lato, callo sat crasso. Sculptura spiraliter costata, costis crassis, tamen in anfr. ult. evanescentibus, striis longitudinalibus immersis in anfr. primariis decussata. epidermide tenui, flavescente, hispida.

Long. 39, lat. 20, apert. long. 18, diam. 10 Mm.

Neptunea (Sipho) Danielseni Friele Jahrb. VI. p. 282.

Hab. Spitzbergen.

85. Neptunea Hanseni Friele.

T. tenuis, conico-fusiformis, anfr. 5 parum convexis, fere planulatis, spira brevi (apice decollato), sutura parum impressa, apert. piriformi, subexpansa, supra acuminata, columella valde flexuosa, canali brevi, aperto, reflexo. Sculptura spiraliter costata, costis haud conspicuis, in anfr. ult. obscuris, striisque incrementi numerosis, epidermide laevi, e flavescente brunnea, tenui nitidaque.

Long. 61, lat. 35, long. apert. 47,5, diam. 19 Mm.

Neptunea (Sipho) Hanseni Friele Jahrb. VI. p. 281.

Hab. Spitzbergen.

86. Neptunea Ossiania Friele.

Forma N. Turtoni similis, tenuis, epidermide flavescenti, scabro-hispida, sutura profunda, anfr. 7—7¹/₂ tumidis, spira producta, suprema parte cylindrica, apice retuso, laevi, subdepresso; apertura ovali, medio expansa, ¹/₂ long. fere aequante, labro leviter sinuoso, columella flexuosa, canali brevi et perampla. Sculptura costata, costis (10—12) tenuibus, elevatis, in anfr. primariis densis, dein sensim magis distantibus, in anfr. ultimo obscuris. Operculum magnum, tenue, elongato-pyriforme, infra sat incurvatum.

Long. 88, lat. 44, apert. long. 45, diam 24 Mm.

Neptunea Ossiania Friele Jahrb. VI. p. 279.

Hab. Spitzbergen.

87. Neptunea virgata Friele.

T. fusiformi-turrita, e rubescenti flava, anfr. 7 regulariter accrescentibus, parum convexis, sutura parum impressa; apert. ¹/₂ testae long. aequante, ovali, acuminata, columella fere recta, canali brevissimo, dilatato, apice retuso, laevi et sat deflexo. Sculptura lineis densis angustis impressis exarata, anfr. primario laevi, circum supremam partem anfr. mediorum (5to, 6to, 7to.) plicis longitudinalibus haud conspicuis; epidermide laevi, bene conspicua. Opere. magnum, piriforme, aperturam praecludens.

Long. 30, lat. 13, long. apert. 15, diam. 6 Mm.

Neptunea (Sipho) virgatus Friele Jahrb. VI. p. 281.

Hab. Spitzbergen, ins. Lofotenses.

88. Neptunea fusco-lineata Pease.

Proc. zool. soc. 1860 p. 89. Taf. LI. Fig. 3.

N. testa fusiformi-turrita, tenuis, epidermide tenui, cornea; anfractus 9, convexi, angulati, longitudinaliter costati et transversim crebre lirati; plicae angustae, tumidae, in partem posteriorem anfractus ultimi sensim obsolescentes; sutura impressa; canalis brevis, subsinistrorsus; labrum tenue, simplex; apertura oblongo-ovata, dimidiam testae aequans, columella arcuata. Colore albida, sparsim fusco-maculata, lineis fuscis subaequidistantibus ornata.

Hab. Corea in 40 Faden Tiefe.

Erklärung der Tafeln.

Tafel 17.

1—4. Busycon perversum L.

Tafel 18.

1—4. Busycon perversum L.

Tafel 19.

1. 2. Rapana bezoar L. — 3. 4. Busycon spiratum. — 5. 6. Ficula ficoides Lam. — 7. 8. Melapium lineatum Lam.

Tafel 20.

1. 2. Pyrula bucephala Lam. — 3. P. melongena Lam. — 4. 5. P. paradisiaca Mart. — 6. 7. P. pugilina var.

Tafel 21.

1—5. Pyrula galeodes Lam. — 6-9. P. melongena Lam.

Tafel 22.

1—5. Pyrula melongena Lam.

Tafel 23.

1. Neptunea Kellettii Forbes. — 2—5. N. cassidariaeformis Rve. — 6. 7. N. fusoides Rve.

Tafel 24.

1. 2. Tudicla spirillus Lam. — Ficula decussata Wood. — 4. 5. Bulbus rapa L. — 6. 7. Ficula ficus L. — 8. 9. — Pyrula perversa L. var.

Tafel 25.

1. 2. Neptunea gracilis da Costa. — 3. N. pygmaea Gould. — 4. N. islandica Chemn. — 5. N. Moebii Dkr. — 6. N. ventricosa Gray. — 7. N. Jeffreysiana Fischer. — 8. N. propinqua Alder.

Tafel 26.

1. Neptunea dilatata Quoy. — 2. 3. N. Sabinii Gray. — 4. N. tortuosa Rve. — 5. N. livida Mörch. — 6. N. fenestrata Turt. — 7. 8. N. Spitzbergensis Reeve.

Tafel 27.

1—5. Neptunea antiqua L. et varr.

Tafel 28.

1. Triton cancellatus Lam. — 2. Pyrula cochlidium L. — 3. Trophon magellanicus Ch. — 4. 5. Pyrula morio L.

Tafel 29.

1. 2. Trophon laciniatus Mart. — 3. 4. Fusus varicosus Chemn. — 5. 6. Neptunea antiqua var. contraria. — 7. 8. Trophon craticulatus Fabr. — 9. 10. Fusus maroccanus Chemn.

Tafel 30.

1. 2. Fusus longissimus Gmel. — 3. F. colus L. — 4. F. ocelliferus Bory juv.

Tafel 31.

1—3. Fusus versicolor Gmel. — 4. 5. F. verrucosus Wood.

Tafel 32.

1. Neptunea nodosa Mart. — 2. F. undatus Gmel. — 3. F. longissimus Gmel. — 4. 5. F. syracusanus Lam.

Tafel 33.

1. 2. Pyrula ternatana Lam. — 3. Fusus nicobaricus Chemn. — 4. 5. Pyrula morio L. — 6. 7. Neptunea norwegica Chemn.

Tafel 34.

1. Neptunea Stimpsoni Mörch. — 2. 3. N. glabra Verkr. — 4. 5. N. Verkrüzeni Kob. — 6. 7. N. propinqua var. ?

Tafel 35.

1. Neptunea Largillierti Petit. — 2. N. Reeveana Petit. — 3. N. antiqua var.— 4. 5. N. Stimpsoni var.

Tafel 36.

1—5. Neptunea antiqua var.

Tafel 37.

1. 2. Neptunea despecta L.

Tafel 38.

1. Neptunea antiqua var. striata. — 2. 3. N. turgidula Jeffr. — 4. N. turrita Sars. —

5. N. lachesis Mörch. — 6. N. ebur Mörch. — 7. N. togata Mörch.

Tafel 39.

1. Neptunea crebricostata Dall. — 2. 3. N. regularis Dall. — 4. 5. N. Kroyeri Möller.

Tafel 40.

1. Neptunea decemcostata Say. — 2. 3. N. terebralis Gould. — 4. 5. N. togata var. — 6. N. Mohnii Friele. — 7. 8. N. latericea Möller. — 9. N. brunnea Dall.

Tafel 41.

1—3. Neptunea Kroyeri Midd. — 4. 5. N. Pfaffii Mörch. — 6. 7. N. producta Beck. — 8. N. Benzoni Mörch.

Tafel 42.

1. Neptunea Reevei Petit? — 2. 3. N. trochulus Rve. — 4. 5. N. alternata Phil. — 6. 7. N. hinnulus Ad. — 8. N. spadicea Rve. — 9. N. modificata Rve.

Tafel 43.

1. 2. Neptunea Hallii Dall. — 3. N. Tasmaniensis Ad. et Angas. — 4. 5. N. pericochlion Schrenk. — 6. 7. Fusus afer Gmelin.

Tafel 44.

1. Neptunea sulcata Lam. — 2. 3. N. mandarina Duclos. — 4. 5. N. adusta Phil.

Tafel 45.

1. Neptunea virens Dall. — 2. N. signum Rve. — 3. N. tabulata Baird. — 4. N. pastinaca Rve. — 5. N. attenuata Dall. — 6. N. callorhina Dall. — 7. N. rectirostris Carp. — 8. N. rosea Dall.

Tafel 46.

1. Fusus aruanus Rumph. — 2. 3. F. pyrulatus Rve. — 4. 5. F. varicosus Ch.

Tafel 47.

1. Fusus colus L. - 2. F. undatus Gmel. —

3. F. Adamsii Kob. (ventricosus Ad.). — 4. 5. F. longicauda Bory. — 6. 7. F. elegans Rve.

Tafel 48.

1. Fusus Löbbeckei n. sp. — 2. 3. F. variegatus Perry. — 4—7. F. rostratus Olivi.

Tafel 49.

1. Fusus oblitus Reeve. — 2. 3. F. tuberculatus Lam. — 4. 5. F. pagoda Lesson. — 6. 7. F. clausicaudatus Hinds.

Tafel 50.

1. Fusus nobilis Reeve. — 2. 3. F. tuberosus Rve. — 4. 5. F. Couei Petit.

Tafel 51.

1. Fusus distans Lam. — 2. F. forceps Perry. — 3. F. toreuma Mart. — 4. 5. F. craticulatus Br.

Tafel 52.

1. Fusus distans Lam. — 2. F. torulosus Lam. — 3. 4. F. syracusanus Lam.

Tafel 53.

1. 2. Fusus closter Phil. — 3. F. syracusanus Lam. — 4. F. Schrammii Crosse.

Tafel 54.

1. 2. Fusus Dupetitthouarsi Kiener.

Tafel 55.

1. Fusus ocelliferus Bory. — 2. F. buxeus Rve. — 3. F. crebriliratus Rve. — 4. F. cancellarioides Rve. — 5. 6. F. spadiceus m.

Tafel 56.

1. 2. Fusus ventricosus Beck. — 3. 4. F. cinnamomeus Rve.

Tafel 57.

1—3. Fusus tenuiliratus Dkr. — 4. 5. F. leptorhynchus Tapp. — 6. F. cinnamomeus var.

Tafel 58.

1. 2. Fusus Meyeri Dkr. — 3. 4. F. Rudolphi Dkr.

Tafel 59.

1. Fusus toreuma var. — 2. 3. F. gradatus Rve. — 4. 5. F. hemifusus n. sp.

Tafel 60.

1–5. Fusus verrucosus Wood. — 6. F. spectrum Ad. et Rve.

Tafel 61.

1. 2. Fusus nodosoplicatus Dkr. — 3. 4. F. Hartvigii Shuttl.

Tafel 62.

1–4. Fusus polygonoides Lam. — 5. 6. F. Cumingii Jonas.

Tafel 63.

1. Fusus Novae Hollandiae Rve. — 2. 3. F. perplexus Ad. — 4. 5. F. aureus Rve. — 6. F. multangulus Phil.

Tafel 64.

1. Fusus gracillimus Ad. et Rve. — 2. 3. F. Pfeifferi Phil. — 4. 5. F. obscurus Phil. — 6. F. strigatus Phil. — 7. F. nigrirostra-

tus Smith. — 8. 9. F. Philippii Jonas. — 10. 11. F. pachyrhaphe Smith. — 12. F. niponicus Smith. — 13. F. simplex Smith.

Tafel 65.

1. Fusus multicarinatus Lam. — 2. F. Reeveanus Phil. — 3. F. ustulatus Rve. — 4. 5. F. pulchellus Phil. — 6. 7. F. Dunkeri Jonas. — 8. F. acus Rve. — 9. F. ficula Rve. 10. F. coreanicus Smith. — 11. F. longurio Wkff. — 12. F. myristicus Rve.

Taf. 66.

1. Fusus rufus Phil. — 2. 3. F. Blosvillei Desh. — 4–9. Euthria cornea L.

Taf. 67.

1–6. Euthria ferrea Rve. — 7–9. E. linea Mart. — 10. 11. E. dira Rve.

Tafel 68.

1–4. Euthria littorinoides Rve. — 5. E. Simoniana Petit. — 6. 7. E. capensis Dkr. — 8. 9. E. plumbea Philippi. — 10. E. vittata Quoy. — 11. E. antarctica Rve. — 12. E. obscura Rve. — 13. E. cingulata Rve. — 14. E. linearis Rve. — 15. E. lactea Rve.

Errata.

Register.

afer Gmel. 174.
albinus A. Ad. 213.
albus Phil. 213.
alternatus Phil. 129.
ambustus Gould 213.
angulatus Gray 95.
antiquus L. 56.
apertus Carp. 204.
arcticus Phil. 81. 123.
arthriticus Val. 69.
aruanus Rumph 143.
assimilis A. Ad. 214.
aureus Rve. 196.
Beckii Reeve 180.
Benzoni Mörch 126.
Bernardianus Phil. 214.
Berniciensis King. 83.
biangulatus Desh. 192.
Blosvillei Desh. 211.
borealis Phil. 63.
Broderipi Jeffr. 97.
buccinatus Jeffr. 80.
buccinoides (Syrinx) Bolten 175.
bulbaceus Val. 69.
buxeus Rve. 176.
caelatus Rve. 156.
cancellarioides Rve. 178.
candidus Gmel. 147.
carinatus Lam. 56.
carinatus Turton 109.
carnarius crassus Mart. 33.
cinnamomeus Rve. 181.
clausicaudatus Hinds 160.
closter Phil. 169.
cochlidium L. 37.
contrarius L. 71.
colus L. 146.
coreanicus Smith 209.
corneus Rve. 76.
coronatus Lam. 35.

Couei Petit 163.
craticulatus Brocchi 164.
crebriliratus Rve. 177.
Cumingii Jonas 193.
curtus Jeffr. 98.
cygneus Phil. 214.
decemcostatus Say 65.
deformis Rve. 73.
despectus L. 57.
dilatatus Quoy 98.
dilectus A. Ad. 215
distans Lam. 166.
Dominovae Val. 95.
Dunkeri Jonas 207.
Dupetitthouarsi Kien. 173.
ebur Mörch 113.
    var. togatus Mörch 114.
elegans Rve. 153.
elongatus Lam. 43.
exilis Mke. 215.
fenestratus Turton 97.
ficula Rve. 209.
forceps Perry 163.
fragosus Rve. 156.
gilvus Phil. 216.
gracilis da Costa 76.
gracillimus Ad. et Rve. 193.
gradatus Rve. 185.
glabratus Mörch 148.
harpa Mörch 74.
Hartvigii Shuttl. 191.
hemifusus Kob. 186.
incisus Gould 224.
incisus Mart. 143.
inconstans Lischke 195.
incrassatus Enc. 148.
islandicus Chemn. 75.
islandicus Kien. 76.
japonicus Gray 159.
Jeffreysianus Fischer 80.

Kellettii Forbes 85.
Kobelti Dall. 216.
Kroyeri Möll. 123.
lachesis Mörch 112.
lamniger Valenc. 95.
Largillierti Phil. 103.
latericeus Möll. 120.
laticostatus Desh. 154.
leptorhynchus Tapp. 182.
linea Mart. 225.
lividus Phil. 211.
Loebbeckei Kob. 154.
longicauda Bory 151.
longirostris Schum. 146.
longissimus Gmel. 147.
longurio Weink. 210.
luteopictus Dall. 215.
lyratus Mart. 63
maculiferus Tapp. 158.
mandarinus Duel. 137.
marmoratus Phil. 188.
maroccanus Chemn. 152.
Meyeri Dkr. 183.
Mohnii Friele 122.
morio Lam. 35.
multangulus Phil. 197.
multicarinatus Lam. 204.
multicarinatus Rve. 205.
multicarinatus d'Orb. 188.
myristicus Rve. 210.
nicobaricus Chemn. 149.
nicobaricus Kiener 157.
nigrirostratus Smith 200.
niponicus Smith 203.
nobilis Rve. 161.
nodicinctus Ad. 216.
nodosoplicatus Dkr. 190.
nodosus Mart. 133.
norvegicus Chemn. 59.
Novae Hollandiae Rve. 194.

oblitus Rve. 157.
obscurus Phil. 199.
ocelliferus Bory 175.
pachyrhapho Smith 202.
Pacteli Dkr. 191.
pagoda Lesson 159.
parvulus Bolten 175.
pastinaca Rve. 137.
perplexus A. Ad. 195.
Pfaffii Mörch 124.
Pfeifferi Phil. 198.
Philippii Jon. 201.
polygonoides Lam. 192.
proboscidiferus Lam. 143.
productus Beck 125.
propinquus Ald. 79.
provincialis Blv. 156.
pulchellus Phil. 206.
pullus Rve. 78.
pygmaeus Gld. 78.
pyrulatus Rve. 155.
pyruloides Enc. 43.
raphanus Lam. 134.
Reeveanus Phil. 104.
Reevei Phil. 205.
rheuma Mke. 165.
rostratus Olivi 155.
rubrolineatus Sow. 216.
Rudolphi Dkr. 184.
rufus Rve. 212.
Sabinii Gray 82.
Sabinii Friele 114.
scaber Lam. 164.
Schrammii Phil. 172.
simplex Smith 204.
sinistralis Lam. 153.
sinistrorsus Desh. 71.
spadiceus Kob. 179.
spectrum Ad. et Rve. 189.
spiralis A. Ad. 217.

Belcheri Hinds 26.
Belknapi Petit 25.
bispinosa Phil. 29.
bucephala Lam. 34.
canaliculata Lam. 47.
carica Lam. 50.
citrina Lam. 38.
coarctata Sow. 49.
cochlidium L. 37.
colossea Lam. 40.
corona Gmel. 25.
crassicauda Phil. 40.
decussata Wood 10.
Dussumieri Val. 11.
elongata Gray 11.
elongata Lam. 43.
ficoides Lam. 7.
ficus Lam. 9.
fulva Desh. 33.
galeodes Lam. 27.
hippocastanum Enc. 28.
Kieneri Phil. 52.
lactea Reeve 44.
lignaria Rve. 33.
lineata Enc. 28.
Martiniana Pfr. 30.
melongena L. 23.
morio L. 35.

myristica Enc. 28.
nodosa Lam. 38.
pallida Brod. 32.
papyracea Lam. 14.
paradisiaca Mart. 38.
perversa L. 51.
pugilina Lam. 33.
pyrum Dillw. 48.
rapa L. 14.
reticulata Lam. 7.
spirata Lam. 48.
spirillus L. 17.
squamosa Lam. 28.
ternatana Gmel. 42.
tuba Gmel. 40.
ventricosa Kiener 10.
versicolor Gray 44. 235.
vespertilio Lam. 33.
Tudicla Bolton 15.
armigera A. Ad. 20.
Couderti Petit 19.
fusoides A. Ad. 19.
inermis Ang. 235.
porphyrostoma Ad. et Rve. 17.
recurva A. Ad. 18. 235.
spinosa Ad. 20.
spirillus L. 16.

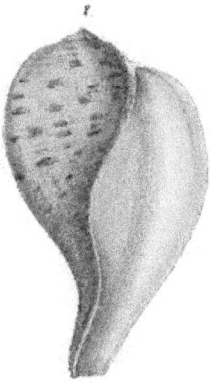

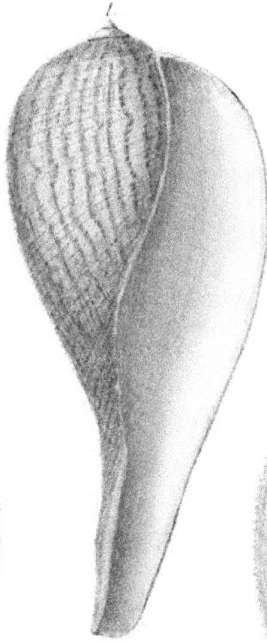

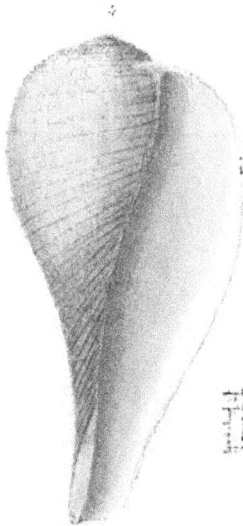

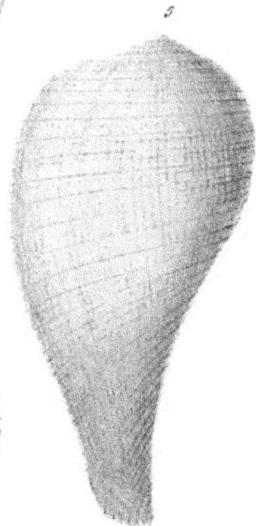

A.Kobelt ad nat. lith.

3 a

1 a

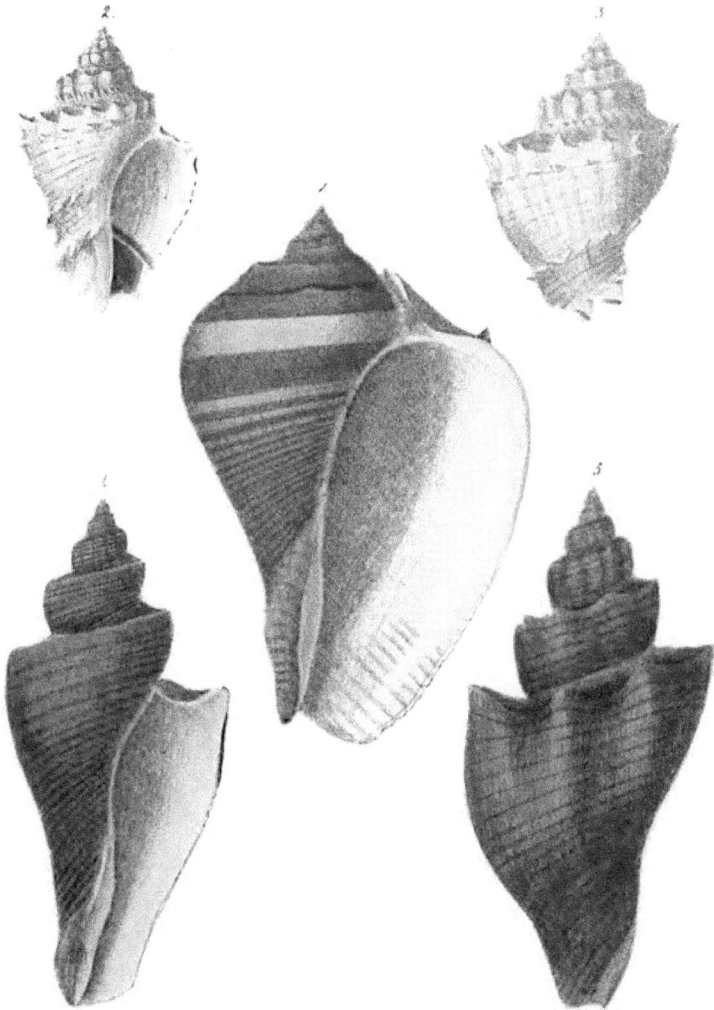

AKobelt ad nat lith

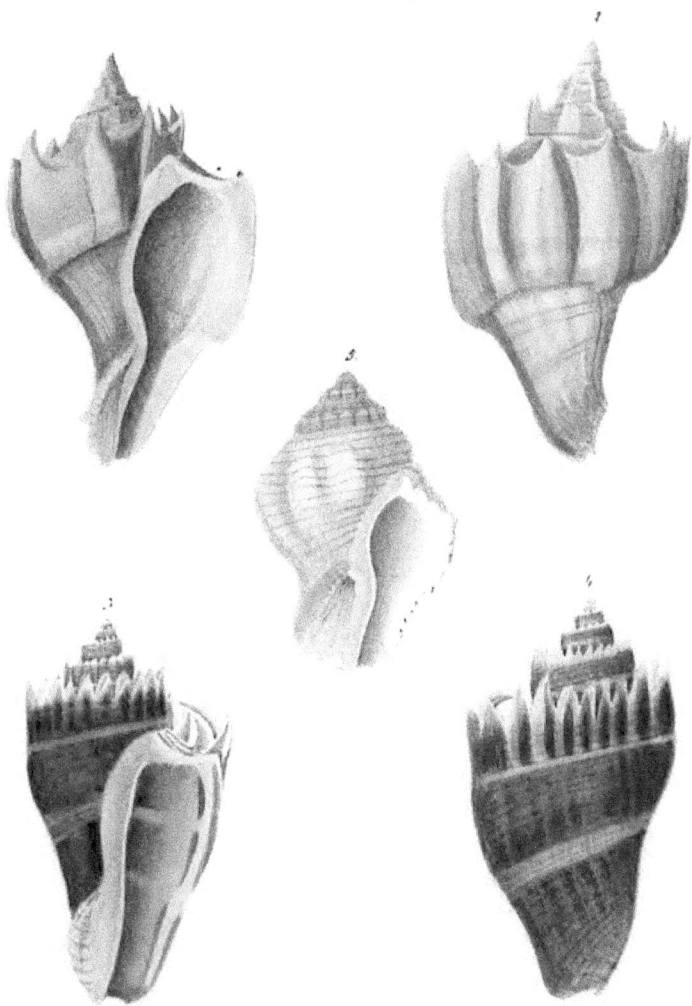

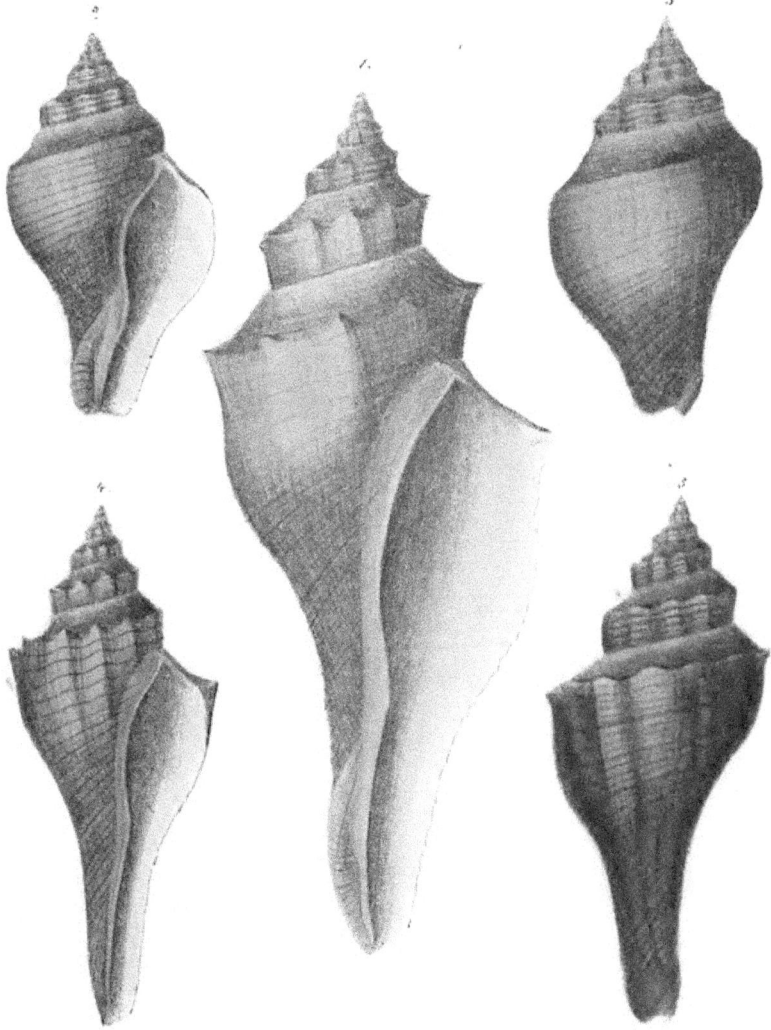

A.Kobelt ad nat lith.

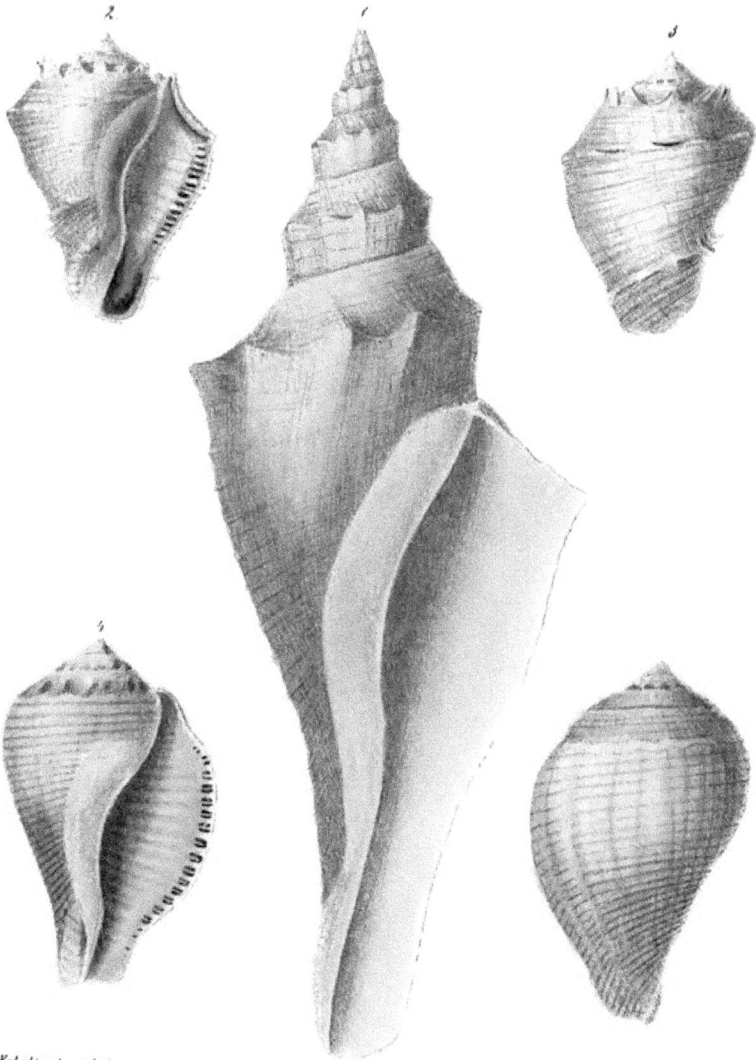

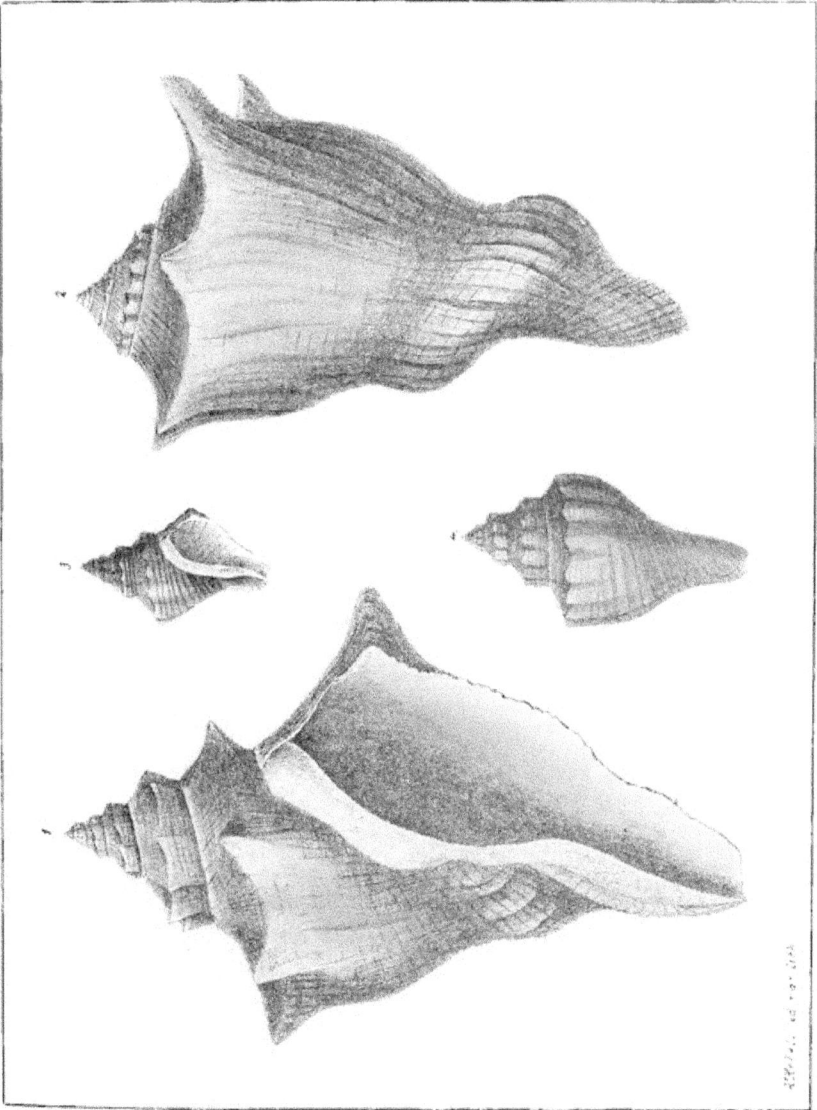

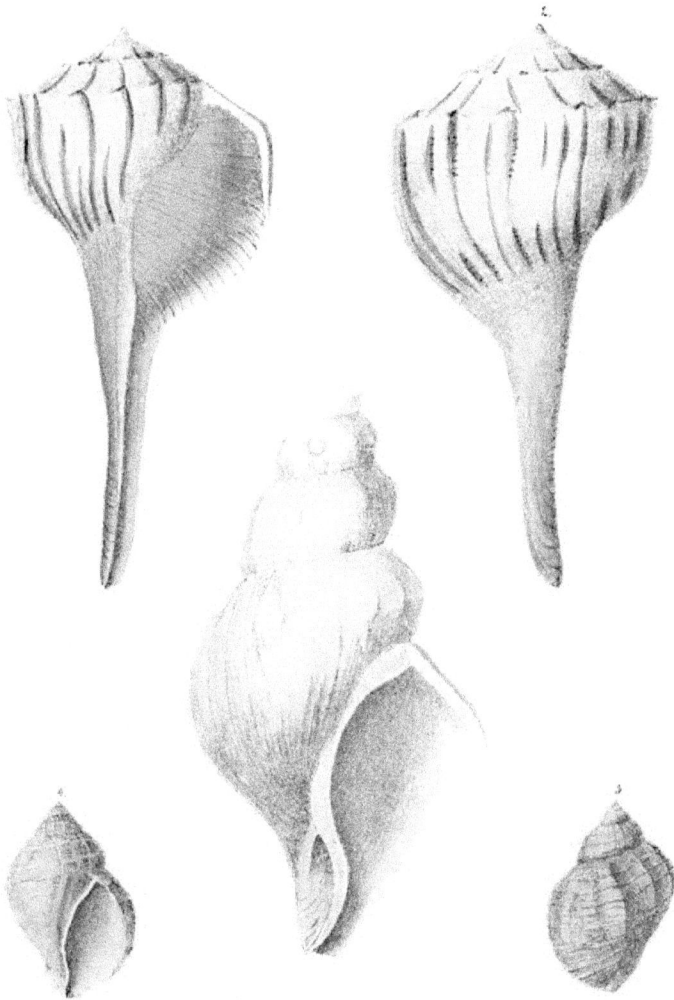

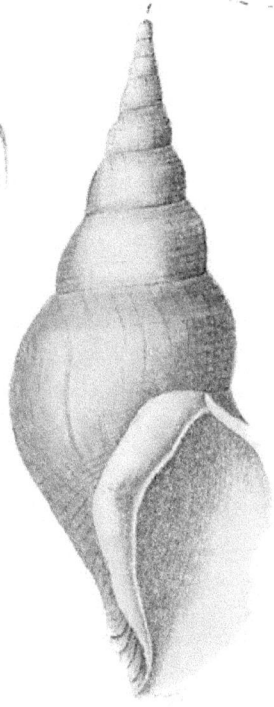

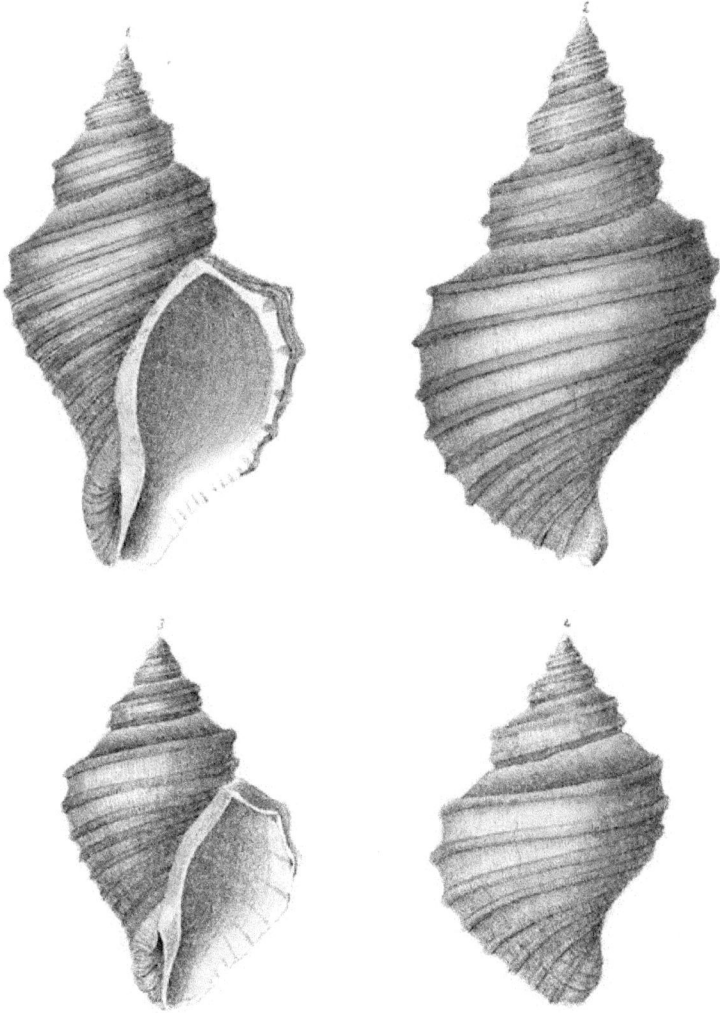

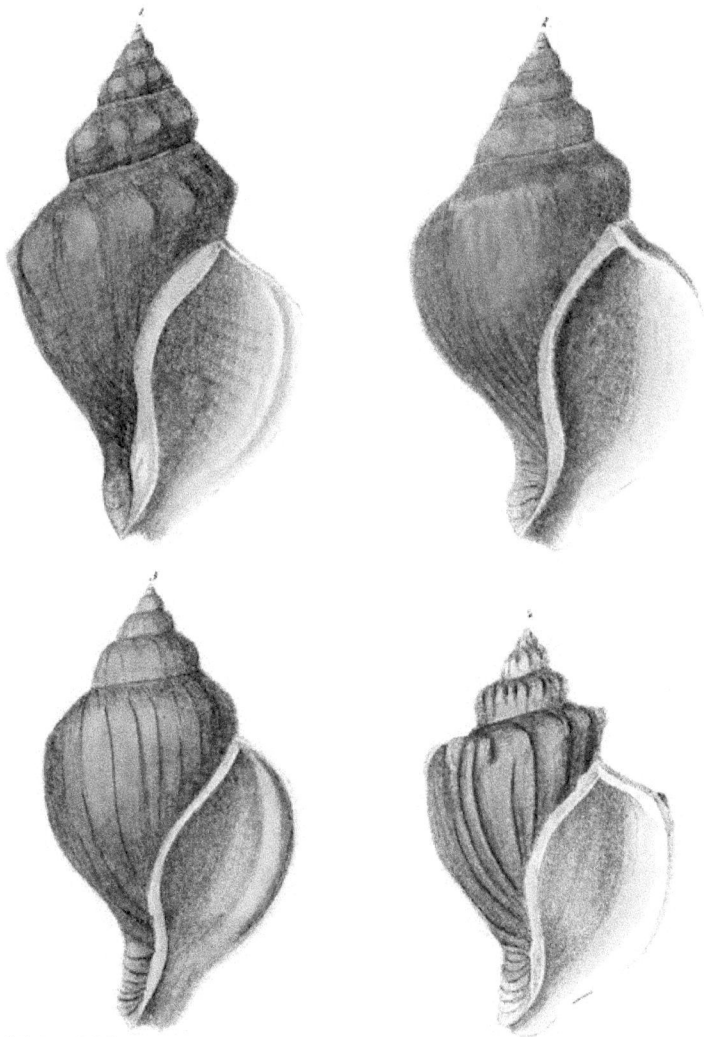

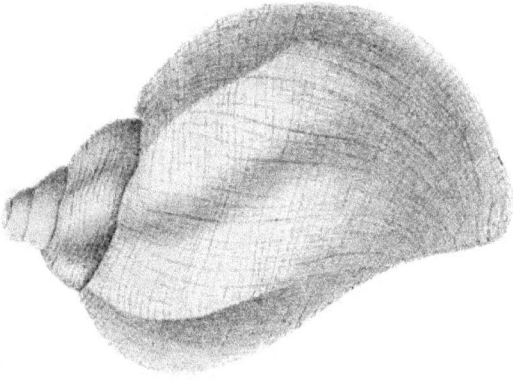

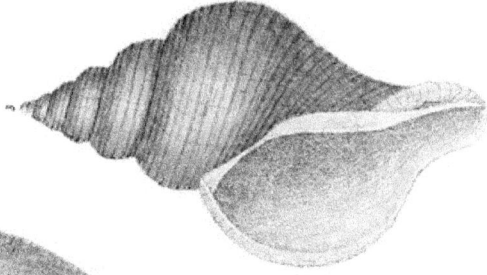

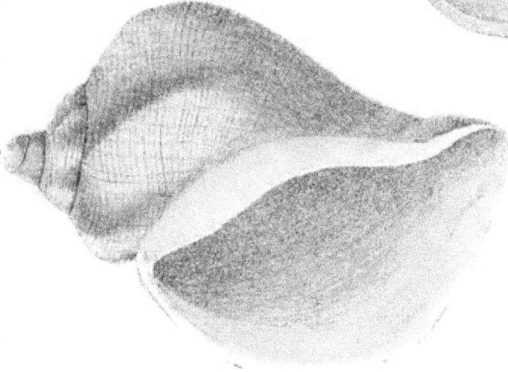

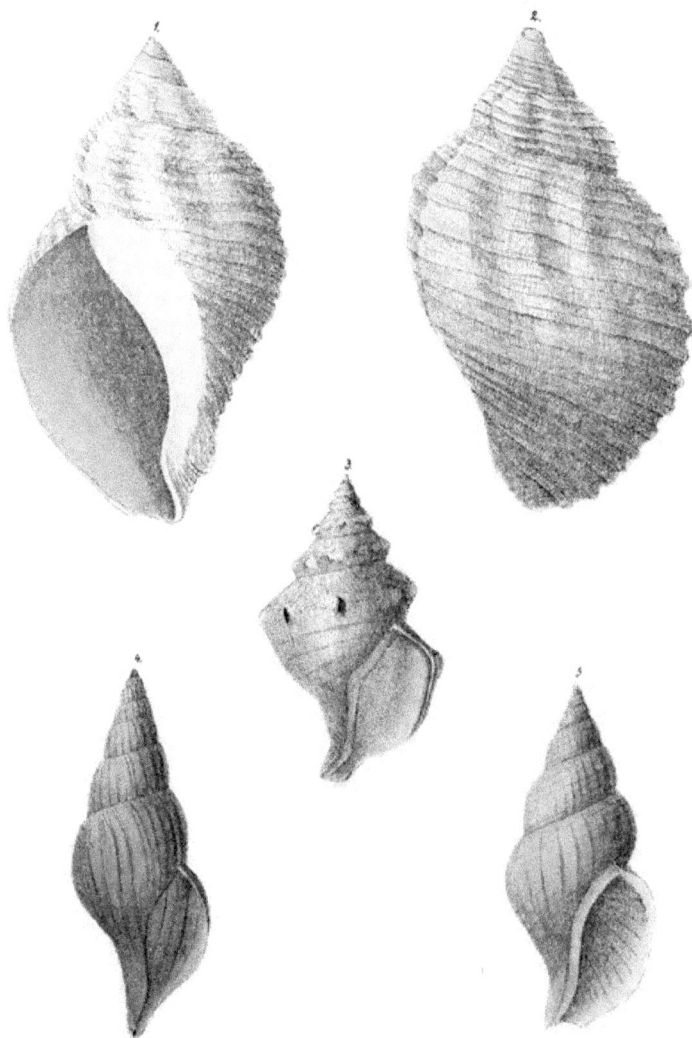

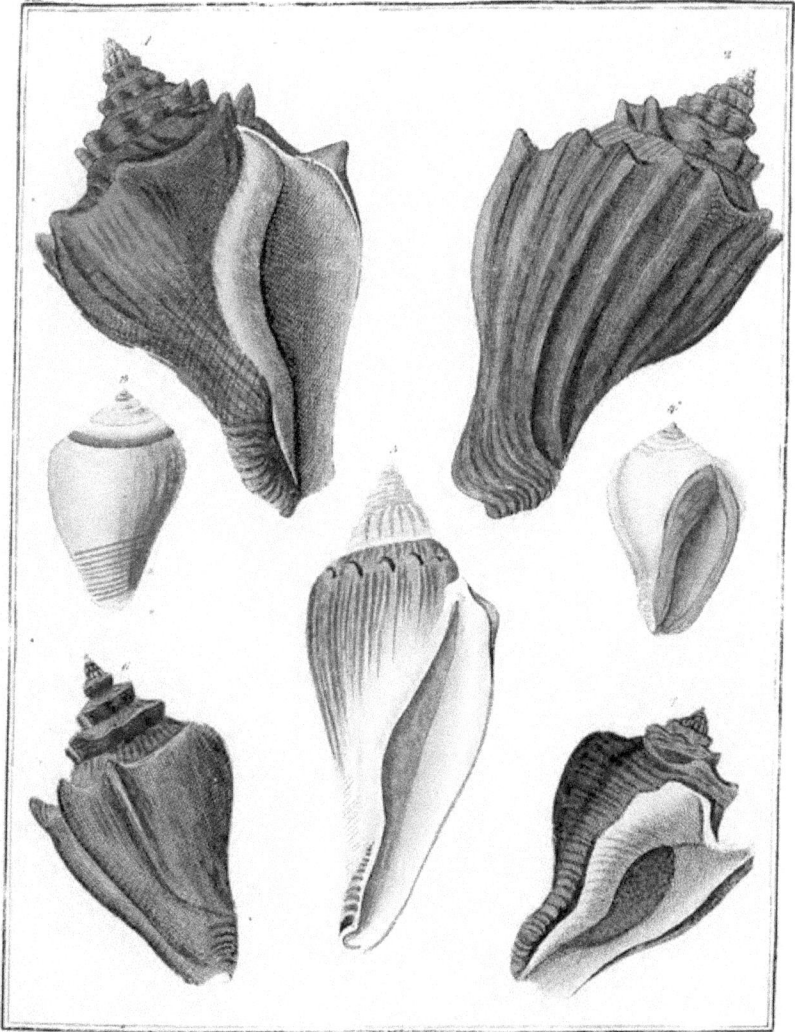

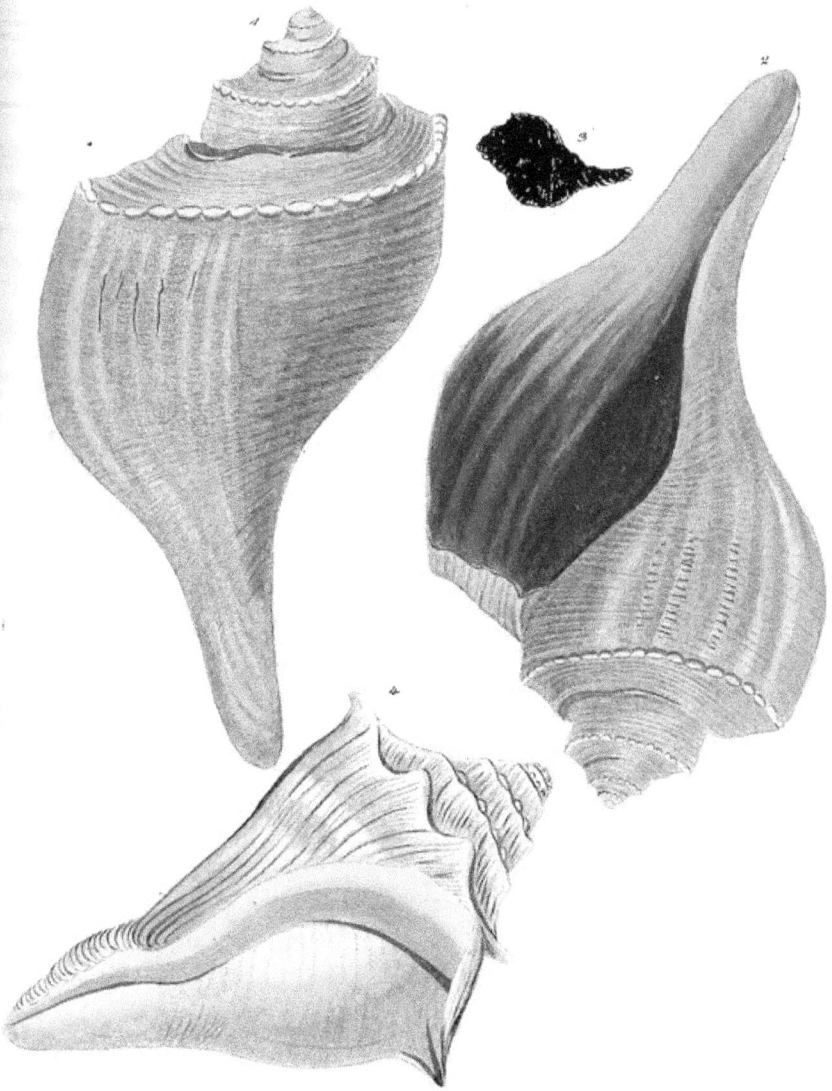

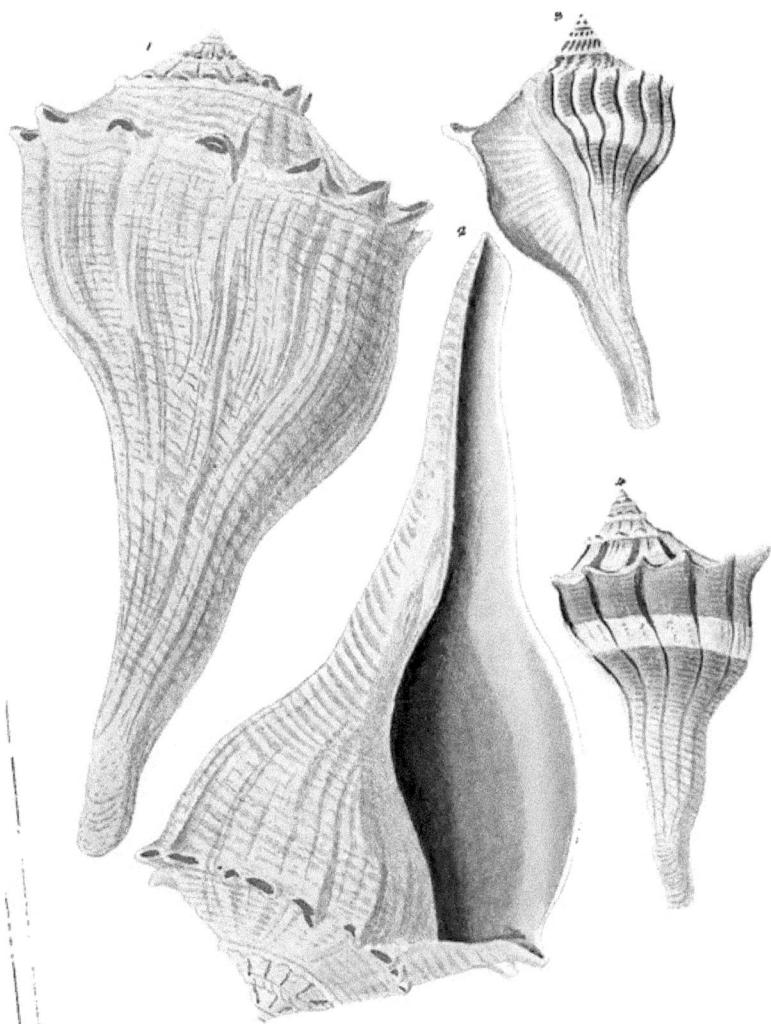

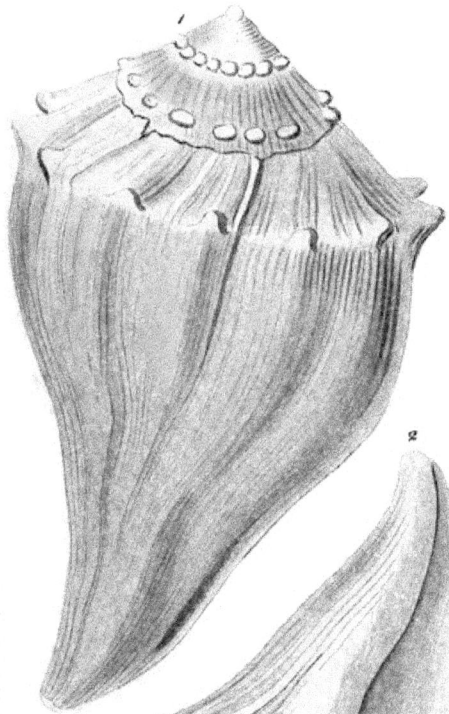

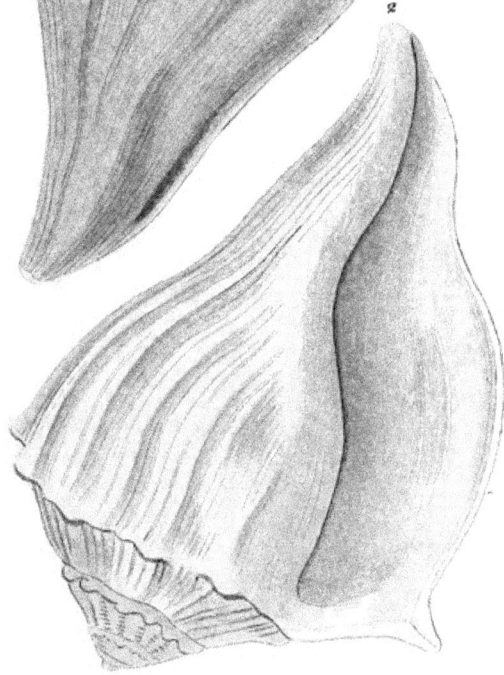

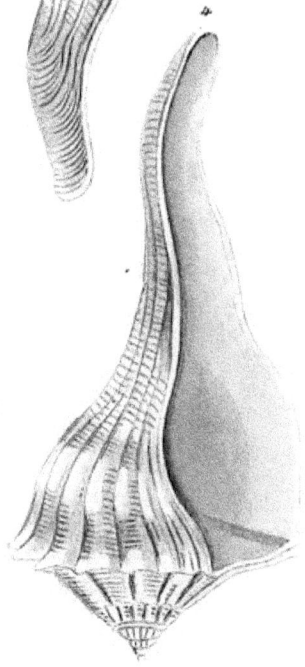

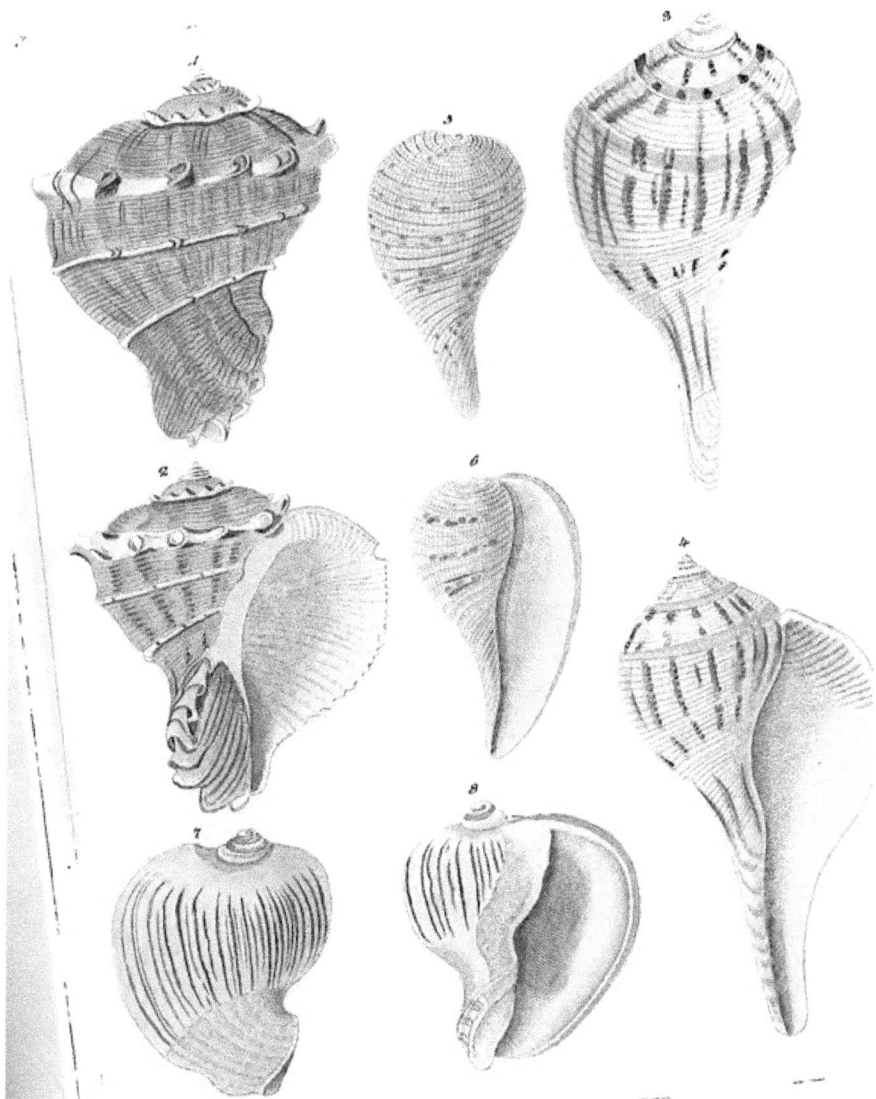

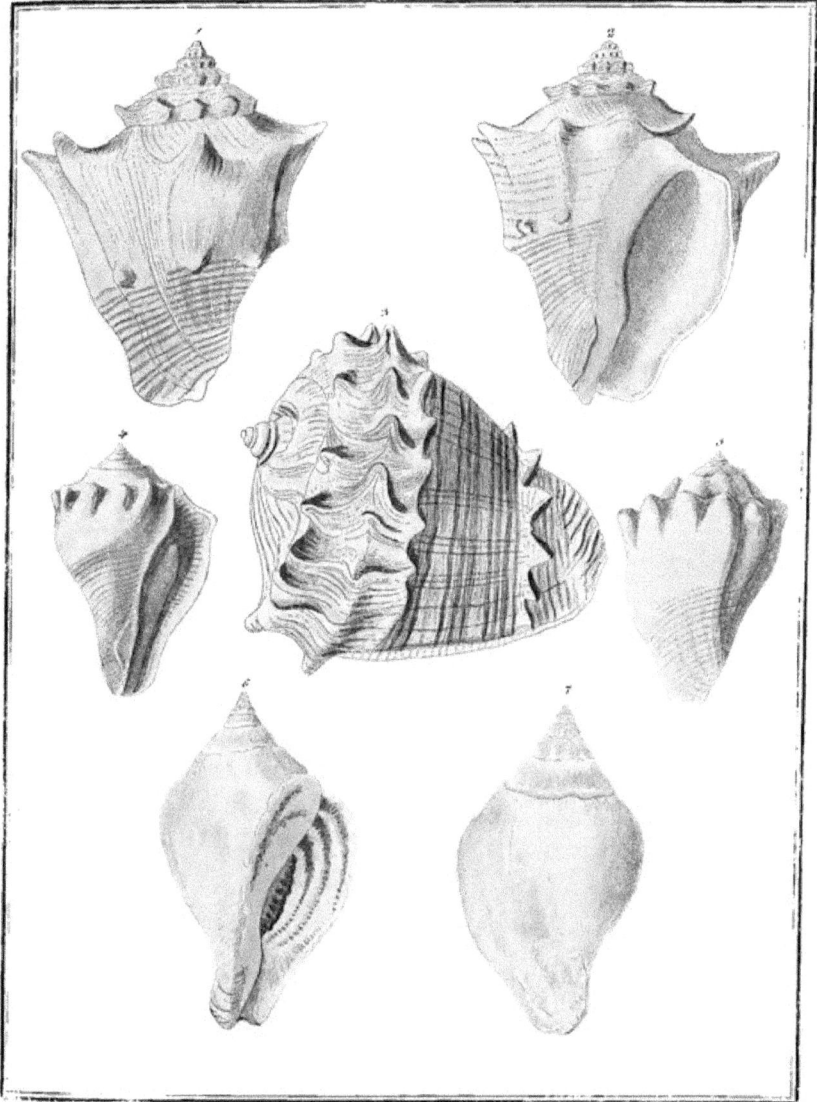

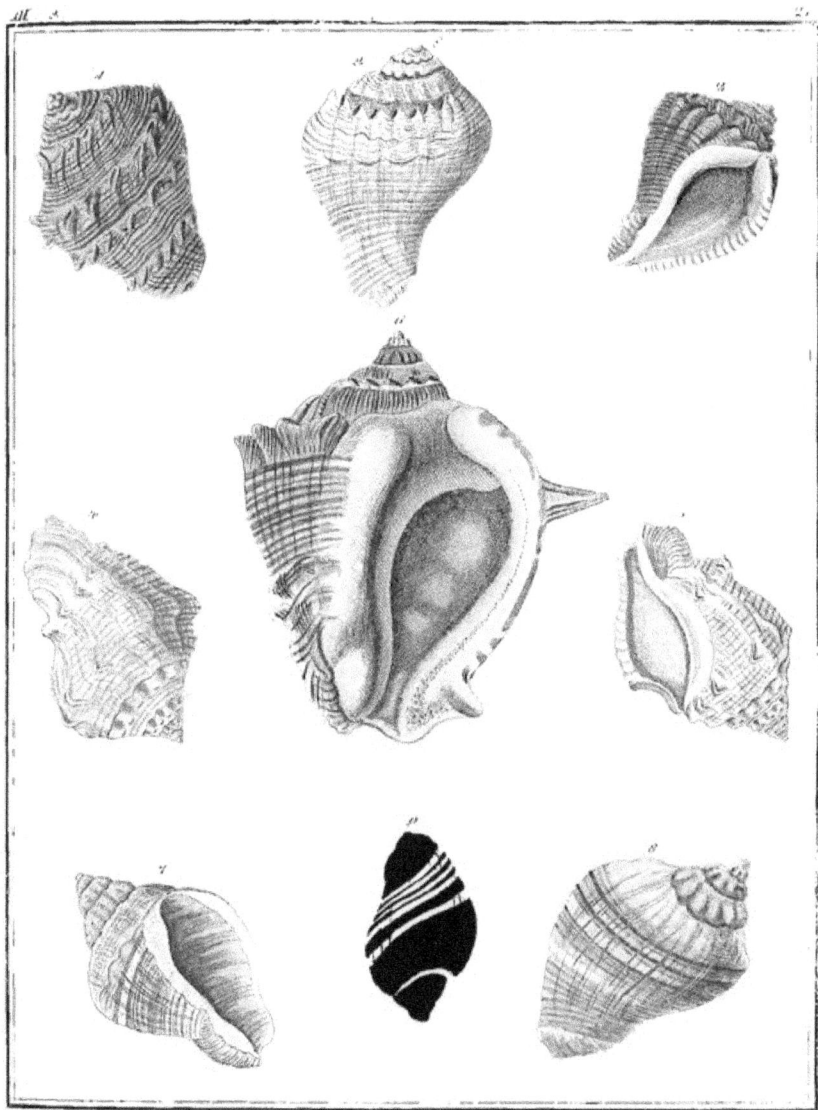

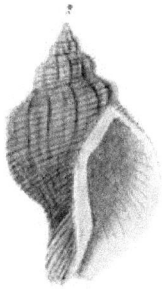

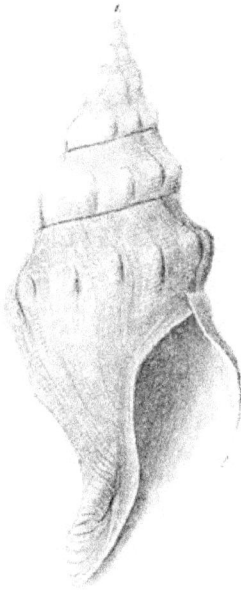

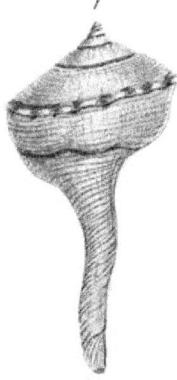

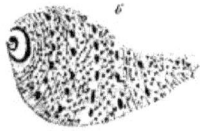

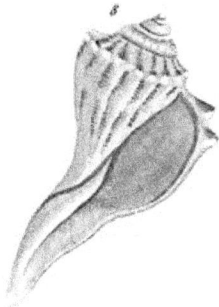

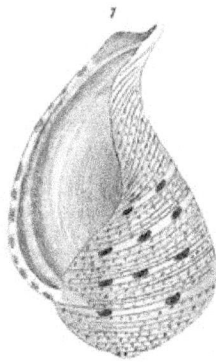

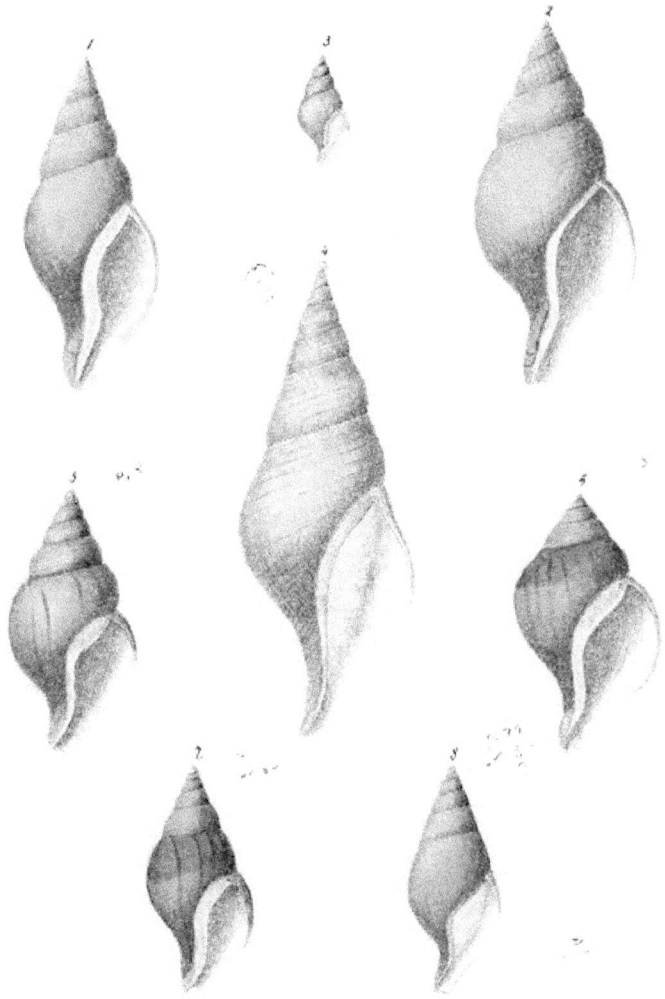

Pl. 3.

1

2

3

4

5

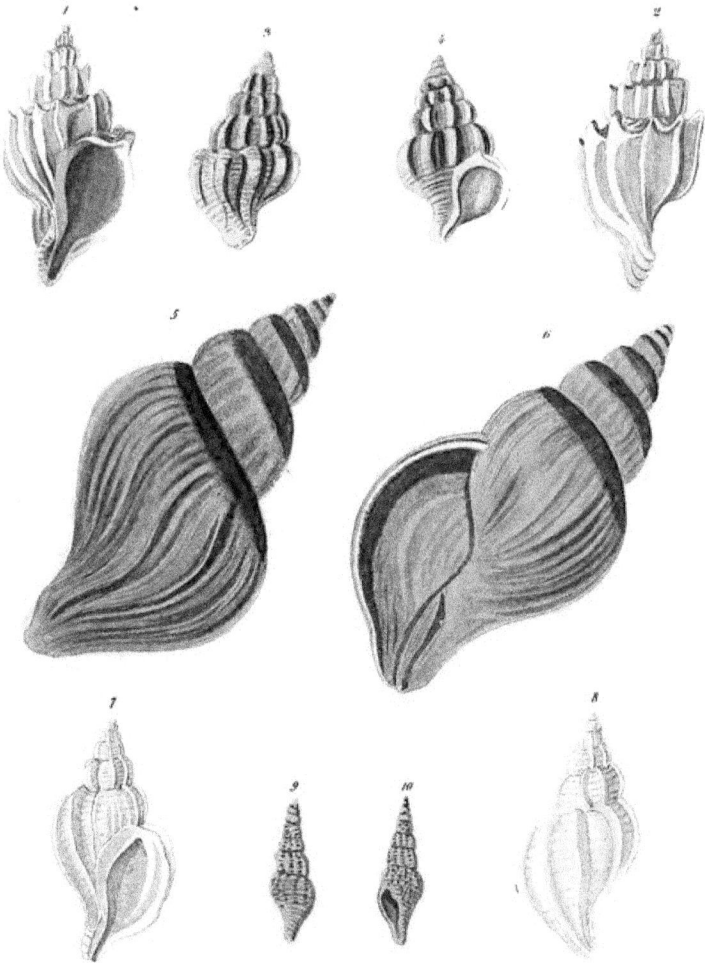

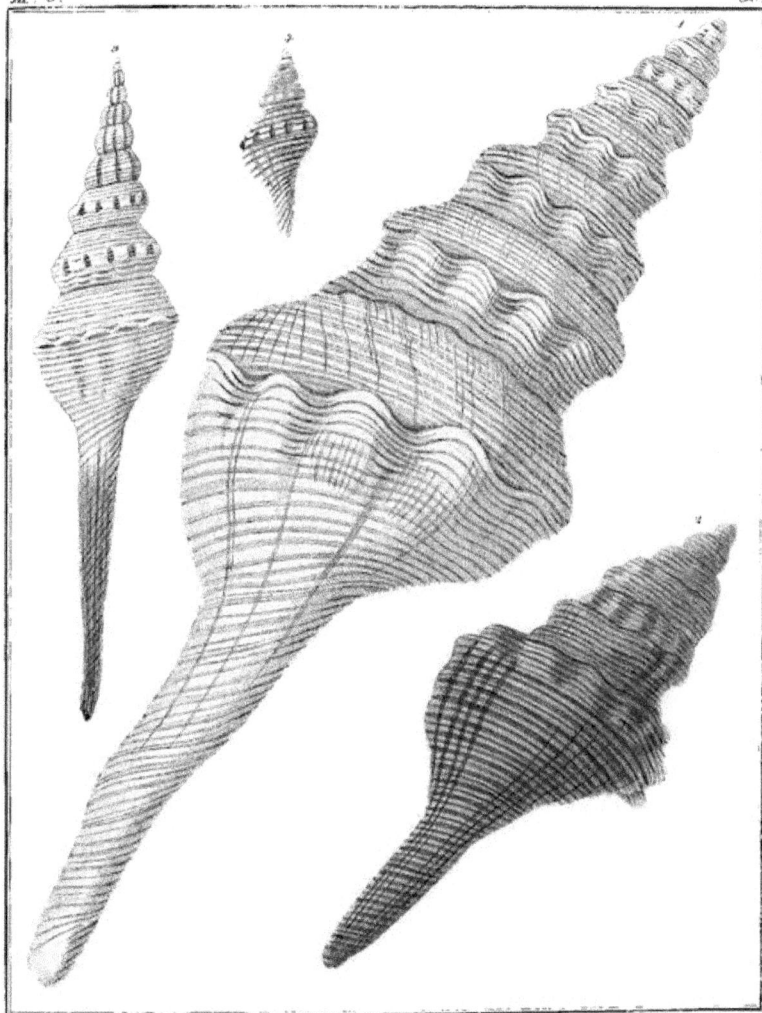

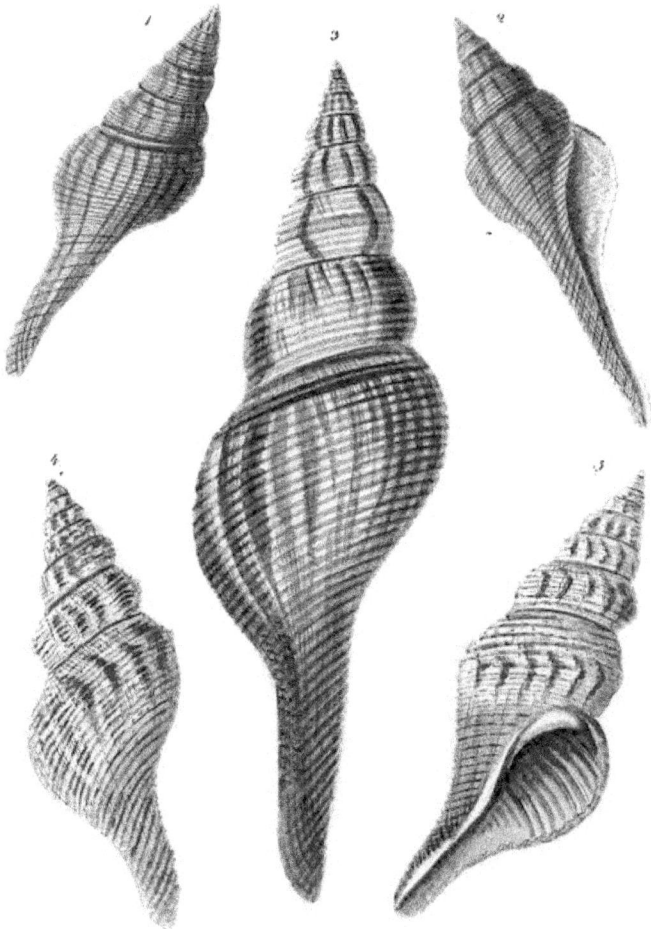

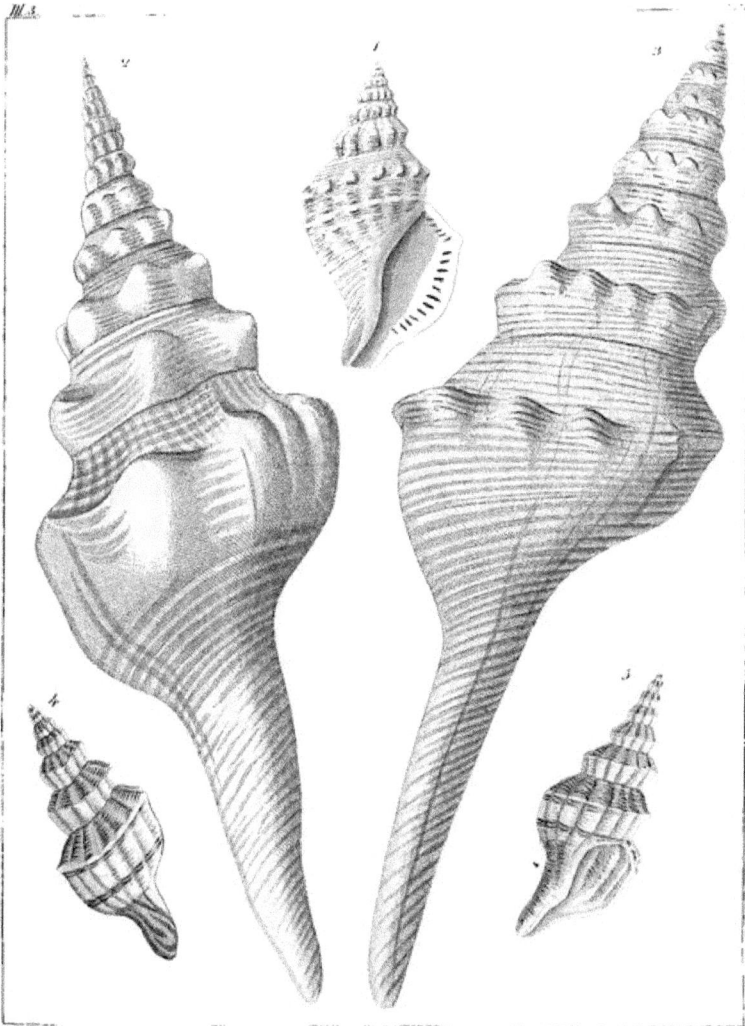

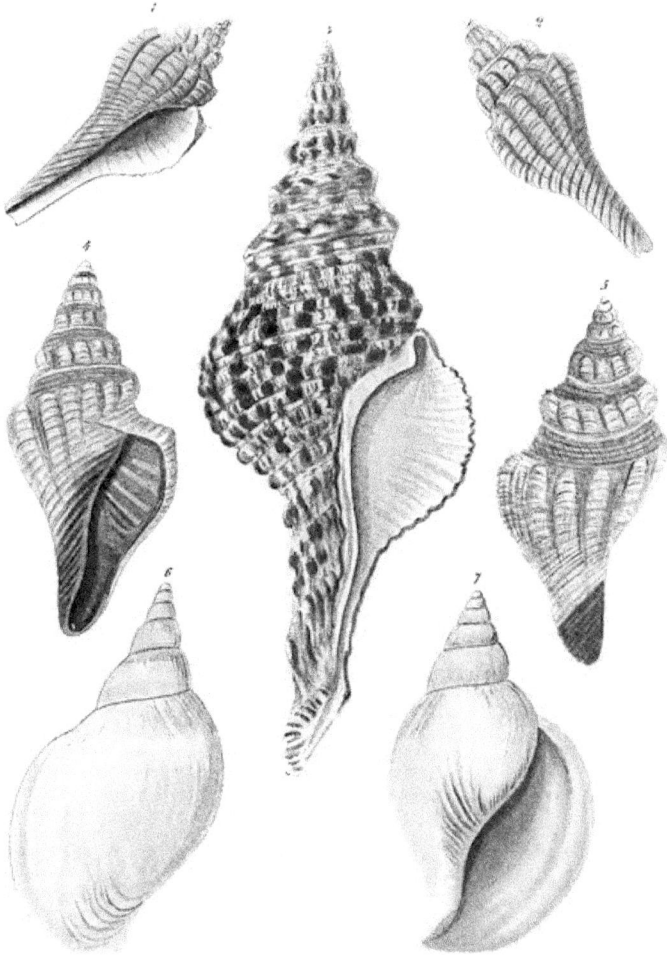

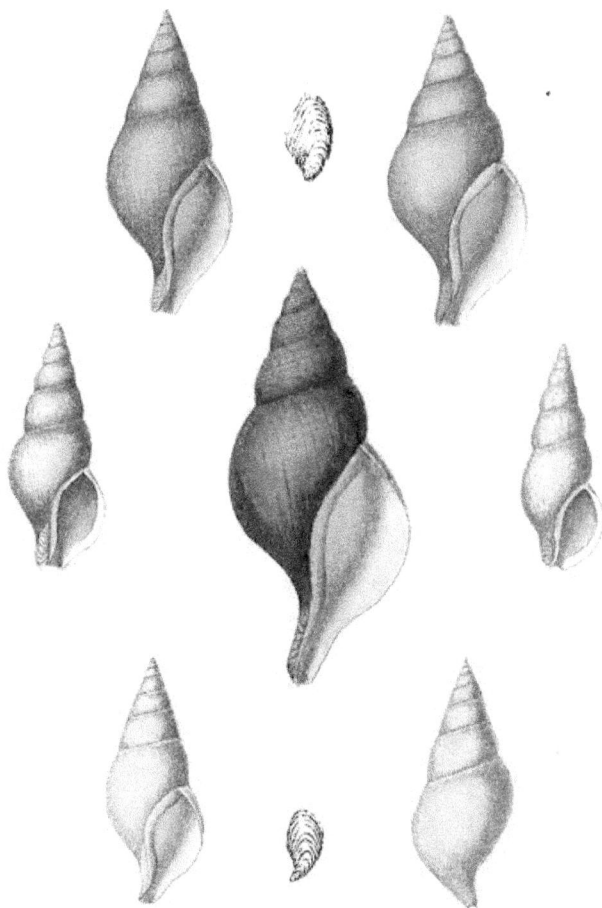

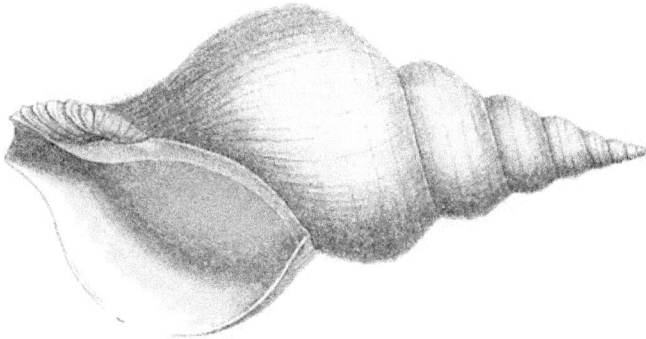

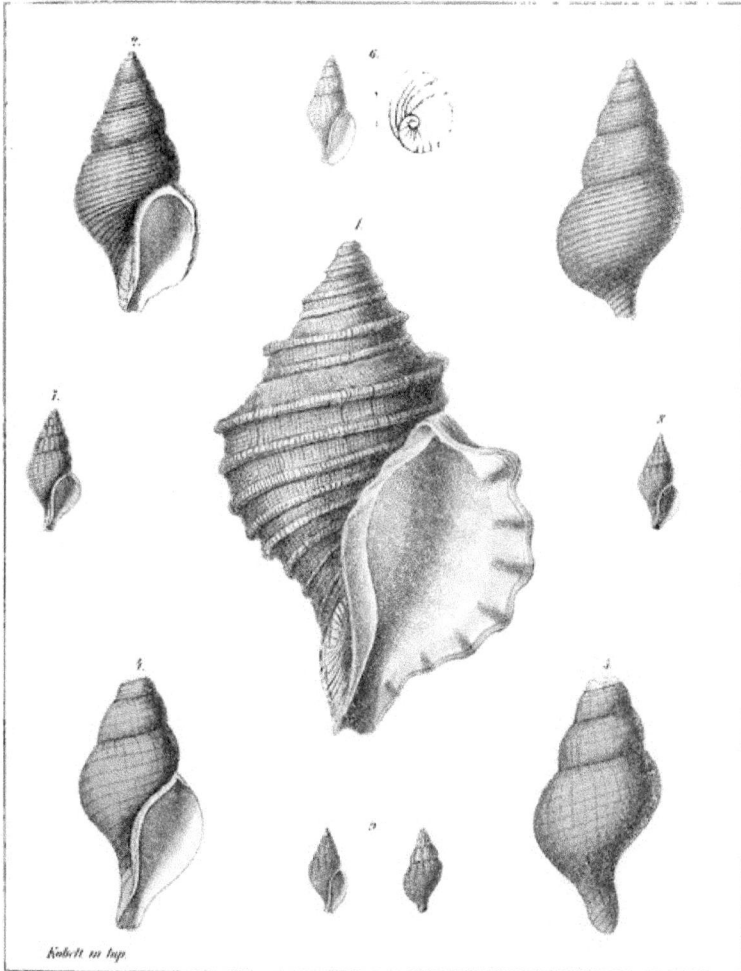

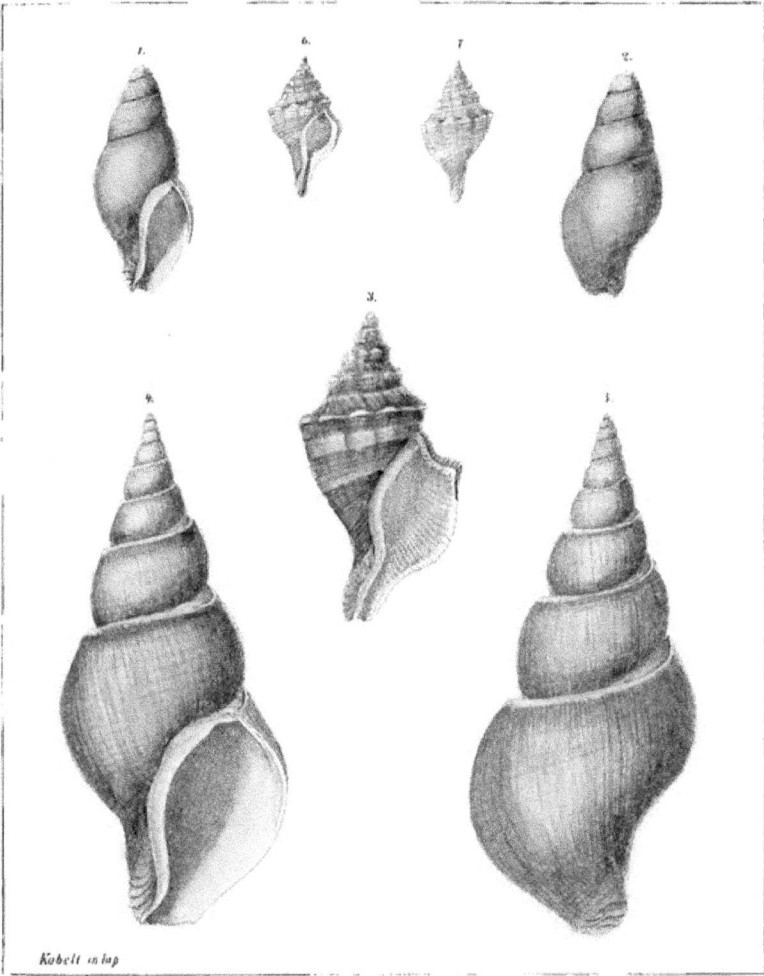

2.

3.

1.

4.

5.

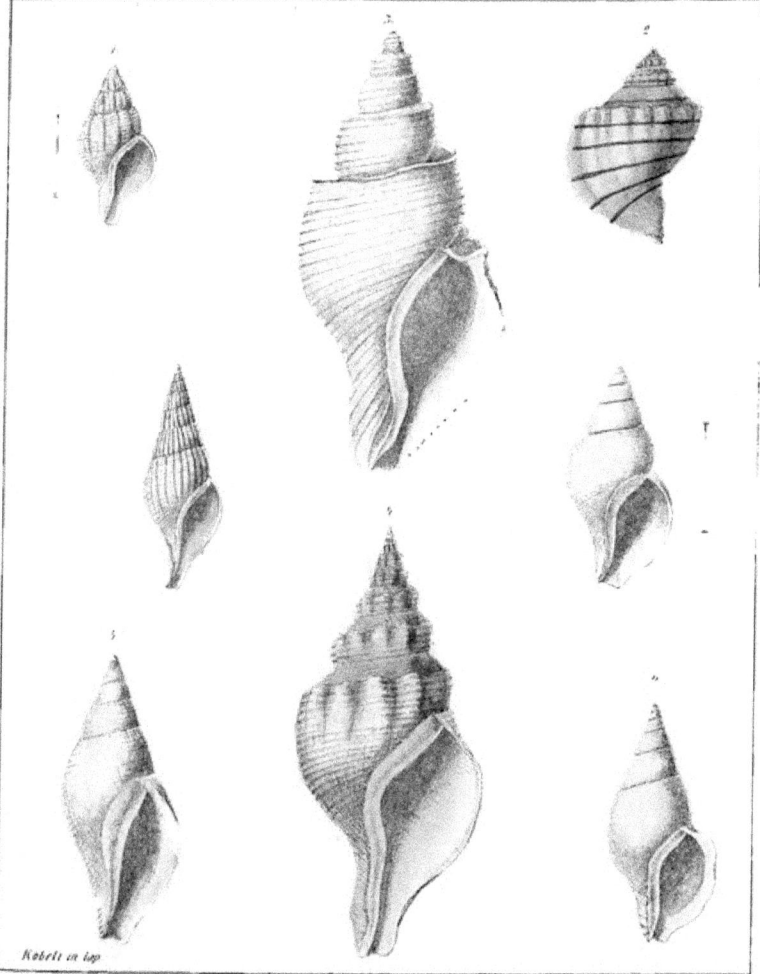

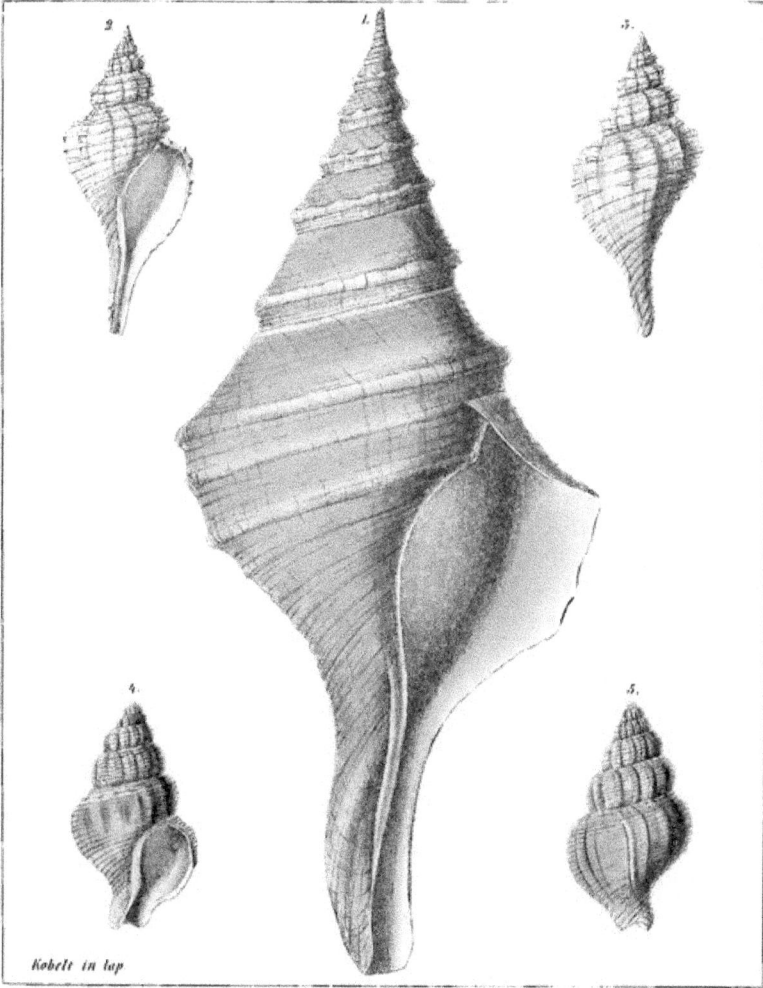

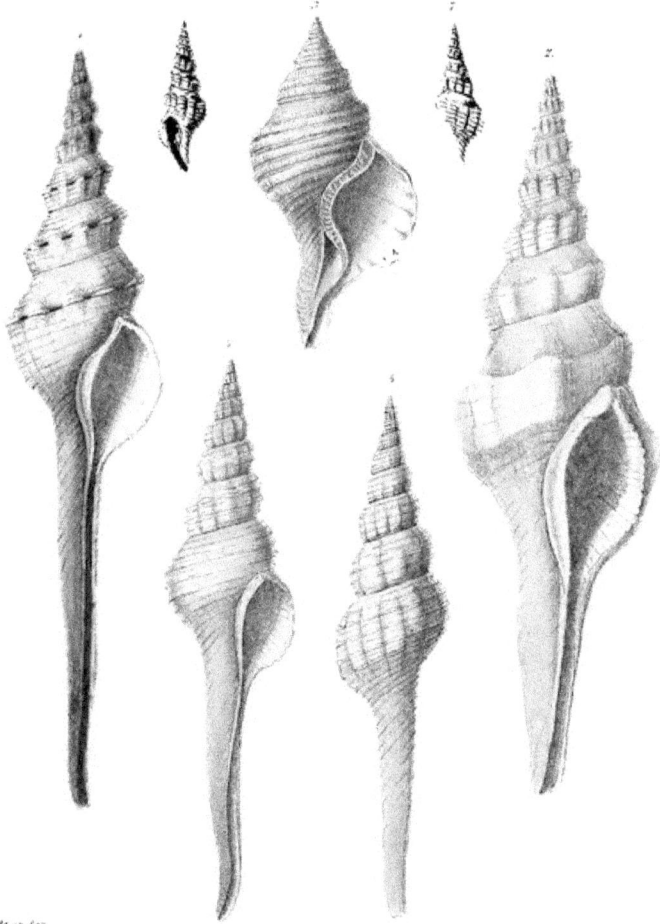

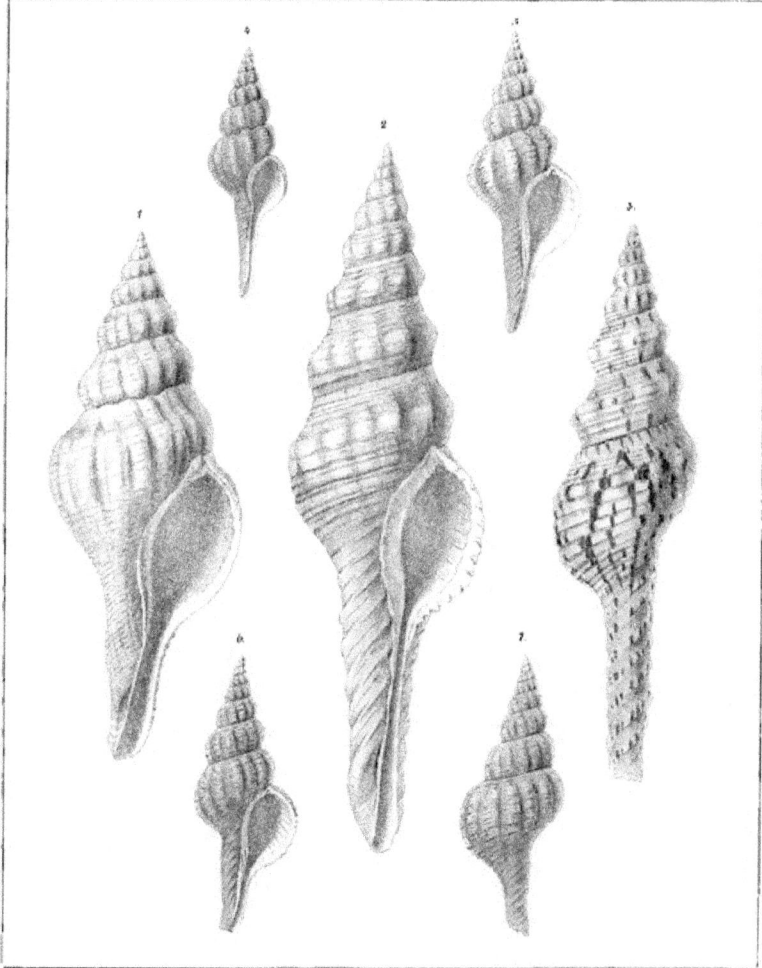

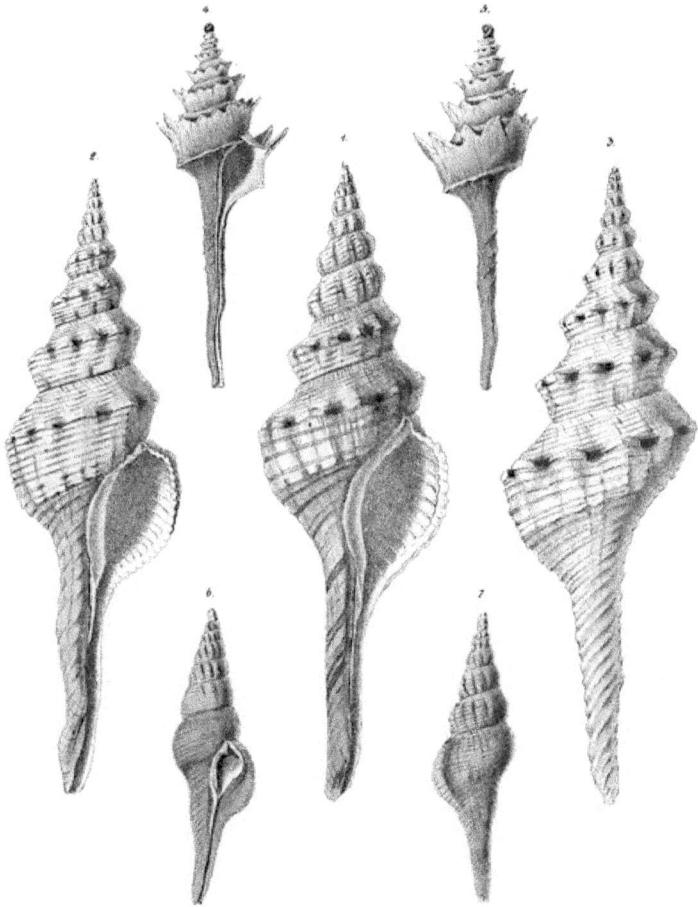

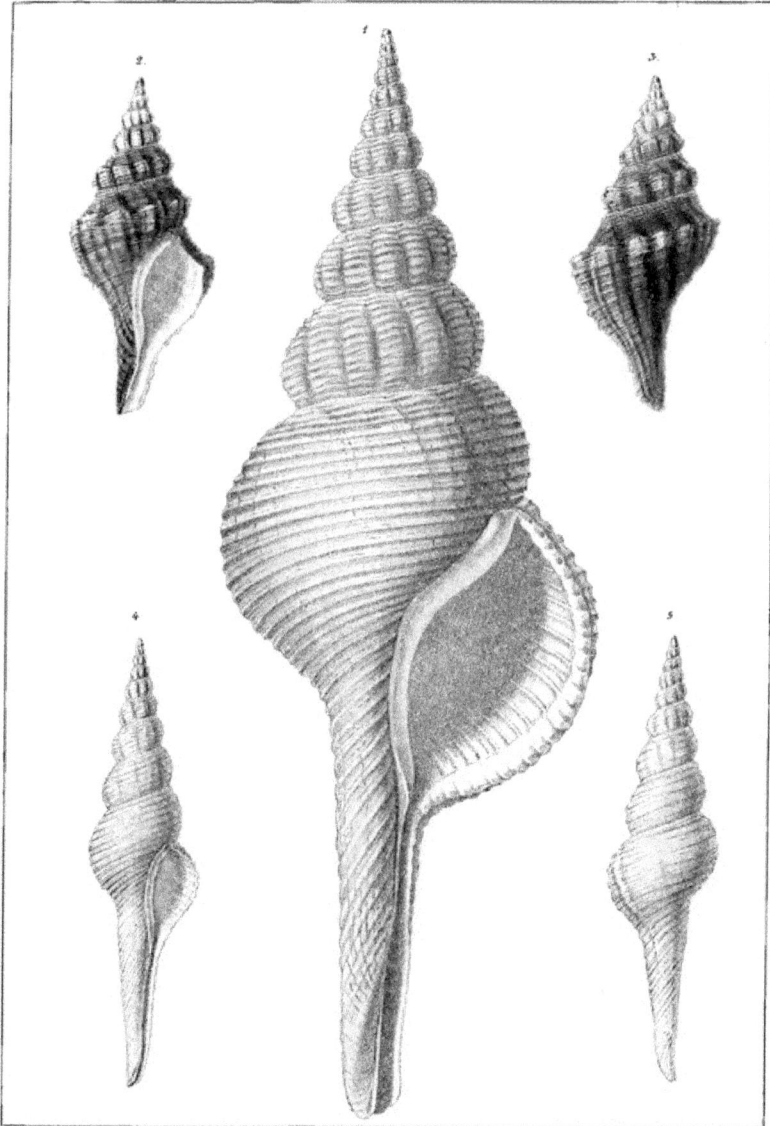

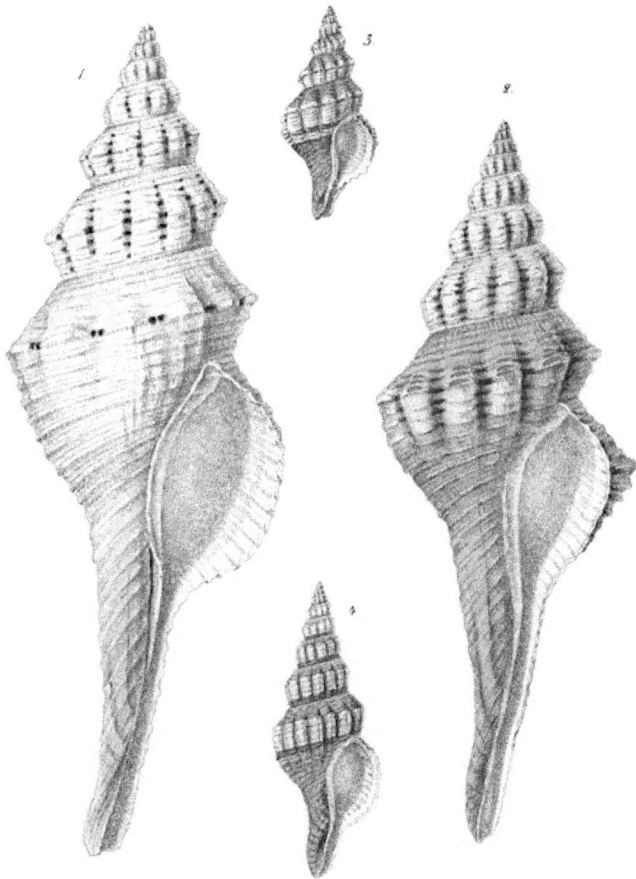

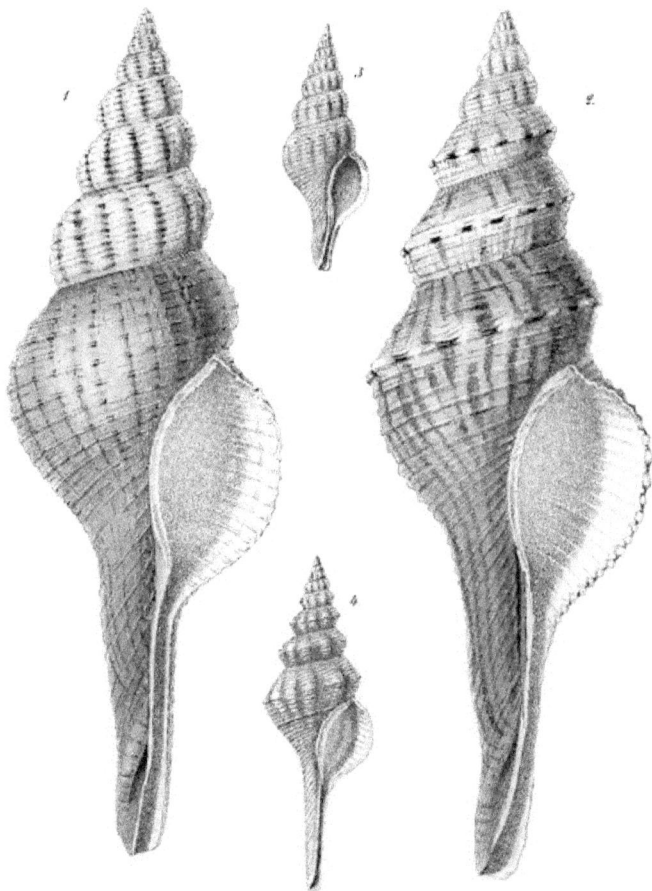

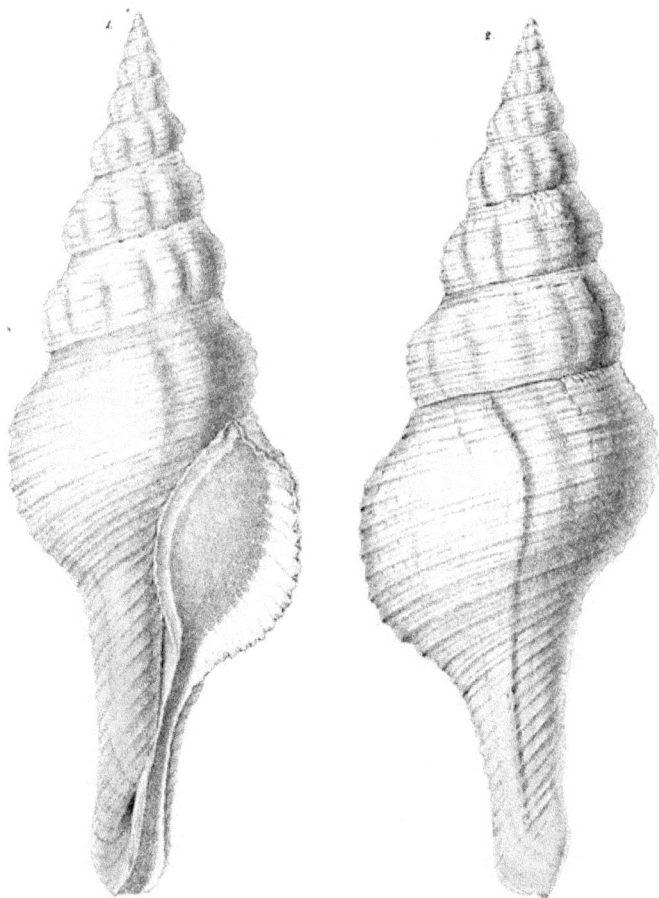

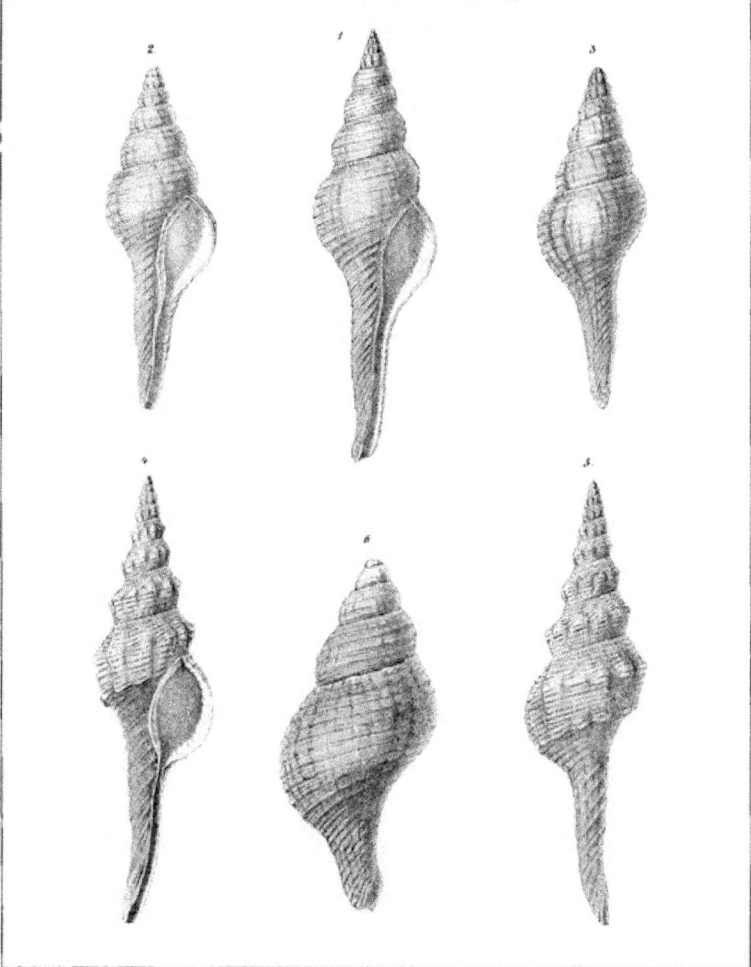

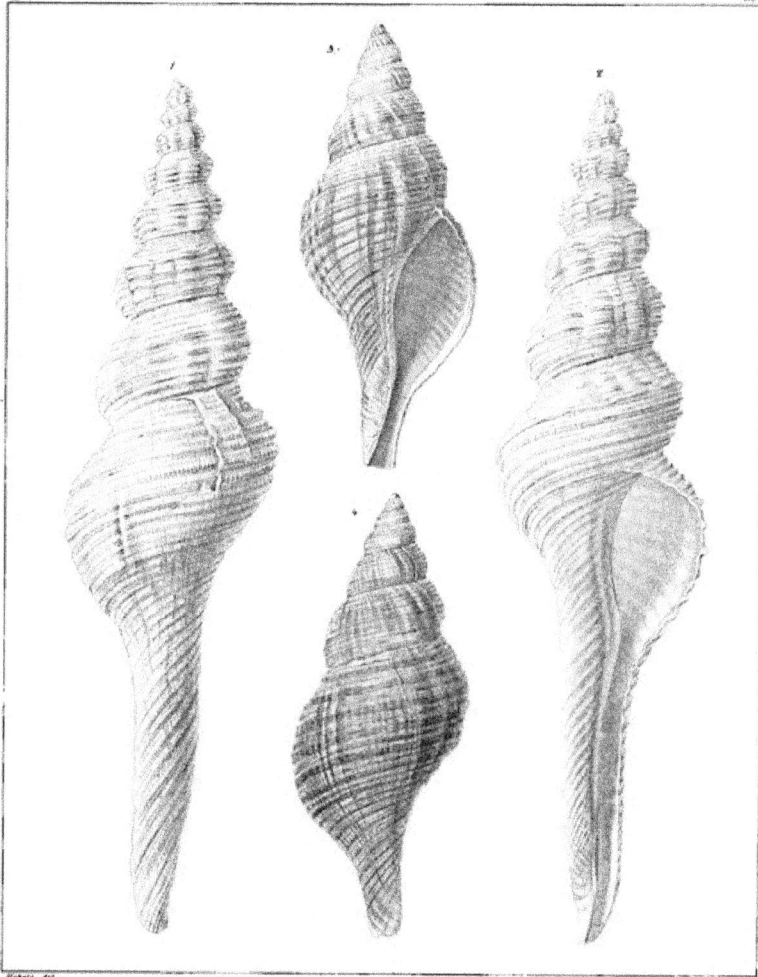

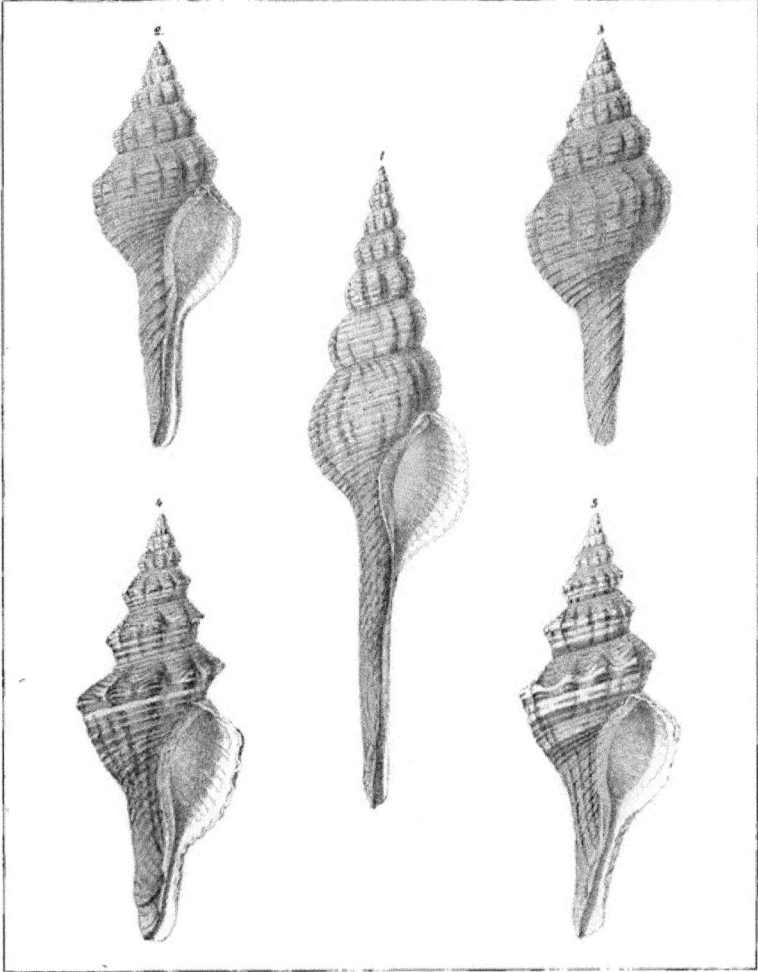

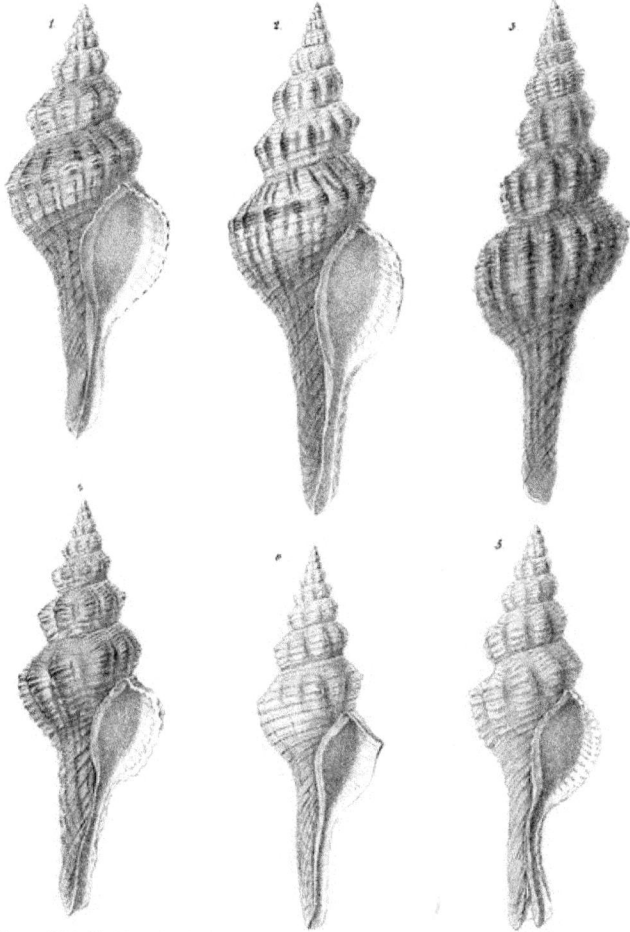

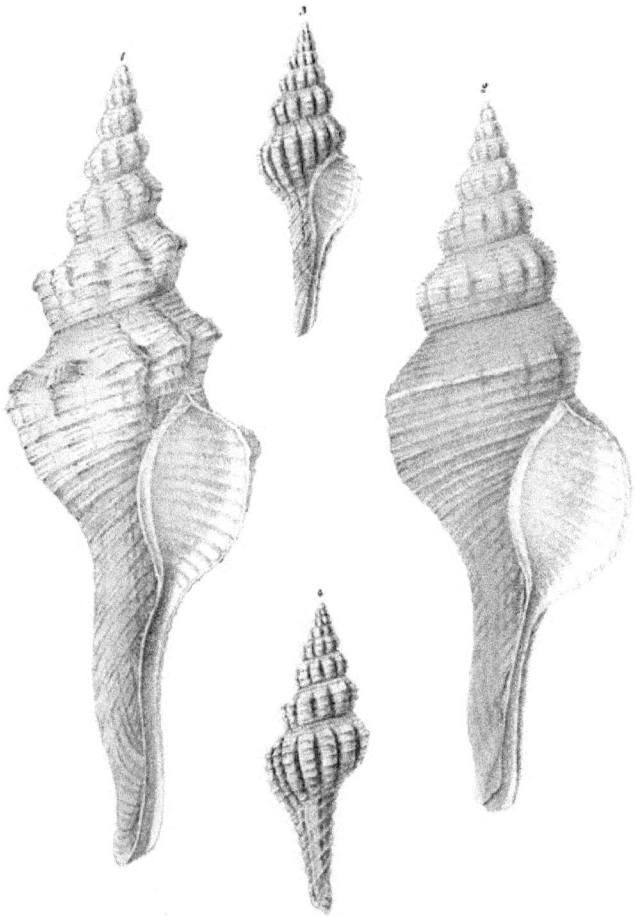

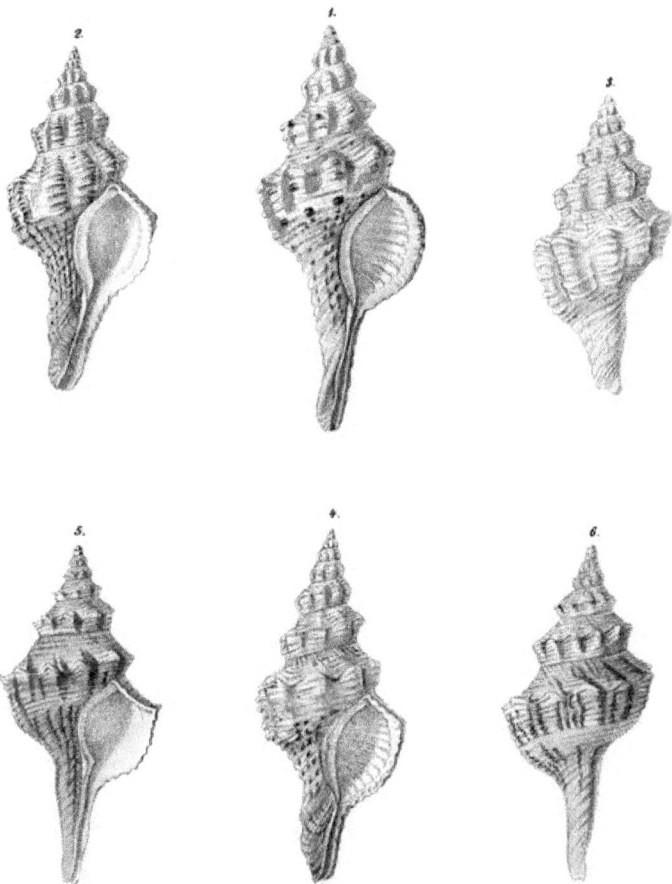

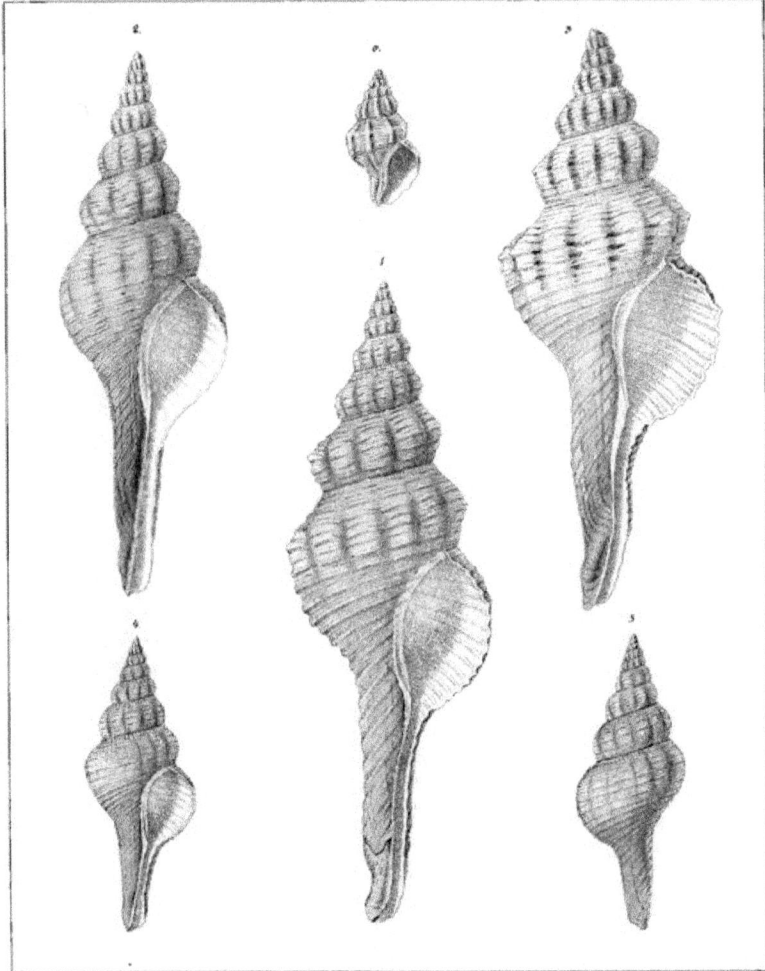

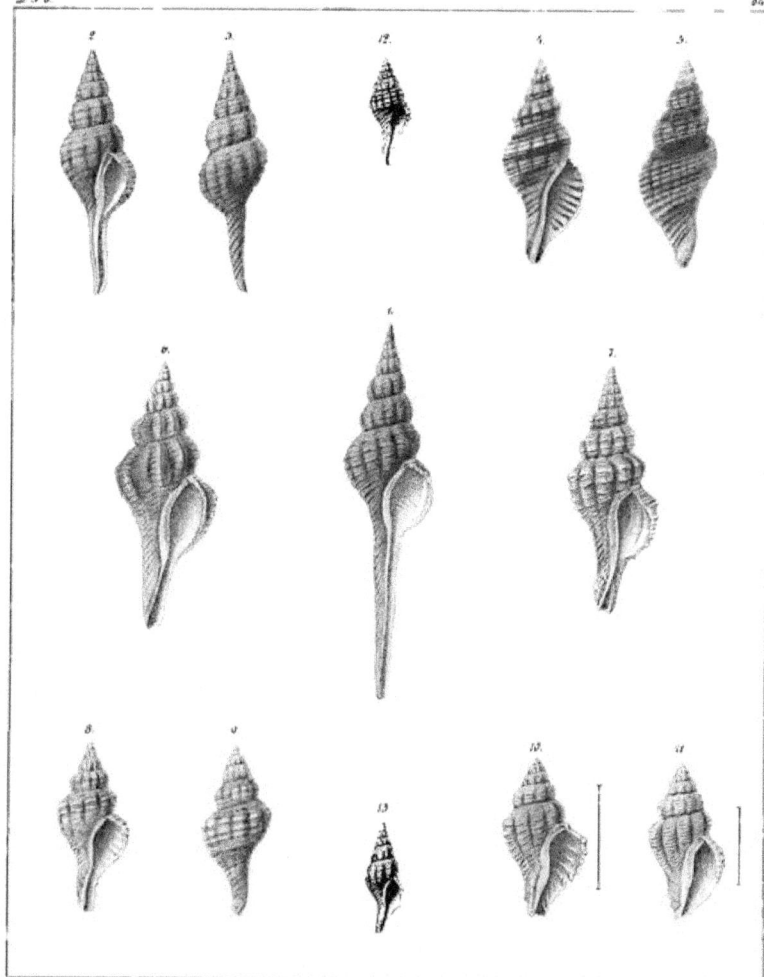

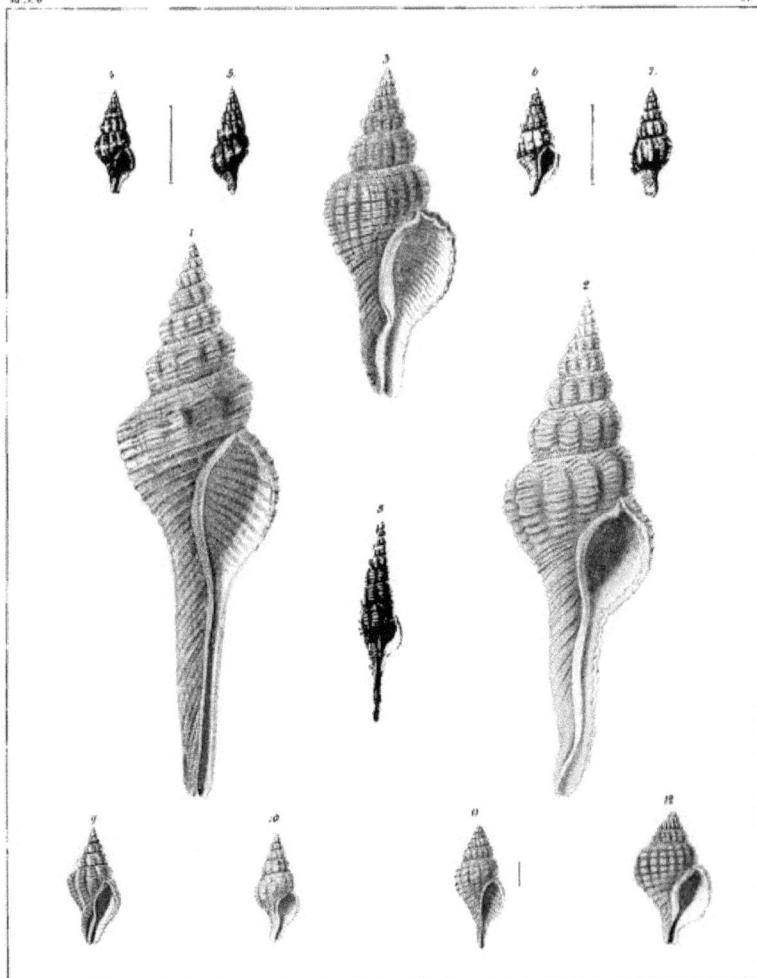

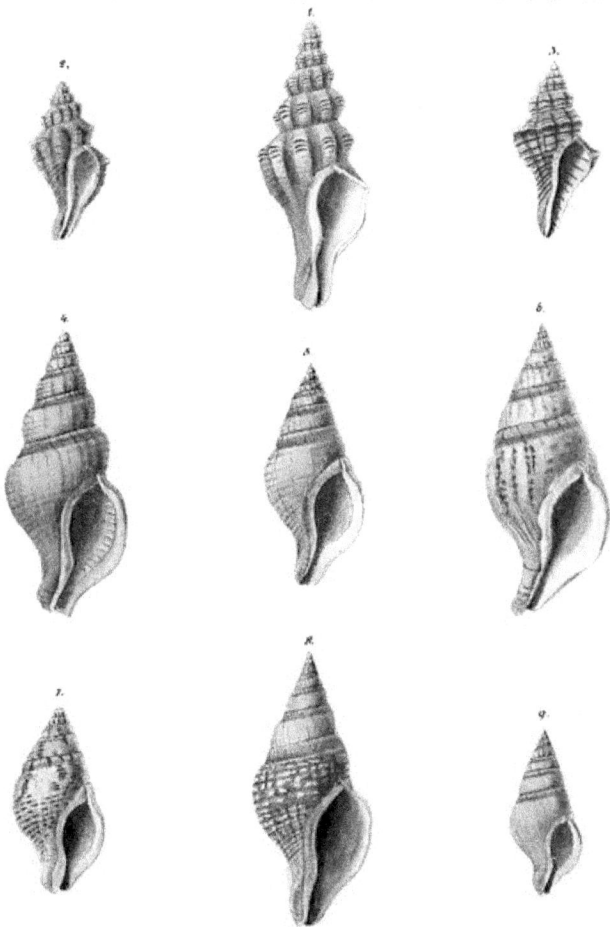

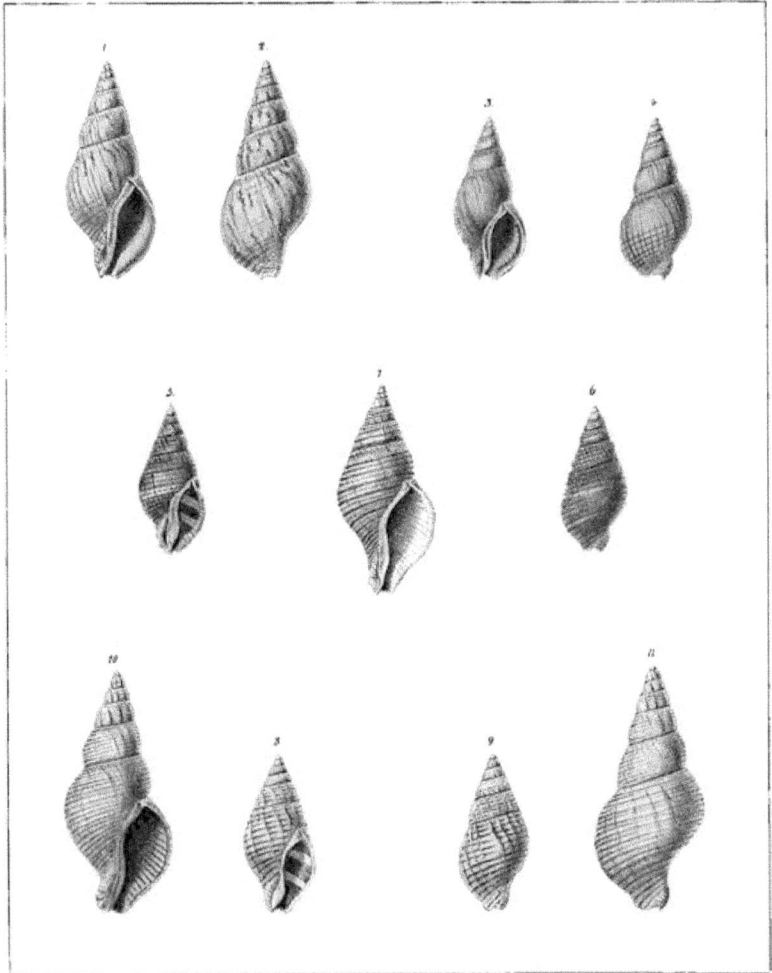